先进无人机系统与作战运用

魏瑞轩　李学仁　著

国防工业出版社

·北京·

内容简介

本书以快速发展的世界先进无人机技术对新军事变革的深刻影响为背景,秉承技术与应用相结合的思想,全面系统地阐述和讨论先进无人机系统的技术原理和作战使用问题。全书共分10章,首先总体讨论了无人机系统的概念、特点、分类、组成与发展历程,之后,分别详细阐述了无人机的飞行平台与动力系统、无人机系统的控制与制导导航技术、地面指控系统与任务规划的原理和使用、任务系统及其运用模式、信息传输系统的原理与应用、无人机的发射与回收方式、无人机系统作战使用的方式原理与训练保障、临近空间与空天无人机的发展和使用,以及无人机的协同作战与指挥控制等问题。

本书结构完整,深入浅出,图文并茂,突出应用,前瞻性强,既可作为高等院校航空航天类、无人机工程类、兵器类等相关专业的本科或研究生教材,也可作为无人机相关领域从事装备管理、科研和使用的各类人员的参考用书。

图书在版编目(CIP)数据

先进无人机系统与作战运用/魏瑞轩,李学仁著.—北京:国防工业出版社,2014.9(2024.8重印)
 ISBN 978-7-118-09683-5

Ⅰ.①先… Ⅱ.①魏…②李… Ⅲ.①无人驾驶飞机-研究 Ⅳ.①V279

中国版本图书馆 CIP 数据核字(2014)第 185787 号

※

国防工业出版社出版发行
(北京市海淀区紫竹院南路23号 邮政编码100048)
北京凌奇印刷有限责任公司印刷
新华书店经售

*

开本 787×1092 1/16 印张 13¾ 字数 402 千字
2024 年 8 月第 1 版第 6 次印刷 印数 7501—8500 册 定价 38.00 元

(本书如有印装错误,我社负责调换)

国防书店:(010)88540777　　书店传真:(010)88540776
发行业务:(010)88540717　　发行传真:(010)88540762

前　言

本书成稿之际，正值6月生机盎然之时。无人机作为新世纪以来发展最为蓬勃的飞行器，正在越来越广泛、越来越深入地影响和改变着世界新军事变革的模式与进程。继察打一体无人机、长航时高空侦察无人机、反辐射无人机之后，无人作战飞机、临近空间无人机、空天无人机等引领航空航天技术发展前沿的新型先进无人机扎堆登场，让人目不暇接！近年来，作为世界无人机技术与运用"头雁"的美国，先后发布了《美国空军2009—2047无人机系统飞行计划》、《美国陆军无人机系统2010—2035路线图》、《美国2013—2038财年无人系统一体化路线图》、《美国空军RPA指导：愿景与赋能概念2013—2038》和《下一代无人机系统研究、发展和验证路线图》等关于未来无人机发展的规划性文件。可以说，在一系列需求、政策和技术的交互作用下，当今世界正在步入信息化的空天时代，而各种先进的无人机将可能成为这个时代真正的"空天弄潮儿"。未来，无人机作为智能化的侦察监视和信火打击手段，将与有人机和其他作战单元共同组成空天作战体系，居高临下快速发现、跟踪和打击各类目标，成为空天作战的重要力量。

国防工业出版社曾于2009年出版笔者的《无人机系统及作战使用》一书。承蒙广大读者的支持和喜欢，该书很快售罄，并不断有新的订购需求。为此，出版社希望再版该书，我们考虑到近年来无人机技术发展非常快，作战应用领域越来越广泛，作战使用问题和经验也越来越深入，原书的内容已不能支撑近年来先进无人机系统的发展和运用态势。另外，由于之前对无人机系统运用问题理解尚浅，书中的一些观点和阐述不尽妥当，也欠完善。综合这些原因，我们决定放弃原来的架构，重打锣鼓另开张，以全新的视角和内容体系重新阐述先进无人机系统的技术原理、实现方法和作战使用模式、流程等问题。历时近3年，终于形成了这部拙作。本书的亮点在于三个方面：

一是深入阐述了无人机系统的作战使用问题。基于对无人机实践运用情况的理解和分析，从无人机的实战运用与问题分析、空天时代的无人机作战运用、大型无人机光电侦察、SAR侦察监视与察打一体的作战运用原理、无人机系统的人员配置与培训等方面深入和全面地阐述了无人机系统的作战使用问题。

二是更加深入和全面地阐释了无人机系统各组成部分的技术原理与作战使用特点。依据无人机系统的技术组成，分别针对平台动力、制导控制、自主导航、指挥控制、操控席位、任务规划、任务载荷、信息传输、发射回收等子系统，深入阐释了各个子系统的功能组成和技术原理，以及实现方式、发展需求、任务构型与使用特点等内容。

三是深刻分析了空天时代无人机的发展与运用模式。针对信息化空天时代无人机发展与运用的趋势和特点，系统阐述和分析了临近空间与太空的开发意义、空天型无人机的发展格局与关键技术、典型空天型无人机和空天型无人机的作战运用等问题，以及无人机协同作战的模式方法、控制体系架构、协同搜索与双机跟踪等典型协同运用的技术原理。

世界大国的战略和军事需求牵引了先进无人机的方向，而无人机技术的创新发展又进一步促进了无人机的军事应用。基于这一认识，本书仍然秉承了技术与应用相结合的思想，在体系架构和内容组织上创新设计，分10章展开本书的内容。第1章总论无人机系统，全面概述无人机系统的概念、特点、分类、组成、发展历程与趋势等；第2章介绍无人机的飞行平台与动力系统，包括无人机的平台组成、飞行机理、翼型特点、发动机类型与原理、微型无人机等；第3章阐述无人机系统的控制与制导导航，提出无人机系统的空地信息闭环控制结构及挑战，并对无人机的飞行控制原理、系统实现、编队控制、制导技术、导航方法，以及面向智能化作战的自主控制问题等进行了深入分析与阐释；第4章阐述无人机的地面指控系统与任务规划问题，详细介绍了指挥控制的功用与方式、操控特点、典型系统，以及无人机任务规划的原理、实现方法和运用流程；第5章介绍无人机的任务系统与运用，在阐述无人机任务系统的组成功用和任务载荷类型的基础上，结合应用模式深入分析了任务系统的构型与使用原理；第6章概要介绍了无人机的信息传输系统，包括系统的功能要求、组成结构、信息关系、机载终端和地面终端的工作原理，以及对通信链路的作战使用要求等；第7章概略说明了无人机的发射与回收方式；第8章深入讨论分析了无人机系统的作战运用问题，包括对无人机的实战运用问题分析、空天时代的作战运用模式、侦察监视与察打一体的运用原理、人员配置要求与培训模式，以及无人机系统的模拟训练和综合保障等；第9章对临近空间与空天无人机进行了讨论，分析了临近空间与太空的开发意义和空天型无人机的发展格局与关键技术，在介绍太阳能无人机、临近空间无人机和空天无人机等三类典型空天型无人机的基础上，深入讨论了空天型无人机的应用需求和运用模式；第10章前瞻性地研究了无人机的协同作战问题，讨论了无人机的协同作战模式和协同控制体系架构，简要分析了多无人机协同搜索与双机协同跟踪等典型协同运用的技术原理。

在本书撰写过程中，郭庆、许卓凡、祁晓明、周凯、崔军辉等同志为本书提供了部分素材，帮助绘制了有关图表，在此深表感谢！在长期加班撰写本书的过程中，笔者的妻子默默承担了所有的家务，也感谢她深厚的付出和支持！

本书可作为高等院校的教学用书，也可供相关的管理和技术人员参考。限于作者水平，书中错误和不当之处，敬请专家和读者指正。

作 者

二〇一四年六月于西安

目 录

第1章 总论无人机系统 ... 1

1.1 初识无人机系统 ... 1
- 1.1.1 无人机的新定义 ... 1
- 1.1.2 无人机系统 ... 2
- 1.1.3 无人机的运行空间 ... 2

1.2 无人机系统的组成与展开规模 ... 3
- 1.2.1 无人机系统的基本组成 ... 3
- 1.2.2 无人机系统的展开规模 ... 4

1.3 无人机系统的分类 ... 5
- 1.3.1 无人机系统的传统分类方法 ... 6
- 1.3.2 无人机系统的综合分类方法 ... 8

1.4 无人机的优势和性能 ... 9
- 1.4.1 无人机系统的使用优势 ... 10
- 1.4.2 无人作战飞机特点与优势 ... 11
- 1.4.3 空天型无人机的应用优势 ... 14
- 1.4.4 无人机系统的性能指标 ... 15

1.5 无人机的发展历程 ... 16
- 1.5.1 靶机起步阶段（1917—1963） ... 16
- 1.5.2 初步参战阶段（1964—1990） ... 17
- 1.5.3 迅速崛起阶段（1991—2009） ... 18
- 1.5.4 进军空天阶段（2010之后） ... 20

1.6 无人机系统的发展方向 ... 21

第2章 飞行平台与动力装置 ... 26

2.1 无人机飞行平台的组成 ... 26
2.2 无人机翼型与升力机理 ... 28
- 2.2.1 机翼的翼型与参数 ... 28
- 2.2.2 空气动力学的部分概念 ... 29
- 2.2.3 连续方程与伯努利方程 ... 32
- 2.2.4 翼型获得升力的机理 ... 33
- 2.2.5 无人机翼型的选择与设计 ... 34

2.3 无人机的机翼与升阻特性 35
2.3.1 机翼的类型与参数 35
2.3.2 机翼的升、阻特性 37
2.3.3 几种典型机翼的特性 38
2.4 无人机的动力装置 39
2.4.1 无人机发动机的种类 39
2.4.2 活塞式发动机的特点和原理 40
2.4.3 燃气涡轮发动机的特点和原理 42
2.4.4 冲压与脉冲喷气发动机的特点 45
2.4.5 超燃冲压发动机的特点和原理 46
2.5 微型无人机 48
2.5.1 微型无人机的类型与特点 48
2.5.2 微型无人机关键技术与展望 49

第3章 无人机系统控制与制导导航 51
3.1 无人机系统的空地闭环控制 51
3.1.1 无人机系统的空地信息闭环 51
3.1.2 无人机系统的操控方式 52
3.1.3 空地闭环控制的功能分配与挑战 53
3.2 飞行控制的基本原理 53
3.2.1 无人机的运动与控制面 53
3.2.2 飞行控制的负反馈原理 54
3.2.3 典型的飞行控制回路 55
3.3 无人机飞行控制律的设计 56
3.3.1 无人机飞行运动建模 56
3.3.2 基本飞行控制律设计 61
3.3.3 飞行控制律综合仿真 64
3.4 无人机飞行控制系统实现 65
3.4.1 飞行控制计算机 66
3.4.2 敏感装置 67
3.4.3 执行机构 71
3.4.4 典型无人机自动驾驶仪简介 72
3.5 无人机的编队控制技术 78
3.5.1 无人机编队的相对运动模型 78
3.5.2 双机巡航编队控制器设计 82
3.6 无人机的自主导航技术 83
3.6.1 惯性导航技术 84
3.6.2 卫星导航技术 85

  3.6.3 天文导航技术 ·································· 88
  3.6.4 组合导航技术 ·································· 88
  3.6.5 多普勒导航技术 ································ 89
 3.7 无人机的制导技术 ···································· 89
  3.7.1 制导的作用与方式 ······························ 89
  3.7.2 自主制导技术 ·································· 90
  3.7.3 遥控制导技术 ·································· 91
  3.7.4 寻的制导技术 ·································· 92
  3.7.5 复合制导方式 ·································· 95
 3.8 无人机的自主控制与智能化作战 ························ 95
  3.8.1 无人机自主控制的概念 ·························· 95
  3.8.2 无人机的自主控制等级 ·························· 96
  3.8.3 智能化作战对自主控制的要求 ···················· 98

第4章 地面指控系统与任务规划 ···························· 100

 4.1 指挥控制站基本功用与组成 ···························· 100
  4.1.1 地面指控站的基本功能 ·························· 101
  4.1.2 地面指控站的形式与组成 ························ 102
  4.1.3 地面指控站的席位设置 ·························· 102
 4.2 无人机任务规划与运用 ································ 103
  4.2.1 无人机任务规划的类型 ·························· 104
  4.2.2 无人机任务规划系统组成 ························ 104
  4.2.3 任务规划原理与运用流程 ························ 105
  4.2.4 无人机航路规划原理 ···························· 106
 4.3 地面指控站实例与发展趋势 ···························· 109
  4.3.1 大型地面指挥控制站实例 ························ 109
  4.3.2 小型无人机指挥控制站实例 ······················ 112
  4.3.3 无人机指控系统的发展趋势 ······················ 114

第5章 无人机任务系统与运用 ································ 116

 5.1 任务系统的功用与组成 ································ 116
  5.1.1 任务系统的功用 ································ 116
  5.1.2 任务系统的组成 ································ 117
 5.2 无人机任务载荷的类型 ································ 117
  5.2.1 侦察监视类载荷 ································ 118
  5.2.2 通信类载荷 ···································· 119
  5.2.3 电子对抗类载荷 ································ 120
  5.2.4 靶标设备类载荷 ································ 120

  5.2.5 武器弹药类载荷 ·· 120
 5.3 任务系统构型与作战运用 ··· 122
  5.3.1 任务系统的典型构型 ·· 122
  5.3.2 任务系统的作战运用原理 ··· 123
  5.3.3 无人机任务载荷的发展趋势 ·· 124

第6章 无人机的信息传输系统 ··· 126

 6.1 信息传输系统的功用与组成 ·· 126
  6.1.1 信息传输系统的功用 ·· 126
  6.1.2 信息传输系统的组成 ·· 127
 6.2 无人机通信链路的基本原理 ·· 128
  6.2.1 无人机通信链路的信息关系 ·· 128
  6.2.2 数据链路地面终端的工作原理 ··· 129
  6.2.3 数据链路机载终端的工作原理 ··· 131
 6.3 通信链路的作战使用要求 ··· 132
  6.3.1 通信链路面临的主要威胁 ··· 132
  6.3.2 对通信链路的抗攻击使用要求 ··· 133

第7章 无人机的发射与回收 ·· 134

 7.1 无人机的发射技术 ·· 134
 7.2 无人机的回收技术 ·· 138

第8章 无人机系统的作战运用 ·· 142

 8.1 无人机的实战运用与问题分析 ··· 142
  8.1.1 无人机实战运用情况概览 ··· 142
  8.1.2 无人机的应用优势与问题 ··· 144
 8.2 空天时代的无人机作战运用 ·· 146
 8.3 察打一体无人机作战运用原理 ··· 151
  8.3.1 察打一体无人机的任务构型 ·· 151
  8.3.2 无人机光电侦察监视的运用原理 ····································· 152
  8.3.3 无人机SAR侦察监视的运用原理 ···································· 153
  8.3.4 无人机察打一体的运用原理 ·· 156
  8.3.5 "捕食者"无人机的作战运用 ··· 157
 8.4 无人机系统的人员配置与培训 ··· 161
  8.4.1 无人机系统的人员构成 ·· 161
  8.4.2 "捕食者"无人机系统的人员配置 ··································· 162
  8.4.3 美军无人机的人员培训 ·· 163
 8.5 无人机系统的模拟训练 ·· 165

8.5.1　无人机系统模拟训练概述 …………………………………………… 166
　　　8.5.2　无人机模拟训练系统原理 …………………………………………… 167
　　　8.5.3　无人机模拟训练的组织形式 ………………………………………… 169
　　　8.5.4　模拟训练系统的关键技术与要求 …………………………………… 171
　8.6　无人机系统的综合保障 ……………………………………………………… 172
　　　8.6.1　无人机系统综合保障概述 …………………………………………… 172
　　　8.6.2　美军无人机的使用与维修保障 ……………………………………… 173
　　　8.6.3　无人机系统综合保障的能力要求 …………………………………… 175

第9章　临近空间与空天无人机 …………………………………………………… 176

　9.1　临近空间与太空的开发意义 ………………………………………………… 176
　　　9.1.1　地球垂直空间的划分 ………………………………………………… 176
　　　9.1.2　临近空间的环境特点 ………………………………………………… 178
　　　9.1.3　临近空间与太空的战略意义 ………………………………………… 179
　9.2　空天型无人机的发展格局与关键技术 ……………………………………… 180
　　　9.2.1　临近空间无人飞行器的分类 ………………………………………… 180
　　　9.2.2　空天型无人机的发展格局与趋势 …………………………………… 181
　　　9.2.3　临近空间无人机的关键技术 ………………………………………… 182
　　　9.2.4　空天无人机的机动变轨技术 ………………………………………… 183
　9.3　典型空天型无人机概览 ……………………………………………………… 184
　　　9.3.1　临近空间太阳能无人机 ……………………………………………… 184
　　　9.3.2　临近空间高超声速无人机 …………………………………………… 185
　　　9.3.3　空天无人机 …………………………………………………………… 187
　9.4　空天型无人机的作战运用分析 ……………………………………………… 189
　　　9.4.1　空间军事应用与空天一体 …………………………………………… 189
　　　9.4.2　空天型无人机的运用方式 …………………………………………… 189

第10章　无人机的协同作战技术研究 …………………………………………… 192

　10.1　无人机协同作战的基本问题 ………………………………………………… 192
　　　10.1.1　无人机协同作战概述 ……………………………………………… 192
　　　10.1.2　无人机与无人机协同的主要模式 ………………………………… 193
　　　10.1.3　无人机与有人机协同的主要模式 ………………………………… 194
　　　10.1.4　无人机协同作战的关键技术 ……………………………………… 196
　10.2　无人机协同控制体系架构 …………………………………………………… 196
　　　10.2.1　集中式体系结构 …………………………………………………… 197
　　　10.2.2　分布式体系结构 …………………………………………………… 197
　　　10.2.3　分层式体系结构 …………………………………………………… 198
　10.3　多无人机的协同搜索原理 …………………………………………………… 198

  10.3.1　协同搜索的问题描述 ································· 198
  10.3.2　协同搜索的实现原理 ································· 199
  10.3.3　多无人机协同搜索仿真 ······························· 200
 10.4　双无人机的协同跟踪原理 ································· 202
  10.4.1　协同跟踪的问题描述 ································· 202
  10.4.2　协同跟踪的控制原理 ································· 203
  10.4.3　双机协同跟踪仿真运用 ······························· 204
 10.5　有人机与无人机协同的指挥控制方式 ··················· 205
  10.5.1　有人机与无人机协同任务想定 ························· 205
  10.5.2　有人机与无人机协同的任务流程 ······················· 205
  10.5.3　有人机与无人机协同的指挥控制架构 ··················· 206

参考文献 ··· 208

第1章 总论无人机系统

1.1 初识无人机系统

无人机的英文为 Unmanned Aerial Vehicle，缩写为 UAV，就是无人驾驶飞行器。从字面意义上说，这个定义可以用来描述从飞行靶标、无线电遥控航模到导弹的多种飞行器。靶标是指各种武器系统所要攻击的目标的一种动态实物模拟器，防空兵器的靶标是靶机、靶弹、拖靶、伞靶和浮靶等的总称，前两种靶标统称为靶机。在各种靶标中，只有靶机被认为是一种类型的无人机。所以说，并不是任何一种无人飞行器都可以称为无人机。事实上，无人机并不是真正离开了人。无人机确是机上无人，但却离不开人，它是人在回路的一种系统。正是"机上无人、人在回路"的特点，使无人机可以具有有人驾驶飞机无可比拟的出色性能，同时又赋予了军用无人机卓越的作战能力。

1.1.1 无人机的新定义

在2002年1月美国联合出版社出版的《国防部词典》中，对无人机的解释是这样的："无人机是指不搭载操作人员的一种动力空中飞行器，采用空气动力为飞行器提供所需的升力，能够自动飞行或进行远程引导；既能一次性使用也能进行回收；能够携带致命性或非致命性有效载荷。弹道或半弹道飞行器、巡航导弹和炮弹不能看作是无人飞行器。"这里特别强调了导弹等不能归于无人机。导弹和无人机虽然都是无人驾驶航空器，但它们是不同的，二者关键的区别是：①非自杀性无人机在飞行结束后可以回收或自动着陆，而导弹则不能回收；②无人机的杀伤能力是另外携带的武器而不是自己本身，其携带的弹药也无须与机身合为一体，而导弹的弹头则被整合在弹体内，依靠其自身形成杀伤能力。③无人机的控制人员可在发射武器前的一瞬间处理意外情况，例如停止发射或打击更有价值的目标。而导弹一旦发射出去则无法中止或更改其任务。

上述关于无人机的定义，强调以空气动力为飞行器提供升力，考虑的主要是航空空间的无人飞行器。本书作者在先前出版的《无人机系统及其作战使用》一书中将无人机限定为无人驾驶航空器，也强调无人机是一种航空飞行器。但是，随着无人机技术的快速发展，无人机已经开始向航空空间之外发展，临近空间无人机、空天无人机已经开始出现。以美国试飞的临近空间无人飞行器、空天无人机为代表，无人机正在向更高、更远、更快的空天发展，无人机技术的发展赋予了无人机新的外延和内涵。

基于以上认识，本书对无人机给出新的定义：一种需要依靠动力装置，能够在空中进行持续、可控的任务飞行，或是能在航空航天空间均可实现可控飞行，能携带民用或军用性质的任务载荷执行任务，可一次性使用或可重复使用的无人驾驶飞行器。特别地，把能在临近空间持续巡航飞行的无人机称为临近空间无人机；把兼具航空器和航天器飞行能力的无人机称为空天无人机。

1.1.2 无人机系统

事实上，无人机要完成任务，除需要飞机及其携带的任务设备外，还需要有地面控制设备、数据通信设备、维护设备，以及指挥控制和必要的操作、维护人员等，较大型的无人机还需要专门的发射/回收装置。所以说，完整意义上的无人机应称为无人机系统(Unmanned Aerial System，UAS)。图 1-1 说明了"捕食者"无人机系统的运行原理，即"捕食者"无人机的飞行和完成任务需要地面人员和通信链路的支持和参与，这就是系统。在美国国防部 2005 年 8 月发布的《2005—2030 无人机系统路线图》中，最直观的变化就是将以往文件中的"无人机"改为"无人机系统"。其概念不仅包括了从无人机平台、机载传感器系统、机载武器、通信系统、指挥控制、任务、综合保障、可靠性、生存性以及作战使用等与无人机系统能力有关的方方面面，而且还扩大了飞行器的类型(如飞艇)、飞行方式(如扑翼飞行)等。在该版无人机系统路线图中，"无人机"一词指的是无人机系统中的飞行组件。需要说明的是，从美国空军近 2 年的部分公开文件中可以看到，他们对中大型无人机系统又给予了一个新的称呼"远程遥驾飞机"(Remotely Piloted Aircraft，RPA)。

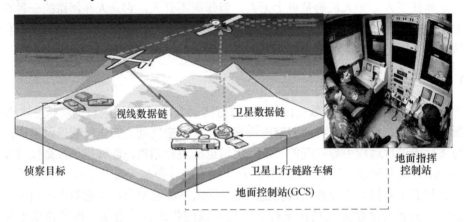

图 1-1 "捕食者"无人机系统的运行示意图

鉴于以上理由，学术界和工程界已经全面认可了从系统角度来研究、运用和管理无人机，所以，对无人机规范的称呼应该是"无人机系统"，本书也是以无人机系统为对象展开论述。考虑到人们已经熟知"无人机"这一提法，所以文中对术语"无人机"和"无人机系统"等价使用，不作明确区分。

1.1.3 无人机的运行空间

飞行器是能够在地球垂直空间中飞行的运动体，所以说，地球垂直空间是飞行器运行的空间基础，也是其存在的环境基础，空间的物理和环境特性对飞行器的飞行方式和性能有着重要的影响，甚至决定了飞行器的不同类型。航空器飞行需要依靠空气动力提供升力，因此需要有适合的大气环境。但是，随着地球表面垂直高度的增加，大气浓度逐渐降低，这就使得传统的航空器难以进入稀薄的大气空间。为此，需要开发不同飞行机理的飞行器。当前，人们将地球垂直空间通常划分为航空空间、临近空间和航天空间三大部分，这三类空间有着不同的物理和环境特性，使得运行于其中的飞行器也体现着不同的飞行特点。自人类开展飞行活动以来，已经发展了有人驾驶飞机、无人驾驶飞机、导弹和卫星等各种各样的飞行器，但从目前的技术发展来看，能够同时在这三类空间自由翱翔的飞行器只能是无人机。因此，要全面了解无人机，还需要对无人机的运行空间有一个简单的了解。

传统上，人们通常把 20km 以下的地球垂直空间称为航空空间，它是传统航空器飞行所能够达到的空域范围，包括地球大气层的对流层及部分平流层空间；把航天器运行所达到的空域范围称为航天空间，一般在距地面100km 以上，主要包括大气层的大部分暖层及散逸层；在航空空间与航天空间之间，有一个非常重要的过渡空间，现在被称为"临近空间"，其高度约为 20～100km。对于这三个空间的开发，是随着人们认识的进步和技术的发展而逐步开始的。100 多年前，伴随对飞行的渴望和对飞行机理的掌握，人们发展出了航空器。20 世纪 50 年代开始，基于对万有引力定律的掌握和火箭技术的发展，人们实现了飞天的梦想。这之后，人类的飞行活动就主要在航空空间和航天空间展开，它们之间的"临近空间"几乎未被涉足，其中重要的原因就是临近空间特殊的环境使得临近空间飞行技术难以获得突破。

"临近空间"概念的提出和被关注，是从美国空军 2005 年进行的"施里弗-3"空间战计算机模拟演习中开始的。美国空军认为，"临近空间"这一新的空域既不属于航天范畴，也不属于航空范畴，对于情报收集和监视以及通信保障很有发展前景。而且更重要的是，目前世界上绝大多数航空飞行器都无法达到这一高度，更无法在这一空间内遂行作战任务。所以，如果能够研制出一种可在临近空间活动的飞行器，就可以几乎不受威胁地自由活动。从飞行器的任务安全性、任务能力、任务效费比等方面考察，临近空间飞行器，特别是临近空间无人机的作战效能将是其他任何飞行器都难以比拟的。在美军巨大的军事需求牵引下，也得益于现代航空航天技术的发展成就为突破临近空间飞行技术奠定了坚实的基础，近年来，多种类型的临近空间飞行器被美国等发达国家列入研发计划，尤其以高超声速临近空间无人飞行器发展最为迅速。关于临近空间飞行器和空天无人飞行器的情况，将在本书第9章进行详细介绍。

1.2 无人机系统的组成与展开规模

1.2.1 无人机系统的基本组成

无人机系统包括飞机系统、地面系统、任务载荷和综合保障系统。飞机系统包括飞行器平台、推进系统、飞行控制系统、导航系统、起飞/着陆系统机载部分、数据链路机载终端等；地面系统包括地面指挥控制分系统(任务控制站、起降控制站、起降引导站)、起飞/着陆系统地面部分、数据链路地面终端(链路站)、情报处理系统、地面辅助设备等；任务载荷是无人机系统完成作战使命的设备，机载任务载荷主要有光电侦察、SAR 成像、气象探测、测绘、通信中继、技术侦察、电子对抗以及机载武器等设备。综合保障系统是无人机系统能够正常工作的支持保障，主要包括人力人员、使用训练、无人机系统技术维修等所用的保障资源以及气象探测、通信、机场设施等保障设备。图 1-2 给出了无人机系统的组成示意图。

飞机系统中，起飞/着陆系统的机载部分与地面部分配合，完成无人机的发射、回收。推进系统提供无人机的动力。机体系统指无人机的飞行器平台。导航系统可以通过卫星导航、预警机指引、地面导引，以及无人机自身的目标发现与跟踪能力为无人机系统完成战术任务提供导航和目标信息的保障。飞行控制系统是无人机机上部分的核心，它监视、控制和指挥

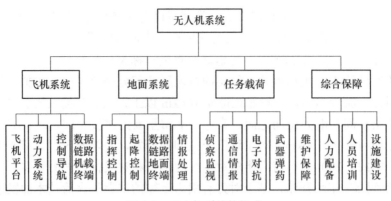

图 1-2 无人机系统的组成

其他机载子系统,接受地面任务控制站的指令,协调机载各子系统的工作,并把无人机的状态及其他需要的信息发送给地面指挥控制分系统。在地面指挥控制系统的监控和指挥下,由机载的制导、导航与控制系统控制无人机完成预定的飞行和任务。因此,制导导航与控制系统是协调、管理和控制无人机各子系统的中心控制器,也是实现无人机飞行管理与控制的核心。

在地面系统中,起飞/着陆系统的地面部分是完成无人机发射、回收的重要保证。数据链路地面终端与机载终端配合工作,提供地面站与无人机的通信,实现对无人机的监控、指挥,完成预定的作战任务。地面指挥控制分系统通过遥控遥测数据链路发送控制指令,并接收无人机下传的状态数据和任务信息,通过图形界面的形式提供操作员对无人机状态、战场态势的了解,监控、指挥无人机的作战,发生意外或无人机出现故障时提供操作员的干预能力。在地面系统中,指挥控制分系统处于核心地位,全面监视、控制和指挥其他子系统的工作,给操作员提供全面的战场信息和无人机状态信息,根据操作员的命令安排各个子系统完成预定的任务。对突发事件做出合理的处置,并及时地通报给操作员。

数据链路地面终端与机载终端构成了无人机系统的遥控遥测数据链路,负责无人机系统的指令、数据、情报信息等的上传下达。上行链路为遥控链路,用于传输无人机的控制和任务载荷的操控指令。下行链路为遥测链路,用于传输飞机的状态信息,另外,还有一个下行的遥感数据传输通道。

1.2.2 无人机系统的展开规模

对于一个具体的无人机系统来说,虽然都包括飞行器、地面控制站、数据链路和必要的地面保障设备等四大组成部分,但每个部分的具体组成形式、大小、规模等不尽相同,与无人机系统的整体规模和使用要求密切相关。这里举两个例子加以说明。

一个是组成规模很小的无人机系统,如图 1-3 所示的美国海军陆战队使用的 "龙眼" (Dragon Eye)无人机系统。这类供小分队或单兵使用的小型电动无人机系统,飞行器很简单,仅有几斤重,甚至可以拆卸折叠装入背囊;任务载荷仅仅是个小型的 CCD 相机或摄像机;地面控制站就是一个小型的笔记本电脑,装载有地面站控制软件,包括对飞行器的状态监测功能、飞行控制功能、航路规划功能、侦察信息浏览功能等;测控链路的地面部分就是一个小型的收发电台,对于更小型的设计来说,也可以与手提便携式控制站设计为一体;而对整个无人机系统的操作使用只需 1~2 人即可完成,辅助设备主要就是备用电池和充电设备。

图 1-3 "龙眼"(Dragon Eye)无人机

第二个例子是规模较大的无人机系统，如美军的"全球鹰"无人机系统，如图 1-4 所示。全球鹰 RQ-4B 无人机的翼展为 39.9m，起飞重量高达 13t，起飞降落需要良好的机场条件；地面控制站分为任务控制站和起降控制站，每个控制站都是大型野战方舱的形式，内部需要多名操作人员的共同操作才能确保无人机安全飞行和完成任务；任务载荷包括集成光学、红外侦察设备的光电转塔、SAR 雷达等侦察设备。对于具有攻击能力的无人机来说，任务载荷还要包括机载的武器弹药；测控链路系统则更庞大，包括了卫星通信链路和视距通信链路，不仅飞机上需要安装视距通信天线和卫星通信天线，地面也要配备视距通信设备车、视距通信天线车、卫星通信设备车和卫星通信天线车等大型设备；而对无人机系统的操作使用，则需要操控分队、维修保障分队、情报处理分队等几十名人员的共同工作；另外，对于"全球鹰"这样规模的无人机系统，机场的飞行保障、维修保障、气象保障、情报保障等也需要庞大的设备和资源。

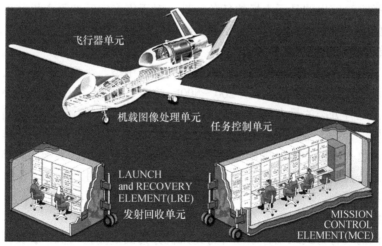

图 1-4 "全球鹰"无人机系统的飞机和地面站

1.3 无人机系统的分类

由于进入门槛低、大量现成技术可以应用、市场潜力巨大等原因，世界无人机市场近年来迅猛发展。特别是在以美国为首发动的几次高技术局部战争中，无人机的出色表现更是极大地提高了各国军方对它的重视程度。据保守估计，目前世界各国工业界和各种研究机构制造、研发的无人机有上百种之多。随着无人机技术的发展,已形成了高、中、低空,远、中、近程,大、中、小型,战略、战术,侦察监视、电子对抗、攻击作战等多层面、多梯次搭配的无人机体系。其起飞质量从几千克到上千千克以上,航程从数千米到上千千米,航时从几十分钟到几十小时,速度从几十千米/小时到超声速、高超声速。

正是由于世界无人机装备的发展很快,而且无人机的平台特性、飞行特性、任务特性、使用管理要求等方面的差别很大,使得无人机的分类研究已显得非常重要。研究无人机的分类主要有三个方面的作用:一是指导无人机系统的发展和管理;二是编写各类无人机系统的设计规范或标准,对于不同类型的无人机系统,其设计规范和要求应是不同的;三是便于无人机装备全寿命周期的管理。由于无人机系统的多样性,使得关于无人机分类的研究目前仍未获得业内一致性认可的研究结论,这也使得关于无人机的分类成为一项基础性研究课题。

1.3.1 无人机系统的传统分类方法

无人机的飞速发展,形成了种类繁多、形态各异、丰富多彩的现代无人机家族,而且新概念还在不断涌现,创新的广度和深度也在不断加大,所以对于无人机的分类尚无统一、明确的标准。传统的分类方法中有按重量、大小分类的,也有按照航程、航时分类的,或是按照用途、飞行方式、飞行速度等分类的。本书将已有的各种分类方法整理、归纳如下,并尝试分析每种分类方法的局限。

1. 按照用途分类

按照无人机所能担负的任务或功用分类,是一种最容易理解的分类。根据无人机所能承担的任务,可将无人机分为靶机、无人侦察机、通信中继无人机、诱饵(假目标)无人机、火炮校射无人机、反辐射无人机、电子干扰无人机、特种无人机、对地攻击无人机、无人作战飞机等。这种分类方法突出的是无人机的任务特性。对于很多实际的无人机装备来说,往往存在着利用相同的无人机平台搭载不同的任务载荷而成为另一种类无人机的问题。

2. 按照飞行平台的大小重量分类

按照飞行平台的大小重量可以将无人机分为大型、中型、小型和微型无人机。其中,起飞重量500kg 以上的称为大型无人机,200~500kg 之间的称为中型无人机,小于200kg 的称为小型无人机。这种分类的最大局限在于难以适应无人机装备的最新发展。随着现代无人机技术的快速发展,一些大型无人机的起飞重量已达数吨以上,而一些仍被视作中小型战术无人机的起飞重量也突破了 500kg 的限制。另外,对于微型无人机,美国国防高级研究计划局(DARPA)的定义是翼展在 15cm 以下的无人机。微型无人机的诞生引发了一系列关于微型无人机飞行机理、自主控制、制导导航、任务载荷、作战使用等方面的新问题。

3. 按飞行方式分类

按照无人机的飞行方式或飞行原理可将无人机分为固定翼无人机、旋翼无人机、扑翼无人机、动力飞艇、临近空间无人机、空天无人机等。其中的新概念是"扑翼无人机",它是像昆虫和鸟一样通过拍打、扑动机翼来产生升力以进行飞行的一种飞行器,更适合于微小型飞行器。这种分类的局限主要在于仅突出了平台的飞行原理,而不能反映使用方面的特性要求。另外,微型的固定翼无人机与稍大一些的无人机(如翼展1m 以上)的飞行机理也有较大差别。临近空间无人机是指在临近空间飞行和完成任务的无人机,由于临近空间空气稀薄,无人机在其中巡航飞行必须采用新的飞行机理。空天无人机则是可在航空空间与航天空间跨越飞行的无人机,其飞行机理体现了航空航天技术的融合创新。

4. 按航程分类

按照无人机的飞行航程可将无人机分为近程、短程、中程和远程无人机等。近程无人机一般指在低空工作，航程 5～50km 的无人机，航时一般 1h 左右；短程无人机航程一般在 50～200km；中程无人机航程在 200～800km 范围内；远程无人机的航程则要大于 800km 以上。另外，美军把航程在 5～15km 的一类低成本无人机又称为"低成本近程无人机"，如 AeroVironment 公司的消耗型无人机"指针"(Pointer)，由手工发射，使用一部手提式地面控制站，如果不能回收，损失也仅为 10000 美元。由于近中程无人机尺寸小、费用低、使用灵便，世界各国都比较青睐，发展很快，是各国军用无人侦察机中占比例较大的机种，其代表机型主要有："不死鸟"、"玛尔特"、"猛犬"、"侦察兵"、"先锋"等。对于中远程的无人侦察机来说，主要用于攻击目标前进行大面积快速侦察，攻击后进行战果评估，便于指挥员在战前了解敌军的兵力部署、武器、装备、战斗能力等情况，制定攻击计划，战后了解战斗毁伤情况，从而做出再次攻击计划。按照航程分类无人机的最大局限在于界限模糊，特别是随着无人机技术的快速发展，无人机的航程在普遍提高，以至于"近程"和"短程"的概念正逐渐变得模糊。

5. 按飞行高度分类

按照飞行高度可将无人机分为超低空、低空、中空、高空和超高空无人机。其中，飞行高度 100m 以下为超低空无人机，飞行高度 100～1000m 之间为低空无人机，飞行高度 1000～7000m 之间为中空无人机，飞行高度 7000～18000m 之间为高空无人机，升限达到 18000m 以上则为超高空无人机。这种分类的局限也在于不能较好地反映无人机在使用方面的特性要求。

6. 其他分类方法

1) 战略无人机

能够在平时或战时执行战略任务的无人机称为战略无人机。就目前无人机的发展来说，高空长航时无人机、临近空间无人机和空天无人机可以称为战略无人机。高空长航时无人机飞行时间长、监视范围广，可以在防区外昼夜持续地对目标区域进行侦察监视，安全性高，而且这种"凝视"侦察监视能力使目标区内任何的军事行动或变化很难不被它发现。与侦察卫星相比，高空长航时无人侦察机具有以下特点：一是成本比卫星低得多，只是卫星成本的几十分之一，甚至几百分之一；二是在执行任务时，无人机可按照任务要求对选定的目标区域进行持续地"凝视"侦察监视，截获和收集目标区的完整情报，而卫星只能按照规定的轨道运行，只能在过顶时才能对轨道下方的区域实现有效的侦察覆盖；三是无人机飞行高度相对卫星很低，所以对地面目标的观察容易获得较高的分辨率。长航时无人机与有人驾驶侦察机相比，主要的优势在于不必考虑人的安全和生理承受能力的问题，在危险或敏感区域执行侦察任务时，就不必考虑人员的生命安全以及由此引起的各方面的顾虑，而且无人机昼夜持续的"凝视"侦察能力也是任何有人机都无可比拟的。在未来战争中，长航时无人侦察机，特别是高空长航时无人机将成为侦察卫星的重要补充与增强手段，成为空天战略侦察预警体系的重要力量。临近空间无人机、空天无人机在本书后面将会介绍，其所具有的高超声速和极高高度，使其具有现有航空飞行器所无法企及的优势和能力，也具备了对手几乎无法对抗的作战能力，因而对于拥有者来说就具有了极大的战略优势，可对潜在的对手造成极大的战略威胁。需要说明的是，随着信息化战争的发展，战略、战术的界限正在模糊，反映在无人机上，就是战略无人机也往往执行战术任务。

2) 战术无人机

能够用于完成各类战术任务的无人机称为战术无人机。战术无人机的范围十分广阔，可以说，除战略无人机外的各种军用无人机均是战术无人机，包括了固定翼和旋翼等多种类型的无人机。

3) 无人作战飞机

能够重复使用、可在对抗环境下执行高强度火力打击任务或空战任务的无人机，称为无人作战飞机。无人机直接用于作战有两种形式：一种是以自身作为战斗部杀伤敌目标的自杀型无人攻击机；另一种是携带武器并可反复使用的无人机。前者以反辐射无人机为主，一般在无人机上加装被动雷达导引头和引信、战斗部等。可在敌方上空巡航待机，一旦发现目标即可实施垂直向下的自杀式攻击。能携带武器并可反复使用的无人机又可分为两类，一类是只能在低威胁环境下实施对地打击，例如"捕食者"无人机，这类无人机虽然能够直接进行火力打击，但并不能称为真正意义上的"对抗作战"；另一种是能在高对抗环境下执行攻击作战任务的无人机，这类无人机就是我们通常理解的无人作战飞机，可以细分为对地攻击无人机和制空作战无人机。

1.3.2 无人机系统的综合分类方法

2008 年，国际无人机系统协会(AUVSI)通过综合各种无人机系统的分类方法，提出按照综合特性对无人机分类的新方法，根据起飞重量、航程、航时、飞行高度等将无人机分为了 16 种类型，如表 1-1 所示。美国国防部在其制定的无人机系统路线图中，按照对无人机飞行管制的需要，将无人机分为 3 类，具体见表 1-2。

表 1-1 无人机系统的综合分类情况

无人机类别	缩写词	起飞重量/kg	航程/km	航时/h	飞行高度/m
微型	μ	<5	<10	1	250
迷你型，小型	Mini	<20/25/30/150	<10	<2	150
近程	CR	25～150	10～30	2～4	3000
短程	SR	50～250	30～70	3～6	3000
中程	MR	150～500	70～200	6～10	5000
MR 续航	MRE	500～1500	>500	10～18	8000
低空纵深突防	LADP	250～2500	>250	0.5～1	50～9000
低空长航时	LALE	15～25	>500	>24	3000
中空长航时	MALE	1000～1500	>500	24～48	5000/8000
高空长航时	HALE	2500～5000	>2000	24～48	20000
同温层	Strato	>2500	>2000	>48	>20000
同温层外	EXO	待定	待定	待定	>30500
无人战斗机	UCAV	>1000	约 1500	约 2	12000
杀伤性	LET	待定	300	3～4	4000
诱饵	DEC	150～500	0～500	<4	50～5000

表 1-2 美国国防部对无人机的分类

描述＼分类	注册航空器 Ⅲ类 UAS	非标准航空器 Ⅱ类 UAS	遥控模型机 Ⅰ类 UAS
一般运行规则	14 CFR 91 视距外	14 CFR 91，101，103	无
可进入的空域类型	所有	1. E、G 类空域 2. 在 D 类空域中不能与其他航空器共享这类空域	G 类空域
可进入空域的描述	无限制＝可进入所有空域	1. 非管制空域(远离有塔台机场的低空空域) 2. 繁忙/主要机场以外的管制空域 3. 可使用交通量较少的机场，但在机场不能与其他航空器共享空域	1. 非管制空域 2. 一般在 366m 高度以下
指示空速限制	无限制	不超过 250 海里/h (建议)	100 海里/h (建议)
相当的航空器	有人驾驶航空运输机	有人驾驶超轻类型 有人驾驶轻型运动类 有人驾驶限制类	无线电遥控模型机

在美国空军 2014 年 2 月发布的《美国空军 RPA 指导：愿景与赋能概念 2013—2038》中，将无人机系统分为小型无人机系统(SUAS)和远程遥驾飞机(RPA)两个大类，包含了 5 个小类，如表 1-3 所示。

表 1-3 美国空军对无人机系统的新分类

	UAS 组别	平均重量/kg	平均飞行高度/m	速度/(km/h)	代表无人机及型号
SUAS	组 1	0～20	<1200	<100	大鸦(RQ-11) 黄蜂
	组 2	21～55	<3500	<250	扫描鹰
	组 3	<1320	<5846	<250	目前无这类型号
RPA	组 4	>1320	<5846	任意速度	捕食者(MQ-1)
	组 5	>1320	>5846	任意速度	收割者(MQ-9) 全球鹰(RQ-4)

1.4 无人机的优势和性能

作为一种飞行器，无人驾驶飞机与有人驾驶飞机(以下简称有人机)有许多的不同，包括使用和功能上的差别，而造成这些差别的根本因素就是"人"。无"座舱飞行员"是无人机系统的主要特性。正是这一特性，使得利用无人机完成任务时，勿需再考虑飞行员的生命安全问题，更不必考虑任务的危险性。这不仅大大放宽了对无人机的设计和使用要求，而且使得无人机比有人机更加适合执行那些存在着各类危险、人力无法承受或企及的任务，也使得无人机在军事和民用领域都有着广泛的应用空间。

1.4.1 无人机系统的使用优势

无人机系统的"无人"特性，造就了无人机使用上的特殊优越性。对于任何一种无人机来说，基本都具备三个方面的突出优势：

(1) 不怕牺牲，可以毫无顾忌地执行各种危险任务。战场侦察，尤其是对敌纵深目标的侦察，对于有人机来说，历来都是一项十分危险的任务。这种危险不仅来自于飞行员的生命受到威胁，而且，一旦有人驾驶侦察机的飞行员被对方国家俘虏或扣留，就必然会引起政治和外交上的很大麻烦。第二次世界大战期间，美军第三侦察大队25%的飞行员牺牲在北非战场；冷战时期，美军执行侦察任务共损失了23架有人驾驶侦察飞机和179名飞行员。1960年5月1日，苏联击落一架美国U-2侦察机并逮捕其飞行员，这一事件立即被美国认为在政治和军事上是不可接受的。战场上的危险任务还包括对敌防空压制(SEAD)、攻击和电子战。美国在越南战争和巴以冲突中执行上述任务的飞机和机组人员的损失是最大的。如果利用无人机执行这些高危险环境下的任务，则完全不必考虑这些风险。在没有无人机之前，必须由飞行员面对的另一种危险任务来自于放射性试验取样。众所周知，核武器试验中的一项重要工作就是在核武器爆炸后的几分钟内飞入到蘑菇云中采集放射性样本。这是一项有着极大放射性危害的任务。以前，美国空军都是派出身穿60lb(磅)重铅服的飞行员驾驶着F-84飞机去完成这种任务，这些飞行员的一部分由于坠机后受到铅服的束缚或受长期射线的辐射而相继死亡。核武器辐射性微尘的有人采集任务一直持续到20世纪90年代。当无人机的能力达到要求后，美国空军和海军从1946年到1948年间分别采用无人驾驶飞机飞入到蘑菇云中采集放射样本，返回的无人机采用水管进行清洗。采集到的样本由类似樱桃采摘器一样的机械手获取，以尽可能减少地面人员对放射物的接触，从而可以大大降低这种来自于试验的放射性侵害。另外，在民用领域，也有许多危险的任务，如灾害搜求、反恐监视等，这些都可以由无人机去完成。

(2) 飞行隐蔽性强，可以长时间持续飞行，大大提高作战能力和作战效能。由于不需要考虑飞行员的生理承受力等因素，所以无人机的尺寸、过载、飞行高度等完全是依据任务需要来设计，因而可以在隐蔽性、灵活性、机动性方面做得非常出色。现代无人机，其尺寸已经可以做到15cm以下，飞行高度可以达到临近空间，甚至太空，机动过载可以达到10g，飞行速度可以达到6马赫以上，续航时间可以达到40h，甚至1周以上。这些有人飞机无法企及的性能优势大大拓展了无人机的应用空间，也造就着无人机非凡的作战能力和作战效能。无人机可以飞到有人机无法进入的高空而获得宝贵的高度优势，可以不知疲倦地长时间进行侦察监视而使目标无处遁形，可以急速飞越别国领空而不被对方锁定，可以出其不意地锁定并实时打击时敏目标，还可以像昆虫一样进入窄小区域侦察而不为人所知，等等。这些超常的作战能力使得无人机可能改变未来空中作战力量的运用样式。

(3) 无人机系统的研制、生产和使用成本大大低于有人机。由于"无人"的原因，无人机在设计时完全不必考虑飞行员的需求，因而可以大大简化机载设备和平台的设计要求，使得无人机的研制、生产成本远远低于有人机。据称，"捕食者"中空长航时无人机的研制费用为2.099亿美元，"全球鹰"的研制费用为3.707亿美元，"X-45"无人作战飞机的研制费为1.02亿美元。而美军的有人驾驶高空侦察机SR-71的研制费用则高达9亿多美元，F-22的研制费用则高达200亿美元。另外，无人机的使用、训练和维护费用也比有人机低得多。无人机的这一特点，也是促使其迅速发展的重要因素。但是，近年来，随着对无人机军事任务需求的不断扩大，无人机的成本也开始迅速增长。例如，1994年"全球鹰"的基本成本为1000万美元，技术验证机成本为1640万美元，而2005年的成本则达到2500万美元。成本增加的主要原因来自于任务传感器的不断增加。

1.4.2 无人作战飞机特点与优势

2001年2月，美军用一架装载了激光测距仪和空地导弹的"捕食者"无人机发射"海尔法"导弹，命中了地面目标，使"捕食者"成为具有直接遂行火力打击能力的攻击型无人机，也开创了世界无人机发展史上的先河，具有里程碑意义。从某种意义上讲，"捕食者"无人机直接发射导弹攻击地面目标，标志着无人作战飞机时代的开端。随后，美军把无人作战飞机列入装备发展规划。美军对无人作战飞机的要求是：必须集侦察、定位、武器发射于一身，能够在15km高空持续飞行十几个小时以上，可携带全天候精确制导武器，具有高度的隐身能力和发现即摧毁能力。这种"空中占领"将使目标区域始终处于受攻击的危险境地，就像悬在敌方头顶上的"达摩克利斯之剑"，随时可能落向目标，对敌方的震慑和压制作用将是非常明显的。另外，无人作战飞机还可以通过远程奔袭攻击距其基地上万千米范围内的目标，使美军对海外基地的依赖减少到最低限度。而要使无人作战飞机达到上述能力，就必须使用新技术，这也成就了无人作战飞机的技术特点和优势。

1. 无人作战飞机的组成特点

无人作战飞机要能在对抗环境下执行高强度火力打击任务或空战任务，面对的是高动态、高危险、高对抗的作战环境，对其飞行能力、机动能力、自主决策能力、作战能力等都有着更加苛刻的要求。为此，必须创新无人作战飞机的组成架构和技术原理，使无人作战飞机在平台设计、动力装置、飞行控制、测控通信、任务控制与管理等方面具备与其任务能力相适应的技术性能。图1-5说明了无人作战飞机的组成特点，包括飞行器平台、动力系统、自主飞行控制、测控与信息传输、目标探测与识别、载荷武器控制、精确导航定位、自主起降、自主防撞避让和自主作战管理等多个系统。

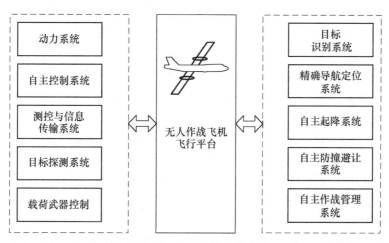

图1-5 无人作战飞机的组成特点

(1) 飞行器平台。无人作战飞机要在敌方上空长时间飞行、作战半径大、飞行高度高，要有超常的气动布局和气动力设计。为保证长时间飞行而不被敌方发现、跟踪和攻击，需要采用多种隐身技术，以降低雷达反射面积，控制和减少系统信号特征，降低可探测信号。无人作战飞机飞行平台一般具有尺寸小、重量轻、承受过载能力大等特点。

(2) 动力系统。以往的无人机以靶机和侦察机居多，动力装置大多数为寿命短、成本低的活塞式发动机。而无人作战飞机的动力装置需要长寿命、高空、高速、低油耗、功率大、重量轻，要有高的功率/重量比。发动机的声音及红外信号要小。在满足飞机的推力要求外，还应满足隐身性能的要求。

(3) 自主飞行控制系统。无人作战飞机的自主飞行控制系统是无人机系统的核心，直接影响无人作战飞机的可靠性和生存力，负责控制无人机完成自主飞行、着陆、出航、返航及战区执行攻击任务。

(4) 测控与信息传输系统。无人作战飞机在执行作战任务时，一方面要通过自身的机载探测设备获取外界信息，另一方面还要与空中的母机、地面的控制站、外层空间的卫星和海洋上的军舰进行信息交互、传递情报、接受指令。为此，无人作战飞机应配备先进的数据链系统、战术信息收发系统。

(5) 目标探测与识别系统。无人作战飞机需要具有高效扫描、高分辨率和实时传输融为一体的目标探测系统，同时，要能够对探测到的多个目标进行自动识别，确认是否是需要攻击的预定目标，因此，无人作战飞机必须具备自动目标识别(ATR)能力。目标识别大致分3个层次：敌我识别、所选目标识别和目标细节识别。例如，发现地面的装甲集群后，首先要判断是友军还是敌军；然后辨别装甲车辆的型号，确定是否是需要攻击的目标；若搜索到的坦克正是要打击的目标，还必须进一步区分目标的细节，包括目标是完好的还是已被摧毁的，以及实施打击的薄弱点(如坦克车的顶盖部位)。在有人驾驶飞机上，敌我识别需要飞行员目视判断与辅助技术手段相结合。而无人作战飞机的识别要求达到自主识别的水平。另外，将无人机探测到的目标信息发回到控制站，由控制站中的载荷操控员进行分析、决策，也是可行的办法之一。但该方法同时存在无线控制链路容易受到干扰和阻断的问题。

(6) 载荷武器控制系统。无人作战飞机是用来攻击敌人纵深地区的地面设施，需要有全天候的侦察、跟踪和打击能力，因此需要有高效能的载荷武器管理控制系统。载荷武器控制系统与目标识别系统和飞行控制系统交联，可以自主进行武器选择、瞄准，并根据指挥员的攻击决策实施武器投放和目标自动照射。无人作战飞机能够带重量轻、杀伤力大的常规武器或定向能武器。

(7) 精确导航系统。在作战行动中，无人作战飞机必须要能够及时到达指定区域、精确定位、捕获目标，快速构成武器投射的条件。在敌方的威胁下进行机动规避，也需要改善导航定位精度。

(8) 自主起降系统。自主起降是对现代无人机的基本要求，也是提高无人机飞行安全性的重要技术措施。对无人作战飞机的新要求是：当机场被毁、无人机负伤或出现故障时，能够在没有导航和着陆引导设备的情况下自主降落，这就需要新的自主着陆与控制技术。

(9) 自主防撞避让系统。无人作战飞机在高动态强对抗的环境中使用，必须考虑与周围空域目标的防碰撞问题，一方面是与己方的合作目标不能碰撞，另一方面，也不能与其他的非合作目标发生不必要的碰撞损失。为此，需要无人作战飞机具有自主的防撞避让能力。目前的无人机基本是以"隔离空域"的形式飞行，不具备自主的防撞避让能力。

(10) 自主作战管理系统。主要功能是自动完成传感器管理、任务规划、航路管理、战场态势评估、火控攻击解算、战术管理等功能。通过与地面指挥控制系统和自主飞行控制系统的实施信息交联，实现无人作战飞机的各种任务能力。自主作战管理系统的基本构成见图1-6，主要包括任务规划、传感器管理、信息融合、态势评估、战术管理等模块。其中任务规划模块接收地面指挥控制系统的控制指令，或根据战场态势对无人作战飞机进行实时任务规划，包括航路规划、载荷规划、避撞规划等；传感器管理模块根据地面指令或任务规划对传感器的工作模式、探测空间、工作时机、辐射功率、协同工作等进行智能化管理；信息融合模块接收机载数据链、SAR、红外成像、雷达告警系统等各种目标传感器的信息，选择适当的融合算法，处理后得到确定的目标信息。态势评估模块根据目标信息和己方信息对整个战场态势进行评估，确定影响任务执行的外部威胁的类型、位置和意图。对威胁的意图进行估计，对其未来活动进行预测；导航管理模块负责提供实时的导航方案，包括准确的导航信息和导航状态，选择相应的导航方式，解算导航偏差，送给飞行控制系统，确保飞机沿着规划的航路飞行；战术管理模块根据己方的作战任务、战场态势和己方无人机性能与武器特性，给出相应战术对策，包括攻击策略、防御策略和战斗退出策略、确定最佳作战空域、确定要攻击的目标、选择攻击目标使用的武器、确定跟踪目标的优先级和跟踪精度；火控解算模块主要管理空空和空地武器的发射或投放。它从战术管理模块接收要攻击的目标清单，从信息融合模块接收目标的信息，还要接收载机的信息、确定武器的使用方式，解算出武器瞄准目标需要的空间指向，由飞行控制系统控制飞机的位置和姿态，完成对目标的瞄准；通信管理模块产生和管理数据链路数据的输入和输出，完成信息的接收、转换与发送。并根据飞行计划和战术管理要求控制无线电发射的级别，自动进入相应的静默方式。

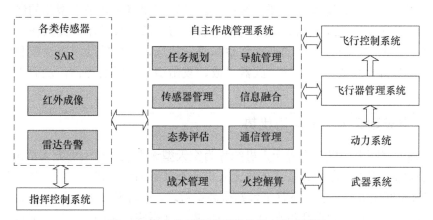

图 1-6 自主作战管理系统的基本构成框图

2. 无人作战飞机的技术优势

无人机作战飞机的高端作战能力是以大量先进技术作为支撑的，这使得无人作战飞机具备了传统无人机难以企及的技术优势：

(1) 非常规气动布局造就优越的飞行性能。相对有人驾驶作战飞机，无人作战飞机气动布局可以选用的范围很宽，包括许多在有人驾驶飞机上难以实现的布局形式，使无人作战飞机可以在很宽的非线性范围内飞行。目前的非常规布局主要是无垂尾或 V 形双垂尾、前翼以及翼身融合等。洛克希德·马丁公司正在研制可使机翼外形彻底改变的"变形"机翼技术，可使表面积扩大到 300%以上。不仅扩展了飞机的飞行包线，而且增强了一机多用的能力。例如，"捕食者"这种飞行速度较慢的猎杀式无人机，如果采用"变形"机翼技术，将具备高速和高机动性能力，也可实施空战。非常规气动布局对无人作战飞机的隐身性能也有很大的帮助，可以有效降低雷达反射截面积。

(2) 自主控制技术使无人机的自主飞行能力更强。自主飞行能力是指无人机不依赖外界指令和设备支持，在不确定的环境中仅依靠自身的机载设备保证飞行安全，甚至完成任务飞行的能力，包括自主的态势感知、自主的威胁规避、自主的航线规划、自主的行为决策等多种能力，使无人作战飞机能够在数据链丢失、被干扰诱骗、进入无外部信息支援的陌生环境等情况时，能够依靠自主控制能力自动生成任务航线，自主完成任务。自主控制能力是无人作战飞机未来发展的主要方向，也是无人机发展水平的重要指标。目前，无人机的自主控制水平还很有限，一般要依赖地面控制站的操控来实现无人机的指挥控制。

(3) 先进的结构材料提高了无人机的飞行性能和生存力。无人作战飞机在隐身性、机动性、生存力以及智能化飞行等方面的特殊要求，使无人机成为采用智能结构和多功能结构材料的最佳平台。机体的蒙皮要采用近乎无缝结构的复合材料构成，使无人机具有较低的可探测性；采用轻重量的复合材料，可增加燃油装载量；将防弹系统与蒙皮组合成结构功能一体化的复合材料，可有效增强无人机的生存能力；采用智能材料和结构设计的自适应机翼，可显著优化飞机机动性、增大航程和搭载更多的有效载荷。诺斯罗普·格鲁门公司正在研制的"X-47A"便采用了该技术，机翼可在±20°范围内变动。

(4) 自主的载荷与作战管理技术使无人作战飞机具备卓越的作战能力。无人作战飞机的任务载荷包括传感器和机载武器两大部分。传感器载荷主要包括光电/红外传感器、摄像机等，用于执行侦察、搜索、跟踪及毁伤评估等任务。机载武器将主要是小型化的制导炸弹、精确制导导弹，拟或是定向能武器。通过自主的载荷与作战管理技术，无人作战飞机可以根据任务要求，自主完成对目标区的搜索侦察和目标筛选，完成辅助攻击决策和信息传输，并根据攻击指令自主完成目标瞄准、武器投放、攻击引导和毁伤评估，从而大大提高自身的作战能力。

1.4.3 空天型无人机的应用优势

本书把临近空间无人机与空天无人机统称为空天型无人机。空天型无人机由于其运行空间、飞行机理的特殊性，因而具备了传统无人机所不具备的许多特殊优势。以临近空间无人机为例，临近空间无人机比航空飞行平台站得高看得远，同时又比航天飞行器飞得低看得清，加之临近空间无人机在机动性和生存力方面的优势，使得临近空间无人机有效弥补了飞机和卫星的任务能力的不足，具有了得天独厚的应用优势：

(1) 临近空间无人机的地面覆盖和信息感知优势明显。与普通飞机相比，临近空间无人机站得高看得远，可以覆盖更为广阔的目标区范围。临近空间无人机可以长时间盘旋或悬停于目标区上空，实现对目标区的"凝视覆盖"、持续观测，这种能力可以使目标区的一举一动都难逃其"法眼"。而卫星是通过周期性重访进行"连续的"观测，存在观测间隔。如采用编队飞行技术，临近空间无人机在覆盖范围等方面的优势将更加突出。另外，与卫星相比，临近空间无人机飞行高度比卫星低，有利于降低大气因素造成的观测偏差，同样的侦察载荷可以将目标区看得更清楚、探测精度更高。据分析，雷达等传感器在临近空间的灵敏度比在太空时高数十倍。而且，临近空间无人机距目标的距离一般是低轨卫星的 1/10～1/20，可收到卫星不能监听到的低功率传输信号，容易实现高分辨率对地观测。

(2) 临近空间无人机的高空持久运行能力更强。临近空间太阳能无人机、高空飞艇等临近空间无人机的最大优势是滞空时间长，可以在临近空间驻留几个月乃至一年，工作时间一般只受故障和例行维修的限制。这种持久的高空运行能力是任何其他无人机都无可比拟的，也是具有战略意义的能力。而相比于有人驾驶飞机以小时来计算的飞行时间更是不可同日而语。

(3) 临近空间无人机的快速响应能力更强。现代战争节奏快、对抗性强，能否在战时根据任务需要实现作战单元的快速响应与部署是关乎胜负的重要因素。临近空间无人机的升空可以不需要动力发射架，可携带有效载荷随时应急升空，实现快速机动部署。同时可按需移动位置，完成任务后可安全回收。另外，临近空间无人机运行高度低，信息传输路径相对较短，对于减少信号损失、确保信息的及时传递非常有益。

(4) 临近空间无人机具有较高的生存力和安全性。临近空间无人机主要飞行在平流层和中间层区域内，这里的气候条件良好，使其很少会受到恶劣气候的影响。目前世界上绝大多数航空飞行器都无法达到这一高度，更无法在这一空间内遂行作战任务，现有的防空武器也没有考虑对这一空间的作战能力进行设计，因此，临近空间无人机受到常规武器威胁的可能性较低。另外，临近空间飞艇等采用无金属骨架的软体结构，外层用防电磁波探测的复合材料和玻璃纤维制造，雷达反射面较小，几乎没有雷达回波和红外特征信号，很难被探测到，隐身能力更强。

(5) 临近空间无人机相对卫星成本低廉，研发周期短，效费比高。临近空间无人机可作为卫星的廉价替代品，用于中继通信和侦察，但其制作和使用费用远低于卫星。对于航天器来说，每千克有效载荷的发射成本在1万~4万美元之间。而临近空间无人机的有效载荷出故障时可以回收修理，报废时可以仅更换有效载荷而无需更换整个平台。临近空间无人机不像卫星那样暴露在高辐射环境下，不需要对传感器作特别防护。与卫星相比，临近空间无人机具有效费比高、机动性好、有效载荷技术难度小、易于更新和维护的优势。

1.4.4 无人机系统的性能指标

对于一个无人机系统，我们希望知道应该从哪些方面去了解和评价它，这是个很难圆满回答的问题，通常可以通过以下指标来了解无人机系统。

(1) 航程：衡量无人机作战距离的重要指标。与无人机的翼型、结构、动力装置等有关。另外，美军已经在研究无人机空中加油技术，以增加无人机的航程。

(2) 续航时间：衡量无人机任务持续性的重要指标。不同类型的无人机系统，对续航时间的要求是不同的。飞机耗尽其可用燃料所能持续飞行的时间称为最大续航时间。

(3) 升限：飞机能维持平飞的最大飞行高度叫升限，分为理论升限和实用升限。飞行高度对于军用航空器来说，是保证作战任务完成的重要指标。

(4) 飞行速度：飞行速度是衡量无人机飞行能力，甚至是突防、攻击性能的重要数据，包括巡航速度和最大速度。巡航速度是指飞机在巡航状态下的平飞速度，一般是最大速度的70%~80%。

(5) 爬升率：在一定飞行重量和发动机工作状态下，飞机在单位时间内上升的高度。也可用爬升到某高度耗用掉多少时间来表示。

(6) 尺寸：对于班、排级以下的微小型战术无人机来说，尺寸是影响其易用性的重要方面，但是，越小的无人机抗击恶劣天气的能力就越差。

(7) 发射/回收方式：反映无人机使用性的一个方面。对于轮式起降的无人机来说，还需要了解起飞滑跑距离。

(8) 有效载荷重量：衡量无人机可承载多少任务载荷的重要数据。

(9) 任务设备：确保无人机完成任务的必需机载设备，任务设备的种类和性能也是反映无人机系统能力的重要方面。

(10) 保障性：包括无人机系统对使用保障人员、地面保障设备，以及储存和运输等方面的要求，是关系到无人机系统作战使用问题的重要方面。

(11) 可靠性：在特定时间和特定条件下执行预期功能的可能性。

(12) 经济性：成本及维护保障费用是影响武器装备采购的一个重要因素。无人机系统的成本不可一概而论，需要根据无人机的具体任务和类型来评价。

1.5 无人机的发展历程

无人机的发展历史，最早可以追溯到1917年，但由于受到动力、控制、导航和通信等关键技术的制约，加之对无人机应用领域的认知还不是很充分，致使无人机的发展一直比较缓慢，长期以来主要是作为靶机使用。直到20世纪90年代末，随着在几次高技术局部战争中的出色表现，无人机才开始被作为一种新的、甚至会带来作战方式革命性变化的航空作战装备而受到世界的广泛重视。回眸无人机的发展历程，从1917年美国人成功研制世界上第一架无人机开始，无人机的发展大致经历了从靶机起步，到作为侦察机、诱饵机等初步参战，再到今天的类型繁多、功能全面、成体系迅速崛起，以及面向空天快速发展的四个阶段。

1.5.1 靶机起步阶段(1917—1963)

这一阶段的发展特点是"靶机起步，奠定基础"。1909年世界上第一架遥控航模在美国试飞成功，1915年德国西门子公司研制成功首次采用伺服控制装置和指令制导系统的滑翔炸弹，被公认为是有控无人飞行器的先驱。这些事件，成为无人机发展的前奏。1917年，美国的斯佩里等人在军方的支持下，将一架有人驾驶飞机改装成了无人驾驶飞机，并进行了试飞，这可以说是世界上的第一架无人机。其最初的设想是利用携带的高爆炸药攻击飞机，但随后的试验并未获得令军方满意的结果，军方为此停止了投资，从而也就夭折了这一新生事物。尽管斯佩里等人的开创性工作没有获得最终的成功，但他们所取得的许多宝贵资料和经验却为16年后第一架无人靶机的研制成功奠定了深厚的技术基础。

无人靶机的提出，源于20世纪二三十年代防空训练的需求。当时，欧洲一些军事强国在空军制胜理论的推动下，大力发展有人驾驶作战飞机，不断加强空中进攻力量。在此背景下，防空问题愈显重要。当时的地面防空装备就是高射火炮，为了提高本国部队的防空作战能力，许多国家都采用大型有人驾驶飞机拖带靶机的方法来供地面防空火炮进行射击训练。这实际上是非常危险的一种训练方法，加之当时火炮的射击精度较低，很容易造成训练中的悲惨事故。为此，英国人想到了十几年前美国人研制的无人机。1930年英国开始研制无人靶机，在吸取了斯佩里等人研究资料和经验的基础上，1931年9月，英国费尔雷公司将一架"女王"有人驾驶双翼飞机改装成"费利王后(Fairey Queen IIIF)"靶机并做了9分钟的有控飞行。1932年，英国Home舰队将"费利王后"携往地中海做试验，检验靶机的飞行性能，更重要的是检验Home

舰队防空火力的效能。当时"费利王后"冲着 Home 舰队的密集防空火力飞行了 2 小时而未被击中，这不仅说明当时海军防空兵器的低效，同时也充分说明靶机具有无可争辩的实用性。1933年英国研制成功著名的"蜂后(Queen Bee)"靶机，随即投入批生产。这种靶机在 1934—1943年共生产了 420 架，每架都有 20 架次的飞行记录，它们一直沿用到第二次世界大战以后。

随着英国靶机的投入使用，无人机作为靶机开始被人们所认识和发展。苏联于 1934 年研制成 ΠO-2 靶机。第二次世界大战后，又研制成用冲压发动机的 La-17 靶机。美国于 1939 年开始研制靶机，先后有 30 多家公司投入了靶机和遥控飞行器的研制，其中最负盛名的有瑞安公司研制的世界上生产最多的"火蜂(Firebee)"系列靶机，以及诺斯罗普公司的"石鸡(Chukar)"靶机系列等。法国研制成 CT-20 与 CT-22 靶机，意大利研制成米拉奇系列靶机，澳大利亚研制成"金迪威克"无人靶机等。其他如加拿大、以色列、日本、德国、南非也相继研制成多种靶机，甚至伊朗也研制成多种供火炮、飞机和导弹用的靶机。所以较长一段时期内，无人机基本上是靶机的一种别称。

第二次世界大战后，无人靶机的应用领域拓展到导弹的研制与定型。一种导弹的研发过程，需要有多种规格的无人靶机进行鉴定试验，以检验导弹对空中活动目标的攻击精度和杀伤效果。可以说，如果没有性能、规格丰富的无人靶机，就不可能有现在如此众多的防空导弹。

无人靶机的发展带动了遥控遥测技术、飞行控制与导引技术、发射回收技术、小型发动机技术等无人机关键技术的发展，为无人机功能和应用领域的进一步拓展奠定了基础。在靶机的发展过程中，无人机技术先后突破了低速、高亚声速、超声速的速度飞行界限和高空、中高空、低空、超低空的空域飞行界限，在机动能力上从平直飞行发展到大机动飞行。至今，新的靶机仍在不断研制和发展，其技术研究仍将直接影响未来无人机的发展。

1.5.2 初步参战阶段(1964—1990)

这一阶段的发展特点是"初步参战，崭露头角"。第二次世界大战后，随着技术的进步，各国开始尝试在靶机上换装一些测量装置，使其具有战场侦察、目标探测的能力，并开始将其应用于实战。20 世纪 60—70 年代的越南战争、70—80 年代的中东战争使无人机开始在战场上崭露头角，也促使了无人机技术与功能的进一步拓展与提升。

60 年代初，美国为了与苏联争夺在亚洲的战略优势，开始了长达十余年的越南战争。战争初期，美军出动大批飞机对北越进行大规模的轰炸。当时，在苏联的帮助下，北越人民军组建了严密的防空火力网，使得美军的飞机遭到了巨大的重创。越战初期，美军先后损失作战飞机 2500 余架，死伤飞行员 5000 多名，被俘人员中有 90%是飞行员和机组人员。作战飞机的大量损失，使美军的作战行动严重受阻，也极大地阻止了美国政府战争意图的实现，使美军陷入了越战的泥潭。而大批飞行员和其他作战人员的死伤和被俘，更使美国政府承受了来自国内的巨大压力。为此，美军也采取了许多办法，如对北越防空导弹的雷达系统进行干扰等。但由于北越人民军采取了反干扰措施，使得美军的方法收效甚微。

为了能以较小的损失摸清北越部队的情况，特别是防空力量的部署情况，美军最后还是想到了无人机，希望能用无人侦察机代替有人机实施侦察。无人机的平台选定了美国瑞安航空公司的"火蜂"(Freebee)-147 无人靶机。该机飞行时速在 900km/h 以上，升限可达 18000m，尺寸较小，雷达散射界面和红外信号特征都很小，不易被雷达发现，也不易被防空导弹击中，具有较强的战场生存能力。而且，无人机成本低，当时一架无人机也就百万美元左右，即使损失，相比于一架有人机的 3000 多万美元再加机组人员来说，其损失也是完全可以接受的。出于战争的需要，瑞安航空公司为"火蜂-147"紧急加装了侦察照相和红外探测等设备，改装定型为"火蜂-147D"。从 1964 至 1975 年的 11 年间，火蜂侦察机在越南上空执行侦察任务，先后出动 3400 多架次，获取的情报占当时情报总量的 80%，而其因击落和机械故障坠毁的损失率仅为 16%，这意味着避免了近 550 架有人驾驶飞机被击毁，也避免了一千多名飞行员丧命越南。

"火蜂"侦察机在越南战场的出色表现，使人们认识到了无人机的新价值，也使无人机首次作为作战装备应用于实战，开辟了无人机应用和发展的新阶段。但是越战结束后，受到各方面习惯势力的影响，美军开始冷淡曾为他们立下汗马功劳的"火蜂"无人机，致使无人机技术的发展又一次被延缓下来。直到 1980 年前后，以色列在中东战争中直接运用无人机取得了辉煌的战果，才又一次激起了各国军方对无人机的浓厚兴趣。在中东战争期间，以色列面对的叙利亚、埃及和黎巴嫩等国，利用"萨姆-6"防空导弹构筑了一个严密的从几十米的低空到上万米高空的防空火力网，使得以色列的飞机一旦进入，就基本无可生还。为了突破对手的防空网，以色列在向美国学习无人机技术的基础上，开始研制自己的新型无人机。他们把从美国引进的"石鸡"喷气式无人靶机和"壮士"无人靶机改装成能够模拟喷气式战斗机进行电子欺骗的无人机，又先后研制了"侦察兵"和"猛犬"两种无人侦察机，用于收集雷达信号和进行光电复合侦察，具有全天时工作能力。这些无人机为以色列夺取战争的胜利奠定了基础。

在 1973 年的第四次中东战争中，以色列沿苏伊士运河大量使用美制 BQM-74C 多用途无人机模拟作战机群，掩护战斗机超低空突防，成功地摧毁了埃及沿运河部署的地空导弹基地。1982 年 6 月，以色列派遣地面部队侵入黎巴嫩南部，在贝卡谷地一带推进受阻。为了获得制空权，以色列计划清除叙利亚布署在贝卡谷地大量的苏制"萨姆-6"地对空导弹。这一仗，成为世界无人机运用史上的杰作。6 月 9 日上午，战斗正式打响，以军先派遣大批"猛犬"无人机，从 1500m 高度进入贝卡谷地上空，发出酷似以军战斗机的"电子图像"，诱使叙军导弹阵地雷达开机并发射导弹。就在以军的第一批"战机"被叙军导弹击中爆炸的同时，以军派出的"侦察兵"无人机搜集到了叙军雷达的位置、频率等信息。根据这些信息，以军携带着反辐射导弹和常规炸弹的先进战斗机对贝卡谷地的导弹阵地进行猛烈攻击，同时，炮兵也向叙军的地空导弹和高炮阵地猛烈开火。两个小时的战斗结束后，以色列空军毫无损失，而叙利亚苦心经营 10 年、耗资 20 亿美元才建立起来的 19 个防空导弹阵地顷刻变成废墟。此后，叙利亚空军发起反击，却落入以色列布置的电子战陷阱中，在一天一夜的战斗结束后，叙利亚共被击毁 82 架飞机，不得不让出制空权。

在中东战争中，以色列的无人机并没有想象中的成功，其适用性、数据链路的可靠性还较差，但以色列通过综合使用侦察、诱饵、电子干扰等多种无人机，与有人作战飞机配合，使叙利亚各类航/防空武器系统遭到毁灭性打击，从而在战争初期就消灭了叙军 80%以上的精锐武装，最终取得了战争的全胜。以色列无人机发展的成功经验和战场上辉煌的战绩震惊了全世界，再一次向世人昭示了无人机巨大的军事价值和潜在的作战能力。无人机也因此声名鹊起，进入了迅速崛起阶段。

1.5.3 迅速崛起阶段(1991—2009)

这一阶段的发展特点是"战场牵引，迅速崛起"。20 世纪 80 年代以来，无人机的军事价值逐渐被各国军方深刻认识，特别是在中东的贝卡谷地战役之后，人们认识到利用无人机在战时执行侦察、干扰、欺骗、电子支援等任务是非常有效的，不仅可以大大降低人员损失的风险，而且作战成本比有人驾驶飞机低得多。美、英等国的科学家和军方人士提出，要"重新全面考虑无人机在现代武器中的作用"。20世纪90年代以来的几场高技术局部战争，又给无人机提供了更加广阔的展示其作战才能的舞台。在面向现代和未来战场作战需求的牵引下，无人机进入了快速崛起与迅猛发展的阶段。

在1991年的海湾战争中，美、英、法、加拿大和以色列等国的无人机纷纷亮相战场，共投入200多架无人机。美军总共有6个"先锋"无人机连参战，执行了522架次飞行任务，累计飞行时间1638h，为多国部队实时了解战场态势及评估空袭效果提供了重要依据，对干扰、压制伊拉克防空体系和通信系统发挥了重要作用。

在科索沃战争中，美国及北约盟国首先使用无人机充当开路先锋发动进攻。共使用"捕食者"、"猎人"、"先锋"、"红隼"、"CL-289"、"不死鸟"、"米拉奇-26"等7种型号的无人机300多架，用于中低空侦察和长时间战场监视、电子对抗、战况评估、目标定位、收集气象资料、营救飞行员和散发传单等。

在2001年的阿富汗反恐战争中，无人机更是大显身手，创造了无人机发展史上的又一个里程碑事件。战争开始后，美国为了加强对活动于阿富汗多山地区的塔利班和"基地"组织行动的了解，派出了"全球鹰"和"捕食者"无人机进行全天时的侦察，并通过卫星链路及时将侦察图像传回位于美国本土的指挥中心。为了能使无人机对地面目标直接实施打击，美国首次为"捕食者"无人机挂载了2枚"海尔法"导弹。也正是这两枚导弹，谱写了无人机作战的辉煌一页。2001年11月15日，"捕食者"无人机侦察到一个车队趁着夜幕开进了一个小镇，车上的人员全部进入了一座楼房。经过指挥中心的分析，这可能是"基地"组织正在召开的一次重要会议。随即，他们调来了正在附近待命的F-15战斗机向大楼发射了导弹，同时，"捕食者"无人机也将其携带的2枚"海尔法"导弹准确地投向了大楼的停车场。顿时，楼房和停车场立即成为一片火海，其内的人员全部毙命，后来查明，被击毙的正是"基地"组织二号人物穆罕默德·阿提夫及其随行人员。"捕食者"无人机的这次出色一击，成为军用无人机技术和功能的一个重要转折，意味着无人机开始具备了直接攻击地面目标的能力，表明无人机的用途开始扩展到直接的攻击作战。

在2003年的伊拉克战场，美军更是调集了10余种各类无人机参战，其数量是阿富汗战争时的三倍多，主要包括陆军的"猎犬"、"指针"和"影子200"无人机，海军陆战队的"龙眼"和"先锋"无人机，空军的"全球鹰"和"捕食者"无人机。另外，还包括其他几种小型的无人机系统，用于支援特种作战。这些无人机在对伊作战中发挥了极大作用。"捕食者"无人机挂载"海尔法"反坦克导弹，用于执行情报、监视、侦察、攻击任务。"全球鹰"则在巴格达上空执行了数次作战任务，搜集图像3700多幅。据五角大楼公布的数据，美军在伊拉克战争中进行了RQ-1"捕食者"无人机导弹攻击试验——借助机载激光目标指示仪，引导其挂装的"海尔法"空地导弹攻击地面目标。"捕食者"无人机共攻击并摧毁了12个地面目标，有防空导弹连、导弹发射装置、伊拉克电视台雷达和卫星设施。这标志着现代战争开始进入无人化作战阶段。

在近年约旦河西岸和加沙地带激烈的阿以冲突中，以军也动用了无人机监视阿方武装力量的活动,为武装直升机提供攻击目标。2003 年 10 月,以色列首次公开了使用无人侦察机瞄准和打击目标的电视图像。以色列在进行小规模战役和战斗时,对无人机的运用可谓得心应手,使得以色列甚至认为无人机作用胜过有人机。政府高层人士因此还反对购买更多的武装直升机。他们认为通过以色列军队在西岸作战,和美国陆军及海军陆战队在伊拉克作战的经验,直升机即使在战斗不激烈的情况下也不断被击落,而无人机将成为更便宜的精确监视和投弹平台,胜过任何有人机。因此,以色列陆军和空军也计划组建一个与炮兵和坦克部队协调行动的无人机中队。

高技术战场上的辉煌战绩和未来战场的作战需求,将推动和牵引着无人机向更广阔的领域不断发展。1990—1999 年间,美国国防部在无人机研制、采办和运行方面的花费为 30 多亿美元,预测未来 10 年将花 100 亿美元用于无人机,是 20 世纪 90 年代在无人机上花费总额的 3 倍。在 10 年内,国防部将运行 F-16 大小的无人机,它能支持各种战斗任务,包括压制敌军防空力量、实施电子攻击和纵深遮断等。美国专家认为,到 2025 年,美军 90% 的战机将是无人机,甚至有专家预言,到 2050 年,美军将不再装备有人驾驶飞机。

1.5.4 进军空天阶段(2010 之后)

2010 年 3 月至 5 月,美国先后试验试飞了三种空天型飞行器,即 HTV-2 猎鹰高超声速无人机、X-37B 空天无人机和 X-51A 临近空间高超声速巡航导弹,见图 1-7。这三件震惊世界的空天大事,标志着无人机开始向更高、更远、更快的空天领域发展,也昭示着空天机动作战即将成为现实。太空蕴藏着人类生存和发展取之不尽、用之不竭的战略资源。自人类进入太空以来,人们就看到了太空的重要战略价值。随着航天技术和信息技术的迅速发展和快速融合,卫星通信技术、大容量远程数据传输、全球卫星导航系统、数字地球等等基于天基资源的先进技术已获得广泛应用,不仅大大促进了人类社会文明进步的程度,也使人类社会对于太空的依赖越来越强。空天正在成为推动国际社会经济发展的重要增长点,支撑军事力量体系的关键着力点,维护国家安全的战略制高点。

图 1-7　美国 2013 年试飞的三种空天型无人机

(从左至右依次为:HTV-2 猎鹰高超声速无人机、X-51A 高超声速巡航导弹和 X-37B 空天无人机)

另外,美空军 2010 年 5 月正式启动了赛博(Cyber)司令部的运行,声称要在"天空、太空和网空飞行和战斗"。2007 年 9 月,以色列空军突袭机队神不知、鬼不觉地进入叙利亚纵深,袭击了叙方设防严密的核设施,然后安全返回。整个过程叙方防空体系浑然不知。事后美国媒体称采用了"网络新技术"。据分析,以色列使用了美军的"空基网络攻击系统(suter)",它利用网电攻击技术,可以切入并控制敌方的防空指挥系统,从而使敌方的雷情系统看不到来袭的飞机,所以它们就可以大摇大摆地进行空袭。

这些事件让我们看到，以空天机动飞行器的出现为标志，世界正在进入信息化空天时代。这一时代的特征是，之前独立运行的空中力量、空间力量和信息力量现在开始高度融合，形成新的具有更强能力的信息化空天力量。通过空、天和信息三者的相互支撑，互为依存，能使相互的能力大大增强。在信息化空天时代，美空军通过空天网的结合，通过研发多型空天打击武器，意图实现对全球的快速打击。所以说，以信息、网络和速度为支撑，使超高速、隐身化、精确化、智能化成为信息化空天时代对空中作战装备的重要需求。而无人机凭借自身的技术和使用优势，恰恰可以很好地满足这样的需求，并且在执行高对抗环境下的侦察监视、突防压制等高危险任务时具有显著优势。

1.6　无人机系统的发展方向

随着无人机技术的进步和应用领域的延伸，未来战争必然向"信息化、无人化、智能化"发展，随之而来的是，无人机系统在先进战斗力生成和体系作战中将发挥持续而强劲的作用。一个国家倘若不能在"信息化、无人化、智能化"的竞争中赢得优势，将难以应对未来战争。因此，世界各军事强国对于无人机系统的研究投入都在不断加大。总的来说，无人机系统及其作战运用的发展方向可以概括为九个方面，即：察打一体、体系协同、高度智能、空天融合、高超声速、超长航时、全频隐身、灵巧微型、通用集成。

1. 察打一体

随着各国防御系统的不断完善和精确制导武器的广泛应用，使用有人驾驶飞机进行作战的危险大大增加。危险的作战环境和高强度的作战要求迫切需要可直接参战的无人空中作战兵器。正是在这种背景下，无人机察打一体的概念和功能被提出和发展起来。而察打一体无人机也为打击战场上的时敏目标提供了有效手段，已成为执行反恐作战、边境巡逻等任务的重要手段和力量。目前实现无人机察打一体功能的方法主要有三种。

(1) 给无人侦察机增加攻击系统，使原来仅仅具有单一侦察功能的无人机升级为具备察打一体功能的作战无人机。如美军为"捕食者"无人机加装空地导弹，使其成为具有直接火力打击能力的攻击无人机，开创了无人机发展的里程碑。法国制定了从"麻雀"无人机上试验发射武器的计划，希望从"麻雀"无人机上发射"轻标枪"反坦克导弹。

(2) 改造退役有人驾驶飞机，使其"重生"为具备侦察、打击双重功能的新型无人机。将有人驾驶飞机改装成无人机除能节约制造成本、提高退役装备利用率外，还具有风险较低，能够迅速研制并部署的优点。洛克希德·马丁公司曾用F-16改装成简易的作战无人机，该机的飞行高度6000m，留空时间9h，可携带高速反辐射导弹和空空导弹，执行压制敌防空火力、空战和反导等任务。

(3) 研制全新的具备察打一体功能的无人作战飞机。20世纪90年代初，美国最先开始研制新型无人作战飞机。美国空军曾拟在2008年组建无人作战飞机中队。陆军也将按照这个时间框架装备无人作战旋翼机，海军将在2015年前装备海军型无人作战飞机。

2. 体系协同

目前，无人机的主要运用模式是单平台独立执行任务。一方面是由于目前技术只能支持这种模式，另一方面是这种模式已能满足低威胁环境下的侦察监视、反恐作战等任务需要。但由于单机的战场生存力和任务效率比较低，这种模式难以适应强对抗环境的作战。随着军事技术的快速发展，现代战争已成为系统与系统的对抗，成为五维一体的联合作战。无人机仅靠任何一种单一的侦察、监视和攻击平台,都难以在现代战争中发挥其应有的战斗力。为此,可以基于体系协同将各种功能、各种层次的无人机与其他作战系统联结成功能互补、协同作战的有机整体,从而有效提高整体的作战效能。

近年来,美、英等发达国家已开始研究把不同类型的无人机组成体系化的作战编队,通过体系协同使整个编队展现出全新的能力。在这方面,美国 Proxy 航空系统公司已验证了控制十二架全自主无人机进行协作飞行和完成任务的能力。英国国防部也已成功验证了用一架有人战机直接控制四架无人机协同工作的飞行试验。《美国空军 2009—2047 年无人机系统飞行计划》指出:无人机将会以"蜂群"形式发动持续的打击,可与有人作战飞机编队执行空战拦截、对地打击等任务。无人机和有人机进行协同作战,通过体系支撑形成优势互补,才能有效提高整体作战效能。当前,美军 X-47B 无人作战飞机已成功实现舰上起飞和自主着舰。随着 X-47B 的服役,有人机与无人机协同作战在不远的将来将成为现实。

3. 高度智能

按照当前的无人机装备技术水平,无人机的起飞、着陆、飞行及解决飞行中遇到的问题等都需无人机自身和远在数百甚至数千公里外的地面控制站来完成,无人机与操纵人员之间交互、协调的程度要比有人作战飞机复杂得多。要想在现代防空系统、精确制导武器的攻击下与其他作战平台一道协同作战,就必须使无人机具备高度智能化水平,这种水平的高低直接关系到无人机的生存能力和发展潜力。近年来,电子技术、计算机技术、生物技术和智能技术有了突破性进展,为提高无人机智能化水平提供了有利条件。目前,世界各国正通过研制高度自动化和智能化的无人机控制系统、研制智能化武器弹药和开发新型智能材料来提高无人机智能化程度。高度自主智能已成为无人机未来发展的一个重要趋势。

自主化也是支撑无人机协同作战的关键技术,在美国国防部发布的《2005—2030 无人机系统路线图》中,正式将无人机的自主控制水平划分为 10 个等级,从第 5 级的"编群协同"(Group Coordination)以上,都与编群飞行有关,且其最高级就是"全自主集群"(Fully Autonomous Swarms),如图 1-8 所示。

图 1-8 无人机自主能力分级(译自美军《2005—2030 无人机系统路线图》)

4. **空天融合**

在上一节已说到，航空航天技术的发展已经出现明显的融合趋势，其典型的代表就是美国已经试飞的空天无人机 X-37B。通过空天技术的融合，可以研制出能够跨域飞行、突破现有飞行器概念的空天型的飞行器。可以使飞行器既具备航天器的特性，又具有航空飞行器的优点，从而大大拓展其任务能力，而且其高度和速度优势带来的作战效能也是任何其他军用飞行器所无法比拟的。我们可以大胆地预言，空天型无人机将会开创空天机动作战的先河。

需要说明的是，这里的空天融合不是航空、航天概念的简单堆砌，也不是航空、航天装备的一种简单整合。随着以 X-51A、HTV-2、X-37B 为代表的空天型无人飞行器的出现，航空、航天飞行器传统的活动范围分界线开始模糊。同时，网电技术与空天技术也开始快速深度融合，航空、航天和网空将趋向于形成"三空一统"的新型作战空间。而空天型无人机将会成为驰骋这一新兴作战空间的"主角"。

5. **高超声速**

速度可以说是航空作战平台的不懈追求，但是传统航空作战飞机的巡航速度仅能做到超声速，达到 1 倍以上的声速。这里所说的高超声速是指巡航速度要达到 5 倍以上的声速，也就是 6000km/h 的飞行速度。以美军试验 HTV-2 高超声速无人载机和 X-51A 临近空间高超声速巡航导弹为标志，高超声速的无人飞行器，包括高超声速的无人机和巡航导弹等，已经现实地出现在我们面前。如此高的飞行速度，可以带来三个方面的作战优势，一是打击时间短，使对方来不及反应；二是突防能力强，世界上现有的防空系统基本无计可施；三是精确打击威力大，对于各种坚固的或隐藏于地下的重要目标的摧毁能力将是毁灭性的。

美军对于高超声速无人飞行器的发展极为青睐，已连续进行了多次试飞，其战略目的是希望实现"1 小时的全球快速打击"。实现高超声速飞行的核心技术在于超燃冲压发动机技术。超燃冲压发动机是燃烧室入口为超声速气流，如同在龙卷风中点燃一根火柴并且还要让它持续稳定燃烧下去，其研制难度非常大。超燃冲压发动机能在 30km 到稀薄大气层空间范围内进行高超声速飞行，在 5～15 马赫或更高速度时仍具有较高的比冲。

6. **超长航时**

长航时是无人机的独特优势，也带来了巨大的作战效益。所以在无人机的发展中，强化长航时指标是不变的选择。长航时无人机分为中空长航时无人机和高空长航时无人机。它们具有许多独特的优点。首先它可作为卫星的重要补充。虽然它的覆盖面积和容量不如卫星大，但它可以弥补卫星在跟踪移动目标和提供实时情报方面的诸多局限，如卫星不能很好地透过云层观察，不能及时进行维修、升级或扩展功能，不能随时按指挥员的意图在指定目标区域实施持续侦察等。而且，长航时无人机能够提供比卫星更详细的情报，能接收到弱、低功率信息，可将通信扩展到卫星无法接收或被干扰的区域，研制保障费用低。

在长航时方面，临近空间的太阳能无人机将可能做到极超长航时。据报道，美军计划研制一种临近空间的太阳能无人机，设计的连续运行时间为 5 年。也就是说，这样的无人机可以携带侦察载荷在目标区域上空持续地"不眨眼睛"地对目标区"盯"5 年，使该地区完全成为透明。

7. **全频隐身**

多数无人机的研制曾由于一味追求低成本而忽视了隐身性能，这会导致无人机在作战中的被击毁率较高。美军发现，他们的无人机中，只有高空无人机能够免遭袭击，"捕食者"无人机在 4～6km 的高度飞行时也可遭受袭击。目前，世界各国越来越注重发展无人机隐身技术。在 2002 年 2 月举行的欧洲第三次无人机年会上，欧洲航空防务航天公司提出，应通过采用隐身设计提高欧洲侦察无人机的生存能力。无人机隐身的终极目标是希望做到全频段、全时段的隐身。目前采用的主要隐身方法如下。

一是采用隐身外形设计。无人机机体表面可尽量设计得圆滑，减少缝隙，采用与飞机外形完全融合的简单进气道、扁平狭缝状固定尾喷管、无尾(无垂尾)布局等设计技术，可有效减少无人机的雷达反射面积，提高无人机的隐身能力。二是采用复合材料。无人机因体积小，更容易采用复合材料。无人机采用的复合材料主要有：玻璃纤维加强合成树脂、石墨与环氧树脂等。美军"捕食者"无人机的机身除了主梁以外，全部采用了石墨合成材料。三是降低噪声。目前无人机最新采用的有效方法之一是用燃料电池取代内燃机。燃料电池可为无人机提供与内燃机相同的单位质量比功率，却具有较低的噪声和红外信号特征。无人旋翼机缩短旋翼和尾翼，使用四桨主旋翼的方法降低噪声。这种方法在降低噪声的同时还可产生更大的功率。四是采用等离子体隐身技术。近年来的研究表明，等离子体技术能够产生较好的隐身效果，已成为一种新的隐身技术发展方向，目前还有很多技术难题需要解决。

8. 灵巧微型

微型无人机目标小、噪声低、雷达和可视信号弱，而且携带方便、机动灵活、随时随地可用，能够监视卫星和侦察机探测不到的死角，查找躲在建筑物内部的敌人，窥探山后的敌情，实施通信中继、目标指示、近距离电子干扰、核生化探测、截获无线电频率、近距点目标攻击、为士兵发送求救信号等。因此非常适合城市、丛林、山区等复杂环境地区作战及特殊条件下的特种部队作战。微型无人机包括扑翼无人机、旋翼无人机、固定翼无人机等微型无人机。其中"微星"无人机已在阿富汗战场投入使用。法国军队已开始采购和逐步装备微型无人机；德国已开始使用仅 3kg 重的"阿拉丁"小型无人机；韩国大学已试飞了两种微型无人机，并正在进行仿生微型无人机的研究；俄罗斯、德国、日本、新加坡、澳大利亚等国也已研制出和正在加紧研制本国的微型无人机。

实现无人机微型的主要措施包括：一是研制适合微型机的新型动力装置和能源，包括燃料电池、太阳能和微波、电柴油混合型发动机、往复式化学肌肉、轻型热电发电机等；二是节省功率，美国高级研究计划局将微型无人机设计成在静止时收集信息，并且只在环境变化时才发送信息。这样可节省功率，使微型机在工作位置上的有效工作时间增加到 1 个月；三是设计适合微型机的飞翼布局。微型机由于体积小，发动机功率有限，要使其正常飞行，更需设计出合理的飞翼布局；四是提高升阻比。加厚机翼，采用旋翼或扑翼方式，采用微自适应流量技术；五是研究新型微型传感器。

9. 通用集成

目前，各种型号的无人机系统基本是自成体系，系统设备构成复杂。随着对无人机需求的越来越广泛，未来无人机将会成体系列化快速发展，而且在作战使用上也将与其他无人机、其他作战单元进行联合作战。这就必须解决无人机与其他作战单元之间的互联互通问题，以及各型无人机系统的通用化保障问题。解决这些问题的唯一有效途径就是基于通用化的系统集成。包括三个方面：

一是制定统一标准，研制通用化的机载和地面系统设备，提高无人机系统的通用化水平。要想实现无人机与其他作战平台的综合集成，首先需要解决无人机与其他武器装备之间的通用性和互联性问题。为无人机制定统一标准，使用统一的通信、指挥和控制系统是解决这一问题的关键。二是加强无人机系统本身的综合集成，提高无人机的协同控制水平，降低操作使用要求。无人机系统本身就是一个系统的集成，它需要将飞行器、各种传感器、武器、发射与回收装置、通信系统、指挥与控制系统及操作员集成为一个有机整体。三是加强无人机系统与其他作战平台的综合集成。为适应高技术信息化战争的需要，国际上对无人机的发展越来越强调"横向技术一体化"，即用信息技术的联通性和融合性，将无人机与分布在陆、海、空、天的各种侦察探测系统、指挥控制系统、打击武器系统与作战力量、保障力量无缝隙地连接成一个有机整体，充分发挥各自的优势，形成远远高出单个系统的合力。

第 2 章　飞行平台与动力装置

无人机系统飞行平台包括了无人机的机体、动力和操纵控制系统，用于产生无人机飞行所需的升力、动力，保证飞行和安装其他机载设备。无人机的气动布局、动力装置和操纵控制等直接影响着飞行性能，进而也影响着无人机系统能否有效地满足任务需求。

2.1　无人机飞行平台的组成

无人机系统的飞行平台主要由六大部分组成，即：机身、机翼、尾翼、起落装置、动力装置和飞行控制系统。对于传统的飞机平台构成来说，并不需要、也不包括飞行控制系统。但是，对于无人机来说，由于机上无人操纵，其飞行必须依靠飞行控制系统，因此，本书将飞行控制系统作为无人机飞行平台的一个组成部分。另外，对于一些特殊结构的无人机来说，尾翼可以是没有的。起落装置对于一些无人机来说，也是可选的。

机身主要用来装载发动机、燃油、任务载荷设备、电源、操纵控制设备、数据链路设备等无人机飞行所必需的机载设备，并通过它将机翼、尾翼、起落架等部件连成一个整体。

机翼主要有三个方面的作用，第一个作用是作为无人机产生升力的主要部件，用于支持无人机在空中的飞行。固定翼无人机的机翼一般分为左右两个翼面，无人直升机使用的是旋翼，扑翼无人机使用的是像鸟或昆虫翅膀一样的扑翼。固定翼无人机的机翼通常有平直翼、后掠翼、三角翼等。机翼前后缘都保持基本平直的称为平直翼，机翼前缘和后缘都向后掠称为后掠翼，机翼平面形状成三角形的称为三角翼。平直翼比较适用于低速飞行器，后两种较适用于高速飞行器。第二次世界大战之前的早期无人机，有的采用单机翼，也有的采用双机翼。第二次世界大战后，固定翼无人机逐渐都变成了单机翼。根据机翼的位置，又有上单机翼、中单机翼和下单机翼之分，其形状有平直机翼、后掠机翼、三角机翼、梯形机翼等。机翼的第二个作用是用于稳定和操控飞机运动。在机翼的后缘部分一般要安装两种活动的翼面，分别称之为副翼和襟翼，如图 2-1 所示。左右机翼各设一个副翼，主要用于控制飞机做滚转运动。副翼按照差动方式偏转，即左右副翼同时以同样的角度分别向上和向下偏转，副翼的偏转会使左右机翼产生的升力发生变化，进而会产生使飞机向左或向右偏转的力矩，称为滚转控制力矩。通过调整该力矩的大小，就会控制无人机发生期望的滚转运动(或称倾斜运动)。例如，若使左机翼上的副翼向上偏转，右机翼上的副翼下偏，则左机翼升力会下降，右机翼升力将增加，左右机翼升力的变化就会产生向左的滚转控制力矩，使无人机发生向左的滚转运动(或称飞机向左倾斜)。襟翼也是左右各设置一个，但它们是同步偏转方式，主要作用是在无人机起飞和降落时减少和增大阻力。对于小型无人机来说，一般不设襟翼。机翼的第三个作用是用于挂载武器或是发动机。大型无人机的左右机翼设有挂梁，可以外挂导弹。当然，大型无人机也可以像大型运输机一样，用机翼挂载发动机。

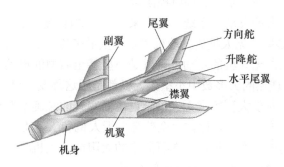

图 2-1 无人机飞行平台的结构示意简图

尾翼分为垂直尾翼和水平尾翼。

(1) 垂直尾翼垂直安装在机身尾部，主要功能为保持机体的方向平衡和方向操纵。在垂直尾翼后缘设有用于操纵方向偏转的方向舵，通过偏转方向舵，就会改变作用在垂直尾翼上的气动力的方向和大小，从而产生使飞机机头偏转的力矩，达到改变方向的目的。如方向舵右偏，则垂直尾翼右侧表面的气流流速减缓，使垂直尾翼右侧所受到的压力增大，同时垂直尾翼左侧所受到的压力会减小，这样，在垂直尾翼上就会产生一个向左的气动合力，这个力将会产生一个相对于机体重心使机头右偏的力矩，称为航向控制力矩，从而使无人机机头向右偏转。反之则会使机头向左偏转。基于这一原理，无人机的飞行控制系统通过控制方向舵的偏转角度，就可以达到控制无人机航向偏转的目的。

(2) 水平尾翼水平安装在机身尾部，左右对称安装，主要功能是保持俯仰平衡和俯仰操纵。在早期的飞机上，水平尾翼的前段被称为水平安定面，是不可偏转的。在水平尾翼的后缘设置有一个可活动的舵面，称为升降舵，左右水平尾翼各安装一个，以同步方式偏转，即左右升降舵是以相同的角度同时向上或向下偏转。通过升降舵的同步偏转，可以改变水平尾翼上所受气动合力的方向，进而产生使飞机低头或抬头的力矩，称为俯仰控制力矩，使飞机发生期望的俯仰运动。例如，若使升降舵上偏，则水平尾翼上会受到向下的气动合力，此力相对机体重心会产生一个使机头上仰的俯仰控制力矩，使飞机抬头，反之则会使飞机产生低头运动。需要说明的是，上述所述的尾翼布局，是一种如图 2-1 所示的常规的气动布局。对于一些结构比较特殊的无人机来说，可能会不设垂直尾翼或水平尾翼。如飞翼布局的无人机就没有垂直尾翼，"捕食者"无人机采用 V 形尾翼布局而放弃了水平尾翼。对于那些特殊的布局，方向舵或升降舵的作用是由其他的舵(翼)面通过不同的偏转组合模式来承担的，这就必须依靠飞行控制系统的独特控制能力了。

起落装置的功用是使无人机在地面或水面进行起飞、着陆、滑行和停放。着陆时还通过起落装置吸收撞击能量，改善着陆性能。起落装置是无人机组成中形式最多样化的一个部分，这主要是因为无人机有多种发射/回收方式。采用轮式起飞、着陆的无人机设有三个起落架。大型无人机的起落装置包含起落架和改善起落性能的装置。对于大多数大型无人机来说，起飞后起落架将收起，以减少飞行阻力。但是，我们也看到"捕食者"无人机在飞行过程中并不收起起落架，这主要是因为这种无人机低速飞行，这样做可以降低成本。对于采用起落架的中小型无人机来说，考虑到成本、技术、使用要求低等方面的原因，在空中起落架并不收起，所以也不安装收放起落架的控制装置。对于采用弹射、拦阻网等方式发射、回收的小型无人机就不需要起落架。对于采用手掷发射的小型无人机，就没有起落装置。伞降回收的无人机着陆装置可以说就是降落伞及其抛射控制装置。

动力装置就是无人机的发动机系统，是用来产生拉力(如螺旋桨飞机)或推力(如喷气式飞机)，使无人机前进的装置。无人机的发动机也是类型最多样化的设备之一，根据无人机的类型及其不同的性能要求，无人机的发动机可以是小型甚至微型的电动发动机，也可以是各种形式的活塞式发动机，现在的大多数中小型无人机都是用这种发动机，最具代表性的就是"捕食者"无人机。当然，对于大型高空无人机来说，活塞式的螺旋桨发动机并不能满足飞行要求，所以需要采用喷气式发动机，比如"全球鹰"无人机和X-47B无人作战飞机等。另外，火箭助推的无人机采用火箭发动机，正在研制中的太阳能无人机将采用太阳能混合动力发动机等。关于无人机的发动机，在2.4节将专门介绍。

飞行控制系统负责控制无人机自动安全的飞行。飞控系统采用负反馈控制原理，根据飞行要求自动为无人机生成飞行指令，并按照这一指令控制无人机的升降舵、副翼、方向舵等操纵面进行相应的偏转，从而控制无人机改变姿态和航迹，完成期望的飞行和任务要求。无人机的飞行自动控制系统包括控制指令生成子系统和操纵子系统。指令生成子系统的作用是根据预定的航线要求或是地面指令的要求，自动为无人机生成飞行指令的一系列装置，主要包括飞机的姿态传感器、导航传感器、制导控制计算机等；操纵子系统用于把指令生成子系统产生的飞行指令传送给无人机相应的操纵舵(翼)面，主要包括指令传输与转换装置、舵机等。对于大多数小型无人机来说，包括航模级的无人机，其飞行控制系统的核心就是自动驾驶仪。

2.2　无人机翼型与升力机理

2.2.1　机翼的翼型与参数

无人机在飞行过程中，机翼和尾翼是主要的产生升力和保持飞机安定、实现姿态操纵的气动部件，而机翼和尾翼的成形则主要取决于翼型。翼型是指在平行于飞机对称面的机翼的任意位置沿机翼展向的剖面，也称翼剖面，翼型对于飞行器的气动性能有重要影响，其主要参数见图2-2所示，包括翼弦、相对厚度、最大厚度的相对位置、中弧线、相对弯度、相对前缘半径和后缘角等。

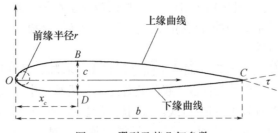

图 2-2　翼型及其几何参数

翼型最前端点称为前缘点，最后端点称为后缘点，即图中的O点和C点。前缘点和后缘点的连线称为翼型的几何弦，也叫翼弦，其长度称为翼型的弦长，用b表示。

一般称翼型上缘曲线和下缘曲线在垂直翼弦方向上的最大距离为翼型的厚度，记为c，通常用弦长的百分比来表示翼型厚度的大小，如$c=9\%$，是说翼型厚度为弦长的9%。前缘点到最大厚度对应点的距离称为最大厚度相对位置，记为x_c。

把上缘曲线和下缘曲线沿翼弦法线方向距离的中点的连线称为翼型的中弧线。对于对称翼型，中弧线就是翼弦。对于非对称翼型，中弧线不再是直线，而是一条曲线，说明翼型有弯度。

翼型弯度的大小用中弧线上最高点的纵向坐标值f来表征，通常也表示为相对于弦长的百分比。把最大弯度的位置记为x_f。

通常，翼型的前缘是圆的，其所处圆弧的半径称为翼型前缘半径，用符号r表示。

把翼型上、下缘曲线在后缘点处的切线的夹角称为后缘角，记作τ。

对于飞机的设计来说，通常要求机翼和尾翼尽可能地设计成升力大、阻力小的特性，这就使得对于不同速度特性的无人机来说，机翼的翼型设计有不同的特点。低亚声速无人机，翼型通常设计为圆头尖尾形，目的是提高升力系数；高亚声速翼型的特点则是前缘丰满、上翼面平坦、后缘向下凹；超声速翼型的特点是尖头尖尾，以减小激波阻力。

2.2.2 空气动力学的部分概念

现有航空飞行器分为两类，一类是轻于空气的航空器，如气球，是依靠空气的静浮力升于空中。另一类是重于空气的航空器，需要有大于自身重力的升力才能升空飞行，大多数航空飞行器都是重于空气的。本书所定义的无人机也是重于空气的航空器，要实现飞行就必须能够获得大于重力的升力。升力的本质是无人机在与气流相对运动过程中受到的空气动力的合力。为此，我们需要首先了解一下空气动力学的基础知识。

1. 空气动力与空气动力学

空气动力是空气与物体在相对运动过程中，空气作用在物体外表面上的分布力系的合力。空气动力的变化规律与物体的运动规律有着密切联系。空气动力学就是研究物体(如飞机或导弹)与空气作相对运动时，空气的运动规律及其对物体作用规律的科学。通常，将空气动力学又分为飞行器空气动力学和工业空气动力学，飞行空气动力学研究飞行器在大气中飞行时的空气动力学问题。工业空气动力学涉及房屋、坑道通风、高层建筑的风压、车辆的阻力等方面的空气动力学问题。

对于空气的流动，通常区分为定常流动与非定常流动。定常流动是指气流中每一点的密度、压力和速度不随时间的变化而变化，即在每一点上这些物理量的值是定常的。而如果这些量随时间变化，则称为非定常流动。

2. 流场及其描述

充满着运动流体的空间称为"流场"。用以表示流体运动特征的物理量称为流体的运动参数，如速度、密度、压强等，流场是分布上述物理量的场。描述流场的基本概念有轨线、流线和流管。轨线是指流场中流体质点在一段时间内运动的轨迹线。把流场中某一瞬时的一条空间曲线称为流线，在流线上各点的流体质点所具有的速度方向与该点处曲线的切线方向重合，如图2-3(a)所示。在流场中画一封闭曲线C，注意曲线C是封闭的，它不是流线，如图2-3(b)所示，经过曲线C的每一点作流线，由这些流线所围成的管状曲面称为流管。可以形象地认为，流体是在流管中运动的。

利用实验室的风洞原理实验箱，就可以形象地看到当气流与物体相对运动时的流场、流线的特征，如图2-4所示。

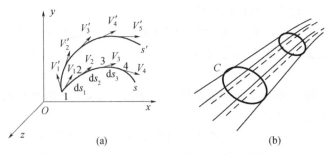

图 2-3 流线和流管概念图

(a) 流线概念图；(b) 流管概念图。

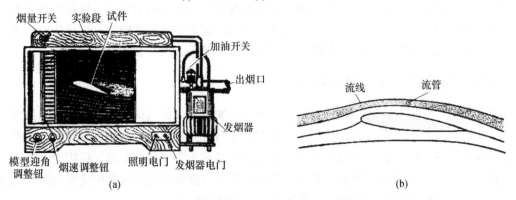

图 2-4 利用风洞原理实验箱观察气流与物体相对运动时的流场、流线的特征

(a) 风洞原理实验箱；(b) 流场、流线、流管示意图。

3. 黏性流动与速度型

通常气体具有某种程度的黏性。如果让速度为 V_∞ 的平行气体流过一个平板，在平板的某一法线上的各点测量气体的速度，则紧贴板面的气流速度为零，沿平板法线方向向外，气流流速则会逐渐增加至 V_∞。为此，可将气流沿平板表面的流动看成是速度不同的分层流动。将平板法线上各点速度矢量的端点连成光滑曲线，形成的图形称为速度型，如图2-5所示。

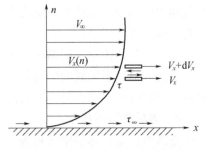

图 2-5 黏性流动形成的速度型

设想速度为 V_∞ 的多层气流平行流过一个平板。由于物体表面不是绝对的光滑，对气体分子有粘附作用，所以紧贴物体表面的流层受到阻滞和粘附，流体速度降为零。这层速度为零的流体又通过空气的黏性作用影响上一层流体，使上层流体的速度也被减小。这样逐层向外影响下去，使每个相邻的外层流体的速度都会被减小。但同时，越向外，相邻流层间粘滞作用产生的摩擦阻力就越弱，又会使得层流间的速度梯度 dV_x 随着层流的向外延伸而逐渐减小。这样，沿着平板法线向外，气流流速就会逐渐从零开始增大，直至最外层气流的速度恢复为原有的速度 V_∞，从而形成了流速沿法线方向逐渐增大的速度型。

4. 附面层

从气流沿平板表面流动的速度型图可以看出，虽然紧贴平板表面处的气流速度为零，但沿平板法线方向线外，速度梯度很大，所以在平板表面很短的垂直距离外，气流流速就会增至原来的来流速度V_∞。因此，平板表面对气体的粘附作用和气体流层间的粘滞作用，对紧贴平板表面的一个薄的流层的影响最显著，使得这一个层内的气流流速大大小于来流速度V_∞，我们把这一层称为附面层。通常取层流速度达到$0.99V_\infty$处为附面层的外部边界，由平板表面到该处的距离称为附面层厚度，用δ表示，如图2-6(a)所示。在附面层外部，由于法向速度梯度已经很小，可以把空气黏性产生的阻滞作用忽略不计。空气沿物面流动的距离越长，附面层将越厚。

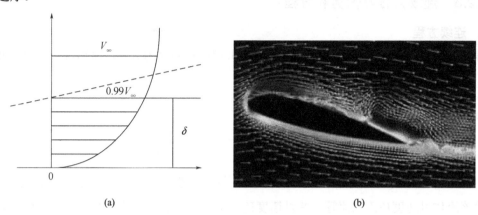

图 2-6 附面层定义及流态

(a) 附面层示意图；(b) 附面层内的流态模拟图。

在附面层内的气流流动有两种形态，分别称为层流与紊流。层流是指层内流体作彼此平行且不混杂的运动，紊流是指流体运动成为相互混杂、穿插的紊乱流动。当附面层内的流态为层流时，称为层流附面层。当附面层的流态为紊流时，称为紊流附面层。对于气流沿实际物体表面的流动来讲，更多的情况是前面一小段为层流，后面一长段为紊流，中间有一个很短的过渡区，称为转捩区，如图2-6(b)所示。层流附面层和紊流附面层有许多重要差别。通常，层流附面层产生的阻力要远远小于紊流附面层产生的阻力，而紊流附面层比层流附面层厚，且增长得快，对物体产生的摩擦阻力比层流大得多。因此，为了提高飞行速度，就要设法减小紊流的影响。

附面层内的流态受很多因素影响，例如雷诺数增加、来流的紊流度增加、物体表面粗糙度增加、激波干扰等因素，都会促使层流变成紊流。气流流速的增加，也会促使层流变成紊流。流速越高，紊乱程度也越强烈，把附面层由层流状态改变为紊流状态时的流速称为上临界流速。

5. 雷诺数(Reynolds number)

雷诺数是流体力学中用于表征黏性影响的相似准则数，是一个无量纲的数。它为纪念英国科学家雷诺(Osborne Reynolds)而命名，记为Re，称为雷诺数。$Re = \rho V L / \mu$，其中，ρ是流体密度，μ是流体的黏性系数，表示流体的粘度；V和L为流场的特征速度和特征长度，一般取V是远前方的来流速度，L为物体的主要尺寸(如机翼的弦长或球体的直径)。两个形状相同但大小不同的物体在不同流体中运动时，只要雷诺数一样，它们形成的流场和各种力量系数就相同。

雷诺数表示了作用于流体的惯性力与黏性力的比值，雷诺数越小，表征黏性力对流动的影响越显著，反之，则是惯性力对流动的影响越显著。雷诺数较小时，黏性力对流场的影响大于惯性力，流场中流速的变化较为稳定，即流速受到微小扰动时会因黏性力的作用而使扰动的影响被减弱，从而使流体流动能保持稳定，这就是层流状态。而当雷诺数较大时，惯性力对流场的影响大于黏性力，流体的流速变化就容易变得不稳定，流速的微小变化容易被增强和发展成为不规则的、紊乱的流动，从而形成紊流。所以，雷诺数是区分附面层处于层流状态或紊流状态的重要标志。

2.2.3 连续方程与伯努利方程

1. 连续方程

考虑低速一维定常不可压缩流体，经过如图2-7所示的封闭流管，前端流管较粗，截面积为A_1，后端流管较细，截面积为A_2，$A_2<A_1$。

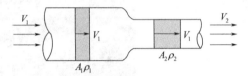

图 2-7 不可压缩流体的流动示意图

设该流体以速度V_1流入流管，并以速度V_2流出，流体的密度计为ρ。则在单位时间内，流经前端流管的流体质量和流经后端流管的流体质量是相同的，即流体的质量守恒，$m=\rho V_1 A_1=\rho V_2 A_2$，从而可以得到式(2.1)的表达：

$$A=\frac{m}{\rho V} \tag{2.1}$$

上式的意义在于给出了一个有意义的结论，即对于一维定常不可压流体，在密度不变的情况下，流体在封闭流管中的流速与流管的截面积成反比，凡横截面积小处，流速必大；反之，横截面积大处，流速必小。

这一结论所揭示的物理规律在我们的生活中到处可见。滔滔江水流经河道窄的地方时，水流速度就快，经过河道宽的地方时，流速就会放慢。空气也是一样，当它流过一根粗细不等的管子时，由于空气在管子里是连续不断地稳定流动，在空气密度不变的情况下，单位时间内从管道粗的一端流进多少，从细的一端就要流出多少。因此空气通过管道细的地方时，必须加速流动，才能保证流量相同。所以说，流管细流速快，流管粗流速慢，这是气流的连续性原理。

2. 伯努利方程

换个角度考虑图2-7的气体流动。对于给定的不可压缩流体来说，根据机械能守恒定律，流体在流动过程中的机械能是守恒的，故有：

$$\frac{1}{2}mV_1^2+P_1A_1V_1=\frac{1}{2}mV_2^2+P_2A_2V_2 \tag{2.2}$$

式中，p_1和p_2分别为两段流管内的流体运动产生的压力。考虑到$m=\rho V_1 A_1=\rho V_2 A_2$，代入上式并整理后可得：(注意，$V_1A_1=V_2A_2$)

$$\frac{1}{2}\rho V_1^2+P_1=\frac{1}{2}\rho V_2^2+P_2 \tag{2.3}$$

$$\frac{1}{2}\rho V^2+P=P_0=const \tag{2.4}$$

在式(2.4)中,我们把 p 称为静压,而把 $\frac{1}{2}\rho V^2$ 称为动压,P_0 称为总压。此时说明,空气在封闭流管中流动过程中,静压和动压的和是恒定的,即总压是恒定的。所以,我们又可以得到一个非常重要的结论:空气流动速度的变化会引起压力的变化,流速快的地方流体产生的压力会减小,流速慢的地方流体产生的压力会增大,这就是伯努利原理。式(2.4)称为伯努利方程。

2.2.4 翼型获得升力的机理

根据上一节阐述的连续方程和伯努利方程,当无人机在空中飞行时,机翼与空气产生相对运动,气流就会在机翼的上下表面产生气动压力,这些压力的共同作用就产生了升力。而获得升力的基础在于翼型。

为了全面了解翼型获得升力的机理,再引入一个新的概念——迎角。把机翼剖面的翼弦与相对气流方向之间的夹角称为迎角,它是获得升力的一个重要因素,如图2-8所示。

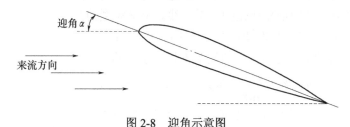

图 2-8 迎角示意图

我们首先来分析非对称翼型的情况,假设翼型弯度为正,即翼型上表面弯度大。对于迎角为零的情况,由于翼型的非对称,当翼型与平行气流产生相对运动时,气流在翼型上、下表面产生的流场将不再是以翼型弦线对称的。气流到达翼型前缘后,分为上下两股,流过上表面的气流,受到凸起的影响,使流线收敛变密,流管变细。而流过下表面的流线也会因为凸起的影响而收敛变细,但因为翼型弯度为正,下表面的凸起程度小于上表面,所以,相对于上表面的流场来说,下表面流场的流线较疏松,流管也较粗,如图2-9所示。上表面流管变细导致流速加快,压力减小,而下表面流管变粗流速减慢,使压力增大。这样,就会使得上表面的压力小于下表面的压力,即 $Y_下 > Y_上$,从而 $Y_合 = Y_下 - Y_上 > 0$,产生升力。所以,非对称翼型是产生升力的一个原因。

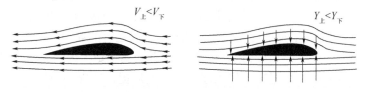

图 2-9 非对称翼型的流场特点

然后我们来考察对称翼型和非零迎角的情况。如果一个对称翼型以零迎角与低速气流产生相对运动,则在翼型上下表面处产生的流场也将是以翼型弦线对称的,即翼型上、下表面的流场也是完全一致的。根据伯努利原理,气流在翼型上、下表面产生的压力就将是相等的,从而有 $Y_合 = Y_下 - Y_上 = 0$,这样,作用在零迎角的对称翼型上的气动合力就是零,没有升力。若使该对称翼型以非零迎角($\alpha > 0$)与低速气流产生相对运动,则在翼型上下表面产生的流场不再是以翼型弦线对称的,而是表现为上表面流管变细、下表面流管变粗的特点。根据连续方程和伯努利方程揭示的原理,气流在翼型上、下表面产生的压力也将发生变化,流管细的上表面气体流速变快,压力降低。同时,流管变粗的下表面气体流速变慢,压力则会增大,导致 $Y_下 > Y_上$,$Y_合 = Y_下 - Y_上 > 0$。可见,由于迎角变化导致的流场特性的变化,使得对称翼型上、下表面的气动压力发生变化,产生一个垂直于来流方向使机翼向上的合力,这就是升力。所以,使翼型获得升力的根本在于使翼型上、下表面的流场发生变化,从而引起上、下表面的气动压力发生变化。对于对称翼型来说,迎角是产生升力的原因。我们每个人都有过放风筝的经历,若风筝平行于风向,迎角为零,无法产生升力,风筝就只会一直前进;若与风向成一交角,风筝就会受到升力的作用而不断上升,就是这个原因。

综上分析,迎角和非对称翼型是使翼型获得升力的两个因素。通常,机翼的翼型都设计成"上厚下薄"的非对称翼型,而且在安装上要保持一定的初始迎角,其原因就是希望能够产生足够的升力。增大翼型的弯度和迎角,可以增大升力。

需要说明的是,迎角的增加并非越大越好,而是有一个限度。实验表明,升力与迎角的关系曲线是一个特性完全对立的两段曲线,如图2-10为升力系数随迎角变化的关系曲线。定义翼型的升力系数 $C_L = 0$ 时的迎角为零升力迎角 α_0。从图中可以看出,当迎角小于某一个临界值时,迎角升力曲线基本接近于直线,升力随迎角的增大而增大,增长率为 $\dfrac{dC_L}{d\alpha}$,即为升力系数曲线的斜率。我们把迎角的这个临界值称为临界迎角,记为 $\alpha_临$。当迎角大于该临界值时,随着迎角的增大,升力系数不但不会继续增大,反而会急速下降。这是因为太大的迎角会使上翼面出现大面积紊流区,从而导致升力急速下降,同时阻力还会增加,这种现象称为失速。

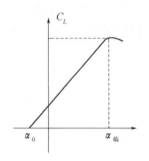

图2-10 迎角—升力关系曲线

2.2.5 无人机翼型的选择与设计

选择和设计翼型是无人机设计的一项基础性工作,通常有两种方法。一种是选择法,另一种是设计法。选择法是根据无人机的性能要求,从已有的成功翼型中选择一个合适的翼型。设计法就是利用翼型设计技术,重新设计一种符合无人机性能要求的专用翼型。选择法的优点是效率高,设计法的优点是针对性强,可以设计出合乎新要求的适用机翼。

对于低速无人机来说,可以参考选用的翼型数据是比较多的,如美国的NACA系列翼型或德国的Goettingen系列翼型都是可以使用的数据。这些已有的翼型数据都是各国在长期的飞行实践中摸索出来的一些性能很好的翼型。NACA系列翼型是美国国家航空咨询委员会(缩写为NACA,现为NASA)在20世纪30年代经过系统研究后提出的翼型数据,分为四位数翼型族和五位数翼型族。四位数翼型族是用一个4位数表示翼型的主要参数,其中第一位数表示翼型的弯度,是翼型弦长的百分数;第二位数代表翼型中弧线最高点所在的弦向位置,是翼型弦长的十分数;后两位数代表翼型的厚度,是翼型弦长的百分数。例如,NACA0015就是一个无弯度、厚度为15%的对称翼型。五位数翼型族是用一个5位数表示翼型的主要参数,其中第一位数仍表示翼型的弯度,但不再是一个直接的弯度数据,而是通过设计升力系数表示的,第一位数乘以3/20就等于设计升力系数;中间两位数是翼型中弧线最高点的弦向位置的2倍,以翼型弦长的百分数表示;后两位数代表翼型的厚度,是翼型弦长的百分数。例如,

NACA23012，表示设计升力系数为2×3/20=0.3，翼型中弧线的最高点在翼型弦长的15%处，厚度为12%。NACA的研究表明，各国的航空技术人员从各自的经验获得的翼型数据，如果改成对称翼型，且折算成同一厚度的话，其厚度分布几乎是不谋而合的。

选择翼型时还可以参考翼型的极曲线。翼型极曲线的横坐标表示翼型的阻力系数，纵坐标表示升力系数，在曲线上标出迎角的大小，如图2-11所示。利用极曲线可以迅速查到某个翼型在一定迎角下的升力系数、阻力系数以及升阻比最大时的迎角。对于机翼的选择和设计来说，通常希望翼型的阻力系数愈小、升力系数愈大愈好。对于中小型低速无人机，与常规飞机的气动特性差别不大，可以直接从翼型数据库中选择常规飞机的翼型。对于高空长航时无人机，由于高空空气稀薄，无人机在飞行时需要大的升力系数，同时，又要求长留空时间，所以需要阻力系数要小，因此高空长航时无人机应选择升阻比大的翼型。在翼型极曲线图上，通过原点画出与极曲线相切的直线，切线越陡，则该翼型的升阻比越大，选择翼型时可以先把升阻比大的选出来。如果从极曲线上发现两种翼型的最大升阻比相当，则选用对应最大升阻比的升力系数较大的翼型。从图2-11可看到L1003M的对应升力系数最大，所以它是这些翼型中最好的翼型。此外决定无人机飞行性能的是整架无人机的升阻比，而翼型阻力只占整架无人机阻力的1/3左右。有些翼型升力系数不大，虽然阻力系数也不大，但加上机身等的阻力系数以后，总的升阻比便会大为降低。

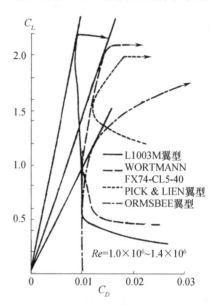

图2-11 翼型的极曲线示意图

如果对无人机的气动性能有非传统性的特殊要求，则已有的翼型往往很难满足其性能要求。此时，就需要为新的无人机重新设计一种合适的、专用的翼型。现代翼型设计技术和计算流体力学(CFD)工具可以帮助设计任意形状的翼型。但为了保证所设计的机翼符合要求，需要随后进行风洞验证。

现代翼型的设计主要有两种思想。一种是杂交设计的思想。跨声速的高巡航效率与亚声速的高升力性能始终是相互矛盾的气动要求，在设计民航机时通过超临界翼型和低速的高升力增升装置实现折中。无人机由于受价格、重量和简易性等方面因素的影响，无法使用复杂的技术折中，可以采用杂交设计的思想来进行翼型的折中设计。第二种是基于CFD技术的多目标多点优化设计思想。通常，所设计的翼型仅能在设计条件下获得最好的值，但对流动条件的变化极为敏感，会导致在实际的非设计条件下的气动性能大幅下降，这是单点翼型设计的局限，也使得基于单点方法设计的翼型实用性差。为此，人们采用了基于CFD技术的多目标多点优化的设计思想，实际上是从流动特点来考虑的基于杂交设计思想的一种数值优化方法。

2.3 无人机的机翼与升阻特性

2.3.1 机翼的类型与参数

机翼是产生无人机飞行所需升力的主要部件，同时还可用于安装起落架等装置，对于大型无人机来说，其机翼还可以像有人飞机的机翼一样，用作油箱、挂载弹药等。另外，还要在机翼上安装用于改善起飞和着陆性能的襟翼和用于滚转运动控制的副翼。

机翼的形状多种多样,有平直翼、三角翼、后掠翼、前掠翼等,其中平直翼又有矩形翼、梯形翼和椭圆翼,如图2-12所示。由于机翼是产生升力的主要部件,因此不论采用什么样的机翼,不仅需要考虑结构重量尽可能轻,更重要的是需要使无人机具有良好的气动外形,即要具备升力大、阻力小、操纵性能好的特点。

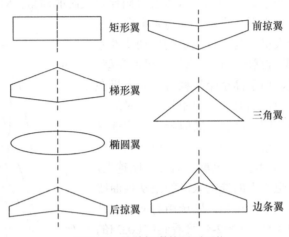

图 2-12 几种机翼的平面形状

根据机翼在机身上安装方式的不同,可将机翼分为上单翼、中单翼和下单翼。上单翼是指安装于机身上方的机翼,中单翼是指机翼安装在机身中部,下单翼即是机翼安装在机身下部的情况。另外,根据机翼弦平面是否有上反角可分为上反翼、无反翼和下反翼。

机翼的平面形状是指机翼在水平面内的投影的形状。描述机翼平面形状和安装方式的主要几何参数有机翼面积、翼展、翼弦、展弦比、后掠角、上反角、安装角等,如图2-13所示。

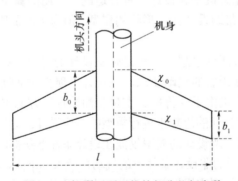

图 2-13 机翼平面形状的部分几何参数

机翼面积指整个机翼在水平平面上的投影的面积,一般用S表示。机翼面积是影响升力的重要参数,大的机翼面积能够产生大的升力。

翼展指左机翼的翼尖与右机翼翼尖之间的长度,一般用l表示。

翼弦指机翼沿机身方向的弦长。除了矩形机翼外,机翼不同位置的翼弦是不同的,一般记翼根弦长为b_0,翼尖弦长为b_1,平均弦长为$b_{pj}=S/l$。

展弦比是指翼展与机翼平均弦长的比值,用λ表示,$\lambda=l/b_{pj}=l^2/S$。展弦比越大,机翼的升力系数越大，但阻力也越大。当机翼面积保持不变时，亚声速无人机的最大升阻比L/D近似随着展弦比的平方根增加而增加。另外，小展弦比机翼比大展弦比机翼的失速迎角大。

根梢比是指翼根弦长与翼尖弦长的比值，一般用η表示，$\eta = b_0/b_1$。根梢比影响机翼沿展向的升力分布。

上反角指在无人机水平放置状态下，机翼弦平面与水平面的夹角。上反角为正，机翼弦平面在水平面之上，为上反翼。上反角为负，机翼弦平面在水平面之下，为下反翼。低速无人机采用具有一定上反角的机翼安装方式可以改善横向稳定性。

后掠角指机翼与机身轴线的垂线之间的夹角，一般用χ表示。通常，将机翼前缘与机身轴线的垂线之间的夹角称为前缘后掠角，一般表示为χ_0；把机翼后缘与机身轴线的垂线之间的夹角称为后缘后掠角，一般表示为χ_1。

安装角是指机翼安装在机身上时，翼根处的翼剖面弦线与机身轴线的夹角。

2.3.2 机翼的升、阻特性

通过上一节的分析已经知道，非对称的翼型和一定的迎角可以使翼型获得升力。我们可以把机翼看成是由无数个翼型"拼接成形"获得的，所有翼型获得的升力就构成了机翼的升力。空气流动在给机翼提供升力的同时，也产生着阻力。因此，机翼的升力和阻力特性，不仅与翼型有关，而且还与机翼的面积和速度有关。机翼升力与阻力特性的分析过程是比较复杂的，鉴于本书的定位，在此直接给出机翼升力和阻力的计算公式。

机翼升力的计算公式为：

$$Y = C_L \frac{1}{2}\rho V^2 S = C_L q S \tag{2.5}$$

式中，C_L为机翼翼型的升力系数，反映的是翼型的升力特性，通常由风洞实验数据计算得到；ρ为空气密度；V为气流的速度，即无人机的飞行速度；S为气流流过的翼面面积。可见，升力的大小与飞行速度、空气密度、翼型和机翼面积等因素有关。

需要说明的是，无人机的升力有多个来源，机身、水平尾翼等部位也能产生部分升力，但机翼升力是无人机升空飞行的主要升力源。

在式(2.5)中，若令$Y = G$，G是无人机的起飞重量，即可得到无人机的最小离地速度为：

$$V_{\min} = \sqrt{\frac{2}{C_L \rho}} \sqrt{\frac{G}{S}} \propto \frac{G}{S} \tag{2.6}$$

同样，也可以分析无人机的最小巡航速度。对于重量一定的无人机，机翼面积越大，最小飞行速度就越小。所以说，重量大、机翼面积小的无人机能比重量轻、机翼面积大的无人机飞得快，这也是战斗机通常比较"小巧"的重要原因。

机翼受到的阻力主要来自两个方面，一是摩擦阻力，二是压差阻力。所谓摩擦阻力，即是由于空气与机翼的黏性摩擦产生的阻力。我们已经知道，空气是有黏性的，当空气流过机翼表面时，由于黏性的作用，会是一层很薄的空气被粘附在机翼表面上，这就是前文所说的附面层。由于附面层产生的粘滞作用，会使机翼产生一种与飞行方向相反的作用力，这就是摩擦阻力。显然，摩擦阻力的大小与空气的黏性程度、机翼表面的光滑度、气流速度、机翼的面积等都有密切的关系。所谓压差阻力，则是由于翼型前端和后端所受气动压力的不均衡而产生的阻力。在翼型与气流产生相对运动的过程中，翼型上各点处都会受到不同大小和方向的气动压力。翼型前缘附近的压力推翼型向后，在翼型最大厚度以前的低压拉翼型向前，在翼型最大厚度以后的低压拉翼型向后，而后缘处的压力又推翼型向前。在理想流体中，向前和向后的力正好抵消。而在黏性空气中，由于存在附面层分离，会使翼型后端的压强分布改变较大，而前端的压强分布没有改变，这就会导致翼型后端的压力下降很多，致使总的合力会有一个与飞行方向相反的分量，这就是翼型的压差阻力。

摩擦阻力和压差阻力是翼型的主要阻力特性，具体是通过翼型的阻力系数 C_D 来反映的，该阻力系数也要由风洞实验数据计算得到。由此可以得到机翼的阻力计算公式为：

$$D = C_D \frac{1}{2} \rho V^2 S = C_D q S \tag{2.7}$$

式中，D 是阻力，ρ 是气流密度，V 是气流的速度，S 是机翼的面积。可见，阻力的大小也与飞行速度、空气密度、翼型和机翼面积等因素有关。需要说明的是，当迎角较小时，阻力主要是摩擦阻力。随着来流迎角 α 的增大，翼型上表面的逆压梯度增大，附面层分离加剧，这时附面层分离所引起的压差阻力的比例将大大超过摩擦阻力。

2.3.3 几种典型机翼的特性

关于机翼特性的详细分析已超出本书的讨论范围，在此仅定性地说明几种典型机翼的特性。

(1) 大展弦比机翼。空气动力学理论及风洞实验说明，低速情况下，大展弦比平直翼的升力系数大，是使无人机获取特大升阻比的最直接而有效的措施。对于亚声速无人机，最大升阻比近似随着展弦比的平方根增加而增加。特别是在翼型设计合适的情况下，特大展弦比机翼的升阻比可以达到20以上。所以在高空长航时无人机中多采用大展弦比机翼，比如"全球鹰"无人机、"捕食者"无人机都采用的是大展弦比机翼。特别是"全球鹰"无人机，是目前世界上在役无人机中机翼展弦比最大的无人机，如图2-14所示。对于超声速无人机，采用小展弦比机翼较好，这也是无人作战飞机的选择。

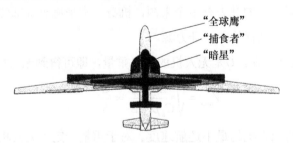

图 2-14 三种长航时无人机的机翼情况

(2) 后掠翼机翼。机翼后掠的程度是用后掠角表示的，通常，后掠角大于25°的机翼才称为后掠翼机翼，后掠角较小的机翼仍称平直机翼。当飞行速度接近声速时，平直机翼上表面的局部气流速度将超过声速，导致激波的出现，引起激波后面的气流分离，使阻力急剧增加。而对于后掠机翼，垂直机翼前缘的气流速度分量低于飞行速度，从而可以在飞行速度已达到或超过声速时，垂直机翼前缘的气流速度分量仍小于声速，从而避免激波的出现。所以，与平直机翼相比，后掠翼机翼可以推迟激波的出现，只有当飞行速度已高于声速后才可能出现激波。而且，即使产生激波，后掠翼的激波强度也弱于平直机翼的激波强度，也就是说，后掠翼在高速飞行时产生的飞行阻力要远小于平直机翼产生的飞行阻力。所以，对于需要高亚声速或超声速飞行的无人机来说，通常选用后掠翼机翼，如美军的无人作战飞机"X-45A"就采用了后掠翼机翼，如图2-15所示。

(3) 三角形机翼。当后掠翼的后掠角大到一定程度后又会出现一些新的问题，如机翼翼尖部分容易失速的问题变得更加突出，机翼的空气动力弹性变形更加严重等。另外，实验数据显示，如果后掠翼的后掠角不够大，机翼的阻力系数在马赫数大于1.3以后反而有可能增大，出现新的超声速阻力问题。这一问题可以通过采用三角形机翼解决。三角形机翼一般是指机翼前缘后掠角大于50°，后缘基本无后掠，俯视投影成三角形状的机翼。研究表明，与一般的后掠翼相比，三角形机翼的平均翼弦比较长，在机翼面积相同的情况下，其机翼的相对厚度就比较小，而且机翼前缘后掠角大，可以降低超声速阻力。所以，采用三角形机翼可以满足速度和机动性两方面的综合要求，一般用于超声速无人机，如图2-16所示，"X-45C"用的就是三角形机翼。

图2-15　"X-45A"的后掠机翼

图2-16　"X-45C"采用的三角机翼

2.4　无人机的动力装置

无人机升空飞行，不仅需要升力，还需要动力。有了动力，就可以使无人机获得速度，进而也获得需要的升力。我们把无人机上产生拉力或推力、使飞机前进的一套装置称为无人机的动力装置，包括无人机的发动机以及保证发动机正常工作所必需的系统和附件。发动机是能够把其他形式的能转化为机械能，并进而产生拉力或推力的机器，是无人机动力装置的核心，被称为无人机的心脏。

2.4.1　无人机发动机的种类

对于无人机这一类飞行器来说，由于其飞行空域、速度、方式和大小等的巨大差异，使无人机可以使用的发动机的种类非常丰富。从传统的活塞式发动机，到先进的喷气式发动机、超然冲压发动机、火箭发动机，以及新型的电动发动机、太阳能发动机等，都已经或即将成为无人机可用的发动机。从这个方面来说，目前尚没有哪一类飞行器能够与无人机相较。

从大的方面说，无人机可用的发动机包括活塞式发动机、空气喷气发动机、火箭发动机、电动发动机和新概念发动机等，如图2-17所示。其中，活塞式发动机是通过活塞的往复运动产生动力的发动机；空气喷气发动机是通过高速喷射空气与燃油的混合燃气获得动力的发动机，根据是否有压气机，分为有压气机的喷气式发动机和无压气机的喷气式发动机，有压气机的喷气式发动机主要有涡轮喷气发动机、涡轮风扇发动机、涡轮螺旋桨发动机和涡轮轴发动机，无压气机的喷气式发动机主要有冲压喷气发动机和脉冲喷气发动机；火箭发动机也是依靠高速喷射燃烧流体产生动力的发动机，但它不是用空气形成燃烧；超燃冲压发动机、脉冲爆震发动机等新型发动机也属于喷气发动机，但它们的工作原理与其它空气喷气发动机不同；电动发动机则是依靠电力驱动产生动力的发动机。下面对这些发动机的特点和原理简要作以介绍。

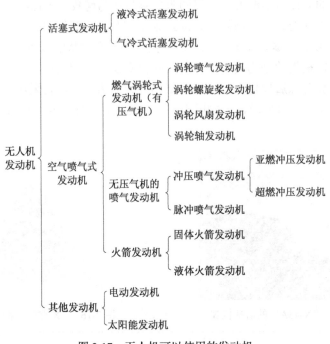

图 2-17　无人机可以使用的发动机

2.4.2　活塞式发动机的特点和原理

活塞式发动机是最早的航空发动机，也是无人机使用最早、目前使用最广泛的动力装置，其技术已经非常成熟。目前世界各国服役的无人机中，大多数中小型无人机均使用了活塞式发动机，例如美国的"捕食者"、"收割者"无人机，以色列的"苍鹭"无人机等。活塞式发动机是一种利用一个或多个活塞将压力转换成旋转动能的发动机。活塞式航空发动机是一种4冲程、电点火的汽油发动机，主要由汽缸、活塞、连杆、曲轴、气门机构、螺旋桨减速器、机匣等组成，如图2-18左图所示。汽缸是进行汽油和空气混合并燃烧的地方。汽缸上装有点燃混合气体的电火花塞，以及进、排气门。汽缸内有活塞，当油气混和气体被点燃后，热气膨胀产生的燃气压力就会推动活塞向后运动，活塞的这种直线运动又通过连杆转换为曲轴的旋转运动，连杆用于连接活塞和曲轴，曲轴是发动机输出功率的部件，曲轴的旋转运动通过减速器就可以带动螺旋桨转动，从而产生拉力。把活塞在汽缸内往复运动1次称为1个冲程，活塞式航空发动机的4个冲程分别是吸气、压缩、膨胀和排气，合起来就形成了一个定容热循环过程，如图2-18右图所示。从活塞式发动机的工作原理可以看出，活塞式发动机只能为无人机提供轴功率，它还需要通过螺旋桨才能将轴功率转换为使无人机前进的拉力。所以说，活塞式发动机需要与螺旋桨一起组成无人机的动力装置。由于螺旋桨在高速飞行时的推进效率会急剧下降，不适合于高速飞行。因此，活塞式发动机通常仅适用于低速的无人机采用。

40

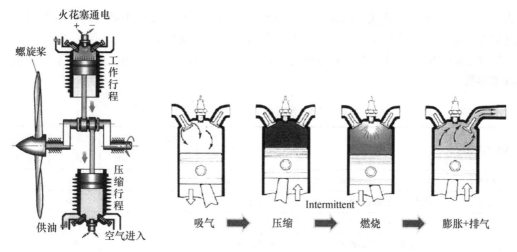

图 2-18 航空用活塞发动机的构造与工作原理图

航空用活塞式发动机按照汽缸的冷却方式可以分为液冷式和气冷式两种，早期飞机的飞行速度低，多采用液冷式发动机。随着飞行速度的提高，利用高速气流已可以直接使汽缸冷却，所以气冷式活塞式发动机得到了广泛发展。活塞式发动机的汽缸通常排列在发动机的壳体(机匣)上，如果按照汽缸的排列方式又可分为星型和直列型，星形发动机的汽缸以曲轴为中心沿机匣向外呈辐射状均匀排列，直列型发动机的汽缸沿机匣前后成行排列，又可分为对缸、"工"字形、V形等排列方式，以星形和V形较多，如图2-19所示。

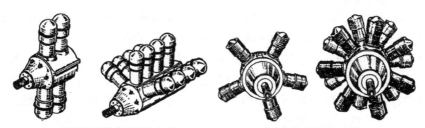

直列型活塞式航空发动机　　　星形活塞式航空发动机

图 2-19 直列型和星形的活塞式发动机

航空用活塞发动机的性能通常用转速特性、螺旋桨特性和高度特性来表示。油门全开或进气压力保持不变时，发动机的功率和耗油率随转速的变化关系称为转速特性，也叫外部特性。当发动机安装了定距螺旋桨时，发动机的功率和耗油率随转速的变化关系称为螺旋桨特性。保持发动机转速不变，功率和耗油率随飞行高度的变化关系称为高度特性。通常，活塞发动机有一个额定高度，在此高度下发动机的功率会随着高度的增加而略有增加，但在额定高度以上，发动机的功率则会随着高度的增加而下降。

航空用活塞发动机较之于普通的活塞发动机具有功率大、重量轻的特点，而且其燃油控制系统可以根据飞行高度的不同调节发动机的进油量，从而防止因为不同高度的空气密度的变化导致的发动机熄火。活塞式发动机的功率可以小至几千瓦，大至上千千瓦。飞行实践和研究表明，当飞行速度达到700~800km/h、高度达到10000m以上时，活塞式发动机+螺旋桨推进的动力模式已经很难再提高飞机的速度。一方面是高速飞行造成的扰流场使螺旋桨的效率急剧下降，推力下降，阻力增大。另一方面，随着飞行高度的增加，稀薄的大气也会使活塞式发动机的功率大大降低。因此，面对高性能飞机高空高速飞行的要求，就需要研究新型推进原理的发动机，喷气式发动机正是在这种情况下应运而生的。

活塞发动机的主要性能参数包括转速、功率和耗油率。表2-1列出了部分活塞发动机的主要技术参数。

表 2-1　部分活塞发动机的主要技术参数

发动机型号	研制公司	典型应用机型	转速/(r/min)	功率/kW	质量/kg	油耗率/(kg/kW·h)
Rotax582	奥地利Bombardier-Rotax公司	蚋蚊 Gnat 750等	6500	48.0	34.3	
Rotax912	奥地利Bombardier-Rotax公司	捕食者、猛禽	5800	59.7	58.0	
Rotax914	奥地利Bombardier-Rotax公司	捕食者、苍鹭	5800	85.8	68.2	
AR741	英国UAV发动机公司	先锋、影子等	7800	28.3	10.4	0.347

2.4.3　燃气涡轮发动机的特点和原理

喷气式发动机是一类通过高速喷射燃烧气体而产生的反冲作用获得动力使飞行器前进的发动机，包括了空气喷气式发动机和火箭发动机。空气喷气式发动机是以空气和燃油作为混合气体燃烧喷射的喷气发动机，这类发动机在工作时，从前端吸入大量空气，燃烧后高速喷出，相当于发动机给气体施加力使之加速向后喷射，按照作用力与反作用力原理，向后高速喷出的气体也会给发动机一个反作用力，这就是使飞机前进的推力。从产生输出能量的原理上讲，喷气式发动机和活塞式发动机是相同的，都需要有进气、加压、燃烧和排出的4个过程。不同的是，活塞式发动机的4个阶段是分时依次进行的，而在喷气式发动机中则是连续进行的。

根据增压技术的不同，将空气喷气发动机分为有压气机的空气喷气发动机和无压气机的空气喷气发动机。有压气机的空气喷气发动机是一种燃气涡轮发动机，核心特点是气流需要通过压气机进行增压，压气机是不可缺少的一个核心部件。这类发动机的基础是涡轮喷气发动机，简称涡喷发动机。涡轮喷气发动机的结构由进气道、压气机、燃烧室、涡轮和尾喷管组成，战斗机的涡轮和尾喷管之间还有加力燃烧室，如图2-20所示。在飞行过程中，空气首先进入发动机的进气道，其进入速度即可看作是飞行速度。进气道的功能是通过可调管道将来流速度调整为适合于压气机的速度，因为压气机能够适应的来流速度是有一定范围的，而飞机飞行速度的变化范围较大，因此需要通过进气道进行调整。进气道出来的气流就被送入压气机增压。空气流过压气机时，压气机的工作叶片对气流做功，使气流的压力、温度升高。

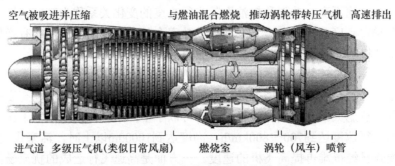

图 2-20　涡轮喷气发动机的结构原理图

在亚声速时，压气机是气流增压的主要部件。经过压缩的空气被送入燃烧室与航空煤油混合燃烧，从燃烧室流出的高温高压燃气流过与压气机装在同一轴线上的涡轮，推动涡轮和压气机高速旋转。经过燃烧后，涡轮前的燃气能量大大增加，燃气急剧膨胀，使得气体在涡轮中的膨胀比远大于在压气机中的膨胀比，所以涡轮出口处的燃气压力和温度会比压气机进口处的压力温度高很多。从涡轮中流出的高温高压燃气直接进入尾喷管，并在尾喷管中继续膨胀，最后以高温高速沿发动机轴向从喷口喷出，使发动机获得反作用力提供的推力。涡喷发动机有着优异的高速性能，因此主要应用于高空、高速无人机。

衡量涡轮喷气发动机性能的主要参数有推重比、压缩比、压气机级数、最大净推力、单位推力小时耗油率、平均无故障时间等。其中推重比是发动机推力与发动机本身重量的比值，越大则表示发动机动力越好；压缩比是指压缩后气体的压力与压缩前气体压力的比值，越大越好；压气机级数是指压气机的压缩叶片有几级，级数越大则压缩比越大；单位推力小时耗油率又称比推力，是发动机的耗油率与推力的比值，越小说明发动机越省油；平均无故障时间越小说明发动机的可靠性越好，维护成本就越低。

空气喷气发动机在低速时的油耗要大于活塞式发动机，但其优异的高速性能是活塞式发动机望尘莫及的，因此，空气喷气发动机已成为现代高性能飞机发动机的主流。一般来讲，从燃烧室出来的气流温度越高，其输入的能量就越大，发动机的推力也就越大。但是，由于涡轮材料等的限制，燃气温度不能无限的提高。为了满足现代战斗机在某些时候需要短时间增加推力的要求，设计师们在战斗机发动机的涡轮后面加装了一个加力燃烧室，通过喷入燃油，让未充分燃烧的燃气与喷入的燃油再次混合燃烧，极大地提高了燃气温度，可使发动机的推力增加至1.5倍左右。但加力燃烧会急剧增加油耗，同时过高的温度也会影响发动机的寿命，因此，加力燃烧只是在需要时短时间使用。

根据能量输出方式的不同，在涡轮喷气发动机的基础上，又派生出了涡轮风扇发动机、涡轮螺旋桨发动机和涡轮轴发动机等多种形式的压气式空气喷气发动机。

涡轮风扇发动机也称涡扇发动机，主要由风扇、低压压气机(高涵比涡扇特有)、高压压气机、燃烧室、驱动压气机的高压涡轮、驱动风扇的低压涡轮和排气系统组成，其中，高压压气机、燃烧室和高压涡轮统称为发动机的核心机，如图2-21(a)所示。在20世纪50年代末，作为航空动力的涡喷发动机技术已近趋于成熟。在此基础上，为了得到更大的推力，英美等国开始率先研究给涡喷发动机加装风扇以提高迎风面积增大空气流量，进而提高发动机推力的技术，这就是涡扇发动机。当时的计算分析表明，给涡喷发动机加装风扇后，当风扇空气流量与核心机的空气流量大致相当时，涡扇发动机的地面起飞推力能增大40%左右，而高空巡航的耗油率却可以下降15%，所以，采用涡扇发动机技术能够极大地提高发动机的效率。涡扇发动机在工作时，空气流经风扇后分为两路，一路是内涵气流，这部分气流就是按照涡喷发动机的原理工作，经过压气机压缩后进入燃烧室与油气混合燃烧，燃气经过涡轮膨胀后从喷管高速喷处，产生推力；另一路是外涵气流，风扇后的空气经过外涵道直接排入大气或者同内涵道的燃气一起从尾喷管中排出。所以涡扇发动机的总推力是发动机的核心机和风扇分别产生的内涵推力和外涵推力的总和，这种有内外两个涵道的涡扇发动机又称为内外涵发动机。人们把流经外涵和内涵的空气流量之比称为涵道比，这是涡扇发动机的一个重要性能参数。涵道比大，发动机的耗油率低，有利于增加航程，但发动机的迎风面积也大，增加了阻力；涵道比小，发动机迎风面积减小，但耗油率又会增大。对于高涵道比的涡扇发动机，其外涵推力可以达到78%以上。涵道比大于0.3的涡扇发动机不适合于超声速巡航飞行。涡扇发动机有两种，一种是内外涵两路气流分别排入大气的称为分排式涡扇发动机，另一种是内外涵的两路气流在内涵涡轮后的混合器中相互混合后共同从喷管排入大气的，称为混排式涡扇发动机。涡扇发动机的优点是推力大、推进效率高、噪声低、燃油消耗率低，与涡喷发动机相比更省油，尤其是在超声速不大时，有利于提高飞行航程，所以大型喷气式运输机都是采用涡轮风扇发动机。缺点是发动机结构复杂，设计难度大，而且由于风扇的迎风面积大，也增加了阻力。美国"全球鹰"长航时无人机选用AE3007H发动机是涡扇发动机应用于无人机的一个典型代表。

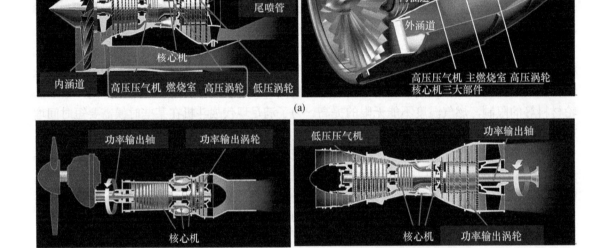

图 2-21 其他三种涡轮燃气发动机的结构原理图
(a) 涡轮风扇发动机的结构示意图；(b) 涡轮螺旋桨发动机；(c) 涡轮轴发动机。

涡轮螺旋桨发动机简称为涡桨发动机。为了进一步提高发动机的效率，人们去掉了涡扇发动机的风扇外壳，用螺旋桨代替了原来的风扇，便形成了涡轮螺旋桨发动机。涡桨发动机主要是以螺旋桨旋转产生的力量作为飞机前进的推进力，这一点与传统的"螺旋桨+活塞发动机"的动力模式相似。但在涡桨发动机中，螺旋桨由涡轮带动以恒定的速度旋转，而活塞动力的螺旋桨的转速是随着发动机的转速变化的。结构上，涡桨发动机主要由螺旋桨、减速器、燃气发生器和动力涡轮等组成，螺旋桨由涡轮带动，如图2-21(b)所示。由于螺旋桨直径大，转速远低于发动机的涡轮，为了使涡轮能够带动螺旋桨，在它们之间需要安装有减速器，用于将涡轮转速降至1/10左右。减速器的设计较为复杂，重量大，在涡桨发动机中非常重要。涡桨发动机的螺旋桨后面的气流就相当于涡扇发动机的外涵道。由于螺旋桨的直径比发动机大很多，所以螺旋桨产生的气流量也远大于内涵道的气流量，因此，这种发动机也可看作是具有超大涵道比的涡扇发动机。尽管涡桨发动机和涡扇发动机的工作原理近似，但两者在动力输出方面却有很大的差别，涡扇发动机主要的动力输出来自于尾喷管喷出的燃气产生的反作用力，而涡桨发动机的主要输出功率为螺旋桨的轴功率，相比之下，它的尾喷管喷出的燃气的推力是极小的,只占总推力的5%左右。为了能够驱动大功率的螺旋桨,涡桨发动机的涡轮级数要比涡扇发动机多,通常为2～6级。由于涵道比大,涡桨发动机的低速效率高于涡扇发动机,但受螺旋桨效率的影响,它的适用速度不能太高,一般要小于900km/h。与"螺旋桨+活塞发动机"的动力方式相比,涡桨发动机有更多的优点,一是功率大,最大功率可达到10000马力,功重比(功率/重量)可达到4以上,而活塞发动机的最大功率只能到三四千马力,功重比为2左右;二是涡桨发动机的转速恒定,稳定性好,噪声小,工作寿命长,维修费用也低;三是两者的耗油率相近,但涡桨发动机的适用高度和速度范围都比活塞发动机大得多。

涡轮轴发动机是通常用于直升机和垂直/短距起降无人机上的一种燃气涡轮发动机。在工作原理和构造上,涡轮轴发动机与涡桨发动机比较接近,它们都是由涡扇发动机的原理演变而来,把涡扇发动机的风扇换成螺旋桨就成了涡桨发动机,换成直升机的旋翼就变成了涡轮轴发动机。涡轮轴发动机主要由进气道、压气机、燃烧室、自由涡轮和尾喷管等组成,如图2-21(c)所示。它的前面是两级普通涡轮,用于带动压气机,维持发动机工作。后面两级是自由涡轮,即不带动压气机,专用于输出功率的涡轮。燃气在自由涡轮中作功,再通过传动轴带动旋翼旋转。从涡轮出来的燃气经过尾喷管喷出,也能产生一定的推力,但由于喷速小,推力也很小,甚至产生不了可计的推力。所以在直升机上,涡轮轴发动机的喷口通常是根据直升机结构的总体安排,可以向上、向下或者向两侧,不必像涡喷发动机那样必须向后。涡轮轴发动机与旋翼配合,就构成了直升机的动力装置。与直升机上用的活塞发动机相比,涡轮轴发动机的功率大,功重比也大得多,通常在2.5以上。但涡轮轴发动机的耗油率可能会略高于较好的活塞发动机,但涡轮轴发动机使用航空煤油,比活塞发动机使用汽油的成本要低。

涡扇发动机和涡桨发动机各有优点,也互有不足,如何将两者能够有效地结合是燃气涡轮发动机的一个研究方向。对于涡扇发动机来说,在飞行速度不变的情况下,涵道比越大则推进效率越高,因此现代的不带加力的涡扇发动机的涵道比越来越大,几乎已达到了结构极限。而去掉了外涵道的涡桨发动机使用螺旋桨可以极大地提高效率,但由于螺旋桨速度的限制使其难以应用于现代的高亚声速大型飞机(0.8～0.9马赫),为此,人们提出了螺桨风扇发动机的设想。这种发动机主要由燃气发生器和螺桨式风扇组成,无外涵道,螺桨式风扇由涡轮通过减速器带动。螺桨式风扇看起来像螺旋桨,但其直径比普通螺旋桨小,叶片类似于风扇的叶片,薄宽且数目多,前缘后掠。这种发动机的目标是将涡扇发动机的高速性能和涡桨发动机的经济性结合起来。与涡扇发动机相比,相当于具有很大的涵道比,理论上可将高空巡航耗油率较高涵道比的涡扇发动机下降15%左右。与涡桨发动机相比,螺桨式风扇的叶型的跨声速性能很好,使得螺桨风扇发动机在0.8马赫时仍能获得良好的推进效率。

2.4.4 冲压与脉冲喷气发动机的特点

无压气机的空气喷气发动机有两大类,即冲压喷气发动机和脉冲喷气发动机。

在飞机作超声速飞行时,在进气道前和进气道内的气流会减至亚音速,此时气流的滞止可使压力升高十几倍甚至是几十倍,大大高于压气机所提供的压缩能力,也就是说不需要压气机也可以达到需要的压缩效果,因此,就产生了利用高速气流的速度改变产生的压力来压缩气体,而不需要压气机和涡轮的冲压式喷气发动机。冲压喷气发动机通常由进气道(又称扩压器)、燃烧室和推进喷管三部分组成,不再需要压气机和涡轮。所以冲压喷气发动机本身没有活动的部分,气流从前端进气口进入发动机后,利用涵道截面积的变化让气流减速,将来流的动能转化为压力能,从而使进入涵道的气体迅速获得极大的增压,计算表明,进气速度为3倍声速时,这种方法可使气体压力提高37倍。压缩和升温后的气体直接进入燃烧室,与燃料混合后燃烧,温度可达几千摄氏度。高温燃气随后经过推进喷管膨胀加速,并通过喷口高速排出而产生推力。从其工作原理可以看出,冲压喷气发动机维持运转的一个重要条件就是要有高速气流不断地进入进气道,也就是说只能在一定高的速度下才能产生并维持推力,而在低速或地面静止状态下是无法运行的。因此,使用冲压发动机的飞行器还需要其他的辅助动力系统或是辅助的加速手段,使飞行器从静止或低速状态下先加速到冲压发动机可以工作的合适速度,然后才能点燃冲压发动机,这就形成了冲压发动机的组合动力装置。如冲压发动机与火箭发动机组合,与涡喷或涡扇发动机组合等。通常,冲压发动机适合的工作速度是2马赫以上的速度。当达到3马赫以上时,其效率将大幅超过涡喷发动机,事实上,涡喷发动机也难以适应如此高速下产生的高温环境。

  由于没有了压气机和涡轮等装置,冲压发动机具有结构简单、重量轻、推重比大、成本低的优点。冲压发动机一般用于导弹或靶机上,最前沿的应用是临近空间的无人飞行器。按照应用范围,可分为亚燃冲压发动机和超燃冲压发动机。亚燃冲压发动机可用于亚声速或超声速的飞行器,在燃烧室入口处的气流已被降为亚声速气流,其推进速度可以达到超声速以上。超燃冲压发动机通常用于5马赫以上的高超声速的飞行器,燃烧室入口处的气流仍为超声速气流,也就是说发动机的燃烧在超声速下进行,其技术难度很大。由于超燃冲压发动机的特殊地位,后面将专门对其进行介绍,本处不再累述。

  另一种简单的无压气机的喷气发动机是脉冲喷气发动机。其结构非常简单,由单向活门、燃烧室、燃油喷嘴、火花塞和长的尾喷管组成。脉冲喷气发动机工作时,来流空气首先打开单向活门进入燃烧室,然后火门关闭,开始喷油点火,空气与燃油在燃烧室内混合燃烧,燃气在产生的很大的脉冲推力的作用下经过喷管向外喷出。燃气喷出后,燃烧室内的空气变稀薄,压强降低,就会使得外部来流空气再次打开单向活门进入燃烧室,从而开始第二个燃烧排气循环,这样周而复始,发动机就可持续工作了,这种工作特点就像是脉冲燃烧并排气的"火炉子"一样,所以称为脉冲式喷气发动机。这种进气、燃烧、排气的循环过程通常很快,一秒钟可以进行40～50次。这种发动机可以在原地起动,构造简单,重量轻、造价也低,但耗油率高,振动剧烈。脉冲喷气发动机只能适用于低速飞行,飞行高度也有限,通常用于低速导弹、靶机等,世界上最早的导弹V-1导弹使用的就是这种发动机。

2.4.5 超燃冲压发动机的特点和原理

  超燃冲压发动机是超声速燃烧冲压式发动机的简称,是冲压发动机的高端发展形态,由于其特殊的作用地位和技术难度,本书将其单列为一小节进行介绍。

  超燃冲压发动机是随着高超声速飞行的要求提出的。飞得更快一直是人们追求的目标,当航空飞行的速度突破声速,达到2马赫以上时,人们把思想的空间又扩展到了高超声速,希望能够达到5马赫,甚至更高速度的飞行,但这需要依赖于能够产生更快速度的发动机。传统的燃气涡轮发动机提供不了这样的能力。亚燃冲压发动机虽然能够提供3～5马赫的飞行速度,但要稳定保持5马赫以上的飞行速度却是极具难度。对于亚燃冲压发动机来说,其燃烧室入口为亚声速气流。当飞行速度高于5马赫时,若再要使气流在燃烧室入口前降为亚声速,则会导致燃烧室入口处气流静温急剧升高,对发动机结构设计与热防护等造成极大困难;同时,把高超声速气流压缩到低速还将产生很大的激波损失,降低推力性能。为了突破高超声速飞行的动力技术,20世纪60年代,美国率先开始了超燃冲压发动机技术的研究和试验。所谓超燃冲压发动机,就是燃烧室入口为超声速气流的冲发发动机。这就如同在龙卷风中点燃一根火柴并且还要让它持续稳定燃烧下去,其技术难度非常大。超燃冲压发动机能在30km到稀薄大气层空间范围内进行高超声速飞行,在5~15马赫或更高时仍具有较高的比冲。到20世纪60年代中期,一些超燃冲压发动机的飞行试验已经开始,最高速度已达到7马赫以上。2010年美国试飞的高超声速巡航导弹X-51A采用的就是超燃冲压发动机。

超燃冲压发动机主要由进气道、隔离段、燃烧室与尾喷管组成,图2-22比较了超燃冲压发动机与涡轮喷气发动机的结构特点。超燃冲压发动机进气道的主要功能是捕获足够的空气,并通过一系列激波系进行压缩,为燃烧室提供一定流量、温度、压力的气流,便于燃烧的组织。隔离段是位于进气道与燃烧室之间的等直通道,其作用是消除燃烧室的压力波动对进气道的影响,实现进气道与燃烧室在不同工况下的良好匹配。燃烧室是燃料喷注和燃烧的地方,当燃烧室点火后压力升高,隔离段会产生一系列激波串,激波串的长度和位置会随着燃烧室反压的变化而变化。当隔离段的长度足够时,就能保证燃烧室的压力波动不会影响进气道。尾喷管则是气流膨胀产生推力的地方。与传统吸气式发动机相比,超燃冲压发动机的阻力较大,实现推阻平衡比较困难。为了降低飞行器阻力,必须采用机体与发动机的一体化设计。通常将超燃冲压发动机置于高升阻比机体下腹部,飞行器前体下壁面作为进气道外压缩段,后体下壁面作为喷管的外膨胀段。

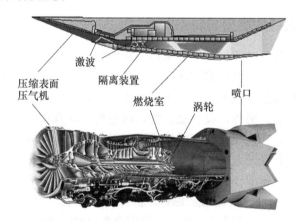

图 2-22　超燃冲压发动机(上)与涡轮发动机(下)结构对比图

X-51A的超燃冲压发动机采用弹体头部下半部压缩来流,压缩后的超声速气流进入矩形二维进气道和燃烧室,在燃烧室头部内壁上设有多个吸气式引燃室,这个引燃室的工作过程与亚燃冲压发动机相似,它将吸入的超声速气流扩压变为亚声速气流,然后以亚燃模式燃烧小量的混合燃气,并向超声速燃烧室(主燃烧室)排出稳定的超声速火焰,在主燃烧室内继续喷注燃料,使燃料在超声速流中充分燃烧,最后从尾喷管中排出,产生推力。超燃冲压发动机不能在零速下启动,所以X-51A首先要用涡轮基组合循环发动机或火箭基组合循环发动机将X-51A从零速加速到3~4马赫,接着发动机转换到冲压发动机工作模式,当末端激波在燃烧室进口的亚声速流区有足够的长度时,便会出现双模冲压发动机工作模式。超燃冲压发动机通常有一个5~7马赫的临界过渡区,在这段速度区域内,发动机的内部流场既非充分的冲压发动机工作状态也非充分的超燃冲压发动机工作状态,称为双模冲压发动机状态,意味着既存在亚声速流动特性又存在超声速流动特性,或在超燃冲压发动机中进行从亚声速到超声速燃烧的转换。当速度超过7马赫时，发动机稳定进入超燃冲压工作状态。

超燃冲压发动机从20世纪50年代世界各国就开始研究，最初的应用目标是单级入轨的飞行器、远程高速飞机和远程高超声速导弹。从90年代开始，重点转向巡航导弹用超燃冲压发动机的研发。目前超燃冲压发动机的研制仍存在许多技术难点，包括超声速空气与燃料的稳定高效的混合燃烧问题、超燃冲压发动机的启动问题、超燃冲压发动机的喷管设计技术，以及机体与发动机的一体化设计技术等。预计到2025年，以超燃冲压发动机为动力的高超声速空天飞机将有可能投入使用。

2.5 微型无人机

近年来，微型无人机发展非常快，以其费用低、轻便灵活、末端侦察能力强等优势，得到了学术和应用研究的广泛重视。在军事方面，微型无人机可以装备到士兵，进行抵近的军事侦察监视；可以携带微型战斗部攻击雷达电子设施；也可用于目标搜索和通信中继，进行生化探测，标定危险区域等。在民用方面，微型无人机可以用于交通监控、边境巡逻、航空摄影、输电线路检查、环境监测、气象监测、森林防火监测等。正是由于微型无人机在军事和民用方面极其广阔的应用前景，得到了世界许多国家的极大关注，很快成为无人机家族新的研究热点。

2.5.1 微型无人机的类型与特点

微型无人机是于20世纪90年代发展起来的一种新型无人机。其应用技术基本上已超出传统的飞机设计和空气动力技术的研究范畴，是对传统航空技术的一种挑战，同时它的出现也开拓了纳米技术和微机电系统技术在航空领域的应用。美国是涉足微型无人机研究最早的国家，并已取得了重大进展。另外，英、法、德、以色列、瑞典和加拿大等国也对微型无人机进行了积极的研究与探索。按照飞行模式的不同可以将微型无人机分为微型固定翼无人机、微型旋翼无人机和微型扑翼无人机三种类型。

微型固定翼无人机的典型代表是美国航空环境公司(Aero Vironment)研制的Black Widow和洛克希德·桑德斯公司(Lockheed Sanders)研制的Micro Star。Black Widow微型固定翼无人机翼展15cm，起飞重量56g，使用锂电池、携带摄像头以40km/h的速度飞行了22min，数据链范围15km。包括气压发射架、地面控制系统和自动追踪天线在内的整个系统可装在一个手提公文箱内，总重只有6.8kg。Micro Star微型固定翼无人机翼展为15cm，起飞重量85g，其中动力源44.5g，有效载荷18g，发动机重13.5g，巡航速度48km/h，续航时间20min，飞行距离5.6km。具有自动驾驶系统和电视摄像机，采用手持式发射器或直接手掷发射。

微型旋翼无人机与微型固定翼无人机相比其最大的优点是：能够垂直起降和悬停，适于在比较狭小的空间或复杂地形环境中使用。微型旋翼无人机的典型代表是洛克尼克公司(Lutronix)研制的Kolibri和斯坦福大学研制的Mesicopter。Kolibri微型旋翼无人机的基本尺寸为10cm，重316g，采用重37g的微型柴油发动机为动力，燃油重132g。该无人机上部装旋翼，下部装照相机，采用GPS自动驾驶，可以垂直起降和旋停，留空时间至少30min，可携带大约100g的设备。Mesicopter微型旋翼无人机是一个厘米级大小的无人机，其机身为16mm×16mm的方形框架，有4个螺旋桨，螺旋桨直径为15mm，厚度仅为0.08mm。每个螺旋桨由直径为3mm，重325mg的微型电机驱动。

微型扑翼无人机是一种模仿鸟类或昆虫飞行的新型无人机。与微型固定翼和旋翼无人机相比,其主要特点是将举升、旋停和推进功能集成于一体,具有很强的机动性和灵活性。因此,更适于执行侦察任务。近年来,在DARPA的资助下,微型扑翼无人机的研究取得了一定的成果。较典型的微型扑翼无人机是加州技术学院研制的MicroBat和斯坦福研究中心(SRI)研制的Mentor。MicroBat微型扑翼无人机是最早的电动扑翼无人机。其机翼是采用微型机电系统技术加工制作而成的。通过重量轻、摩擦低的传动机构将微电机的转动变为机翼的扑动。该无人机目前已经发展了4种不同的原理样机。目前飞行性能最好的是第四代样机,该机采用锂离子电池为动力,总重11.5g,最大尺寸20.32cm,飞行方式为无线电遥控飞行,最大续航时间为6分17秒,如图2-23(a)所示。斯坦福研究中心研制的Mentor微型扑翼无人机重50g,有4片机翼,以电致伸缩聚合体人造肌肉EPAM为动力。

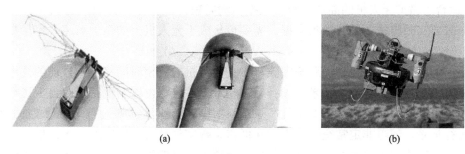

图 2-23 两种典型的微型飞行器

(a) MicroBat 扑翼微型飞行器;(b) 美军微型飞行器。

2.5.2 微型无人机关键技术与展望

从微型无人机的研究现状来看,已经取得了相当的技术成果,但仍有许多关键技术需要继续突破,主要表现在以下方面:

(1) 低雷诺数下的空气动力学问题。微型无人机与常规无人机的空气动力学特性有很大不同,常规无人机的雷诺数为106~108,空气的黏性效应可以忽略,而微型无人机的雷诺数大约在104左右,空气的黏性阻力相对较大,其影响无法忽略。目前,微型无人机在低雷诺数下的空气动力学问题还处在试验阶段,没有具体的理论和经验公式可遵循。而常规无人机设计中所采用的许多成熟技术,如气动计算方法与软件系统,风洞实验技术不能使用,需要发展新的理论和实验技术。

(2) 微型无人机的动力问题。微型无人机的动力装置安装在无人机内,除维持无人机飞行外,还要能对机载设备提供能源。可用的动力有:内燃发动机、燃料电池、微型涡轮发动机、电动机以及太阳能等。微型内燃发动机具有良好的应用前景。但内燃发动机还存在噪声大及可靠性差等方面的问题。美国麻省理工学院在DARPA资助下正在研制一种纽扣大小的微型涡轮发动机,该发动机采用MEMS技术加工制作,工作原理与常规涡轮发动机相似,使用氢作燃料,转速达2.4×10^6r/min,重量仅1g,推力为0.05~0.1N,输出功率将达到10~30W。此外,往复化学肌肉、电致伸缩人造肌肉、弹性动力、热电动力和太阳能等新技术目前也在研究中。

(3) 飞行控制及导航问题。常规无人机依靠副翼、升降舵和方向舵来操纵无人机的滚转、俯仰和偏航,但对于微型无人机,使用常规飞行控制方式的难度很大,一个可行的解决途径是发展基于 MEMS 的新型控制方式。微型无人机必须具备自主导航能力,但一套小型 GPS

设备需要 0.5W 的功率，重达 20~40g 的天线，对于微型无人机来说难以适用。研制体积小、重量轻、功耗低的 GPS 系统和其他导航装置对微型无人机来说非常重要。

(4) 机载设备的微型化问题。包括作动器、电机、任务载荷和其他有关部件。由于微型无人机的体积小，其机体容量和承载重量均受到很大的限制，不可能像常规无人机那样，将各种部件简单地安装在机体内。从微型无人机的设计要求和所需具备的功能来看，微型无人机应是一个各种多功能系统高度集成的复杂系统，包括微型器件的高度集成、有效载荷的高度集成和各种功能模块的最小限度集成等。借助于MEMS技术对微型无人机的系统进行微型化、集成化，从而实现微型无人机的小型化是微型无人机发展的必然趋势。采用MEMS技术的高度系统集成必然会引起多功能体之间的耦合及相互干扰，如何克服这些问题，保证系统正常工作，将是MEMS技术用于微型无人机所要解决的关键问题。

(5) 适合于微型无人机的高速大容量数据传输问题。微型无人机用于复杂环境的侦察搜索任务时，需要实时传输大量的视频数据，需要可集成于无人机上的微型高速大容量数据传输设备。

今后，随着上述关键技术的逐渐突破，微型无人机的留空时间将会由目前的几十分钟发展到几小时，飞行半径将由几千米增加到上百千米，并且将可以实现完全的自主飞行。美国航空环境公司研制的微型固定翼无人机"黄蜂"采用锂电池已经创造了一项最长时间1小时47分钟的飞行记录。随着非定常空气动力学和低雷诺数空气动力学研究的深入，仿生扑翼动力学基础理论研究将取得很大突破，从而使微型扑翼无人机的工程化和实用化成为可能，研制出飞行性能可以与鸟类、昆虫等相媲美的微型扑翼无人机将可能成为现实。加州大学的研究人员用4年的时间研究苍蝇翅膀的工作机理，已经造出了只有10mm长、3mm宽、5μm厚的仿生翅膀，能够以150次/s的频率上下扑动，并且已经使最大尺寸不足3cm，重量只有100mg的MFI微型扑翼无人机实现了绑附在一根细线上的半自主飞行。

第3章 无人机系统控制与制导导航

对于无人机自主飞行和完成指定任务来说，飞行控制、导航与制导是最关键的技术。无人机飞行控制系统的基本任务是保持无人机姿态与航迹的稳定，以及按照地面操控指令的要求，改变飞机姿态与航迹，并完成导航计算、遥测数据传送、任务控制与管理等。导航系统的基本任务是提供无人机的实时位置和速度等参数信息。制导系统的基本任务是根据无人机当前位置与目标位置或航线的相对偏差，按照预设规律计算出控制指令，并通过控制系统引导控制无人机沿预定的航线飞行。本章从无人机系统的整体角度，讨论关于无人机系统的制导、导航与控制问题，以及面向无人机智能化作战的自主控制技术的发展方向。

3.1 无人机系统的空地闭环控制

3.1.1 无人机系统的空地信息闭环

无人机的最大特点来自于"机上无人"。为了使无人机能够在没有机上飞行员操控的情况下仍然保持正确地飞行，就必须使无人机具有一定的自主飞行能力，也就是说，需要无人机上有一套自动飞行控制系统，控制无人机按照期望的要求飞行。同时，无人机的飞行情况还要能被地面监视和操控，以保证地面人员能够实时地了解无人机的飞行状态，并在需要的时候，比如无人机的飞行出现异常状态时，地面人员能够及时干预无人机的飞行，确保飞行安全。因此，对于无人机来说，尽管机上无人操作，但地面必须有人进行监控。在这种模式下，关于无人机飞行与任务状态的遥测信息应当实时地传送到地面，供地面人员掌握无人机的工作状况；另外，地面人员对无人机的操控要求、干预措施等也应当能以遥控指令的方式发给无人机，并由无人机执行，这就构成了无人机系统的空地信息闭环，如图3-1所示。

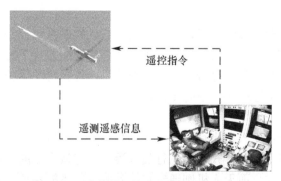

图3-1 无人机系统的空地信息闭环示意图

在这一信息闭环结构中，无人机上接收并执行指令、负责控制无人机飞行及发送状态信息的功能模块就是飞行控制系统，而地面上承担监视无人机状态、操控无人机飞行的设备被称为无人机的地面指挥控制系统，在无人机和指控系统之间传送遥控遥测信息的即是无人机的测控链路系统。所以，机载自动控制系统、地面指控系统和测控链路就成为了无人机系统空地闭环信息控制的物理实体，从飞行和任务的角度来看，无人机系统是由"机、站(人)、链"构成的空地闭环控制结构，其突出特点是"机上无人、人在回路"，如图3-2所示。

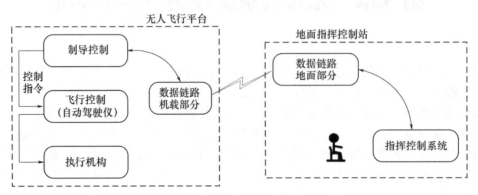

图 3-2　无人机空地闭环控制结构示意图

在上述闭环控制结构中，机载自动驾驶仪的输入信号为控制指令，当无人机工作在遥控控制模式下时，控制指令来自于地面指挥控制系统中的无人机操控员，也称无人机的飞行员。无人机飞行员通过操纵驾驶杆、油门杆，或是指令键盘产生控制指令，并通过测控链路传送给无人机的机载接收模块，该模块把接收的指令输出给飞控系统，对于小型无人机来说，也可称为自动驾驶仪，由它执行来自飞行员的操控指令，保证无人机安全正确地飞行。在飞行过程中，无人机的状态信息等也将通过测控链路传送到地面指挥控制系统的显示设备上，无人机飞行员即可通过监视设备了解无人机的状态信息。当无人机工作于自动飞行模式时，对自动驾驶仪的控制指令将不再由飞行员给出，而是由机载的制导模块根据飞行要求自动给出。此时地面的飞行员只对无人机的飞行状态进行监视，仅当出现紧急情况时才切入遥控控制模式，对无人机实施操控。

3.1.2　无人机系统的操控方式

根据无人机系统的空地闭环控制结构，对无人机的操控方式通常可以有三种，即自主飞行、指令控制和人工操纵。

1. 自主飞行方式

自主飞行方式也称程序控制方式，是指由机载自动控制系统控制无人机按照预先设定的航路自动完成飞行，期间不需要人的参与。工作在程序控制方式下时，机载计算机解算出待飞距、偏航距，并判断当前航段是否结束等制导信息，选择自动驾驶模态。目前世界上已投入使用的无人机一般都采用程序控制的飞行方式。

2. 指令控制方式

指令控制方式是指由无人机飞行员通过地面指令输入设备发送遥控或遥调指令，控制无人机飞行的方式。在指令控制方式下，飞行员以遥控或遥调指令的方式干预无人机的飞行，是一种非连续的操控方式，而无人机则通过自动驾驶仪或飞控系统来响应这些指令，实现对无人机飞行的控制。

遥控指令通常可分为无人机的飞行模态控制、任务设备控制、发动机控制以及航路操作等指令。其中，飞行模态控制包括纵向和横侧向飞行模态两类，其中，纵向遥控指令包括平飞、爬升、下滑等指令，横侧向遥控指令包括直飞、左转弯、右转弯以及盘旋等指令；任务设备控制指令包括火控、有效载荷、空速管加热、航灯、螺旋桨控制器等的通断电以及前轮收放等指令；发动机控制指令用于控制发动机的工作状态；航路操作指令主要是指从当前航路点切入某个航路点的航点切换指令。遥调指令用于对飞行高度、速度、俯仰角、滚转角、航向角和侧偏等飞行参数进行调节。

3. 人工控制方式

顾名思义，人工控制就是完全由飞行员通过驾驶杆、油门杆等操控设备来操控无人机的飞行。根据无人机飞行控制回路接入的程度，人工控制方式可以分为三种工作模式：超控模式、增稳模式和直连模式。超控模式是指无人机在保持姿态增稳和控制回路的基础上，加入人工操纵量的控制方式。增稳模式是指无人机控制系统仅保持姿态角增稳回路，将姿态角控制回路和航迹控制回路断开的一种人工控制模式。直连模式是指控制量完全来自飞行员的人工操纵，即相当于飞行员通过驾驶杆直接操控无人机。

3.1.3 空地闭环控制的功能分配与挑战

对于无人机系统的空地闭环控制结构来说，其整体的控制功能就是控制无人机安全稳定地飞行和完成任务，而这一功能的实现则要依赖于机载的自动控制系统、地面指控系统中的功能模块和无人机飞行员，因此，需要考虑空地闭环控制的功能分配问题，这与无人机自主化技术的发展密切相关。

对于早期的无人机系统来说，自动控制技术还比较简单，机载控制系统仅能完成基本的无人机姿态控制和航路保持功能，则大量的复杂状态的控制需要依赖地面的飞行员来完成，比如早期的"捕食者"等许多型号的无人机，其起飞、降落都需要飞行员人工操控完成。随着无人机自主飞行技术的完善，现在的先进无人机，包括"捕食者"在内，都可以自动完成从起飞、爬升、巡航到返航着陆的全过程，所以对飞行员的操控功能的需求正在逐渐被弱化，同时，地面指控系统中的任务规划功能则成为不可或缺的功能模块。今后，随着无人机自主化技术的提高，飞行员的操控功能将最终被机器所代替，成为对无人机飞行的监督者、决策者的角色。发展高效可靠的无人机自主控制技术，实现完全的自主飞行与管理是无人机技术发展的不懈追求和巨大挑战。

除了需要考虑功能分配问题外，对于空地闭环控制结构还需要考虑来自通信延迟的挑战。由于指令和数据的传输需要通过通信链路在空地之间传输，这就会造成一些信号的延迟。这些延迟或许时间很短，对于非实时的应用来说，可能并不是很重要的问题，但对于无人机飞行员的操控来说，却是非常重要的问题。例如，如果通过卫星链路对无人机进行控制时会存在 600ms 左右的延迟，在正常的巡航阶段是可以接受的，但在起飞/着陆等阶段则可能会产生灾难性的影响。另外的一些挑战主要来自对环境和对飞机的感知等问题。

3.2 飞行控制的基本原理

3.2.1 无人机的运动与控制面

无人机在空间的运动主要体现在姿态的变化和轨迹的变化，根据其运动性质，可以分为两类，即质心的平动和绕质心的转动。平动运动包括了前后平移、上下升降和左右侧移，转动运动则包括了俯仰、偏航和滚转运动。所以，无人机控制的基本问题就是实现对无人机 6 个自由度的平动和转动运动的自动控制。

控制无人机发生运动的改变，需要改变无人机所受到的气动力和气动力矩。而气动力和气动力矩的改变则要依赖于无人机相应的舵面或翼面的偏转，为此，把无人机上能够偏转的用于控制无人机姿态改变的舵面或翼面称为无人机的控制面或操纵面。对于常规布局的无人机来说，传统的控制面主要有三种，即升降舵、副翼和方向舵。

(1) 升降舵。升降舵是安装在水平尾翼后缘的可活动的舵面，左右水平尾翼各安装一个，以同步方式偏转。通过升降舵的同步偏转，可以改变水平尾翼上所受气动合力的方向，进而产生使飞机低头或抬头的力矩，称为俯仰控制力矩，使飞机发生期望的俯仰运动。例如，若使升降舵上偏，则水平尾翼上会受到向下的气动合力，此力相对机体重心会产生一个使机头上仰的俯仰控制力矩，使飞机抬头，反之则会使飞机产生低头运动。

(2) 副翼。副翼位于左右机翼的后缘，以差动方式偏转。当无人机需要发生滚转运动时，左右副翼会同时以同样的角度分别向上和向下偏转，使左右机翼产生的升力发生变化，进而产生使飞机向左或向右偏转的力矩，称为滚转控制力矩。通过调整该力矩的大小，就会控制无人机发生期望的滚转运动(或称倾斜运动)。例如，若使左机翼上的副翼向上偏转，右机翼上的副翼下偏，则左机翼升力会下降，右机翼升力将增加，左右机翼升力的变化就会产生向左的滚转控制力矩，使无人机发生向左的滚转运动(或称飞机向左倾斜)。

(3) 方向舵。方向舵设在垂直尾翼后缘，通过偏转方向舵，改变作用在垂直尾翼上的气动力的方向和大小，产生使飞机机头偏转的力矩，达到改变方向的目的。如方向舵右偏，则垂直尾翼右侧表面的气流流速减缓，使垂直尾翼右侧所受到的压力增大，同时垂直尾翼左侧所受到的压力会减小，这样，在垂直尾翼上就会产生一个向左的气动合力，这个力将会产生一个相对于机体重心使机头右偏的力矩，称为航向控制力矩，从而使无人机机头向右偏转，反之则会使机头向左偏转。所以，通过控制方向舵的偏转角度，就可以达到控制无人机航向偏转的目的。

需要说明的是，上述三种舵面或翼面只是常规的控制面，对于气动布局比较特殊的无人机来说，还会有其他形式的控制面。另外，油门也是控制无人机运动的设备。

3.2.2 飞行控制的负反馈原理

在我们的传统观念中，飞机需要由人来驾驶和操控，而无人机则是把操控飞机的飞行员请出了座舱，那么，就需要有能够代替飞行员实现对飞机操控的机载设备，这就是飞行控制系统，其遵循的基本工作原理就是飞行控制的基本原理。为了说明这个基本原理，需要首先了解一下飞行员是如何驾驶飞机的。

以飞行员操控飞机保持水平飞行为例，来分析飞行员控制飞机的过程。当飞机水平直线飞行受到阵风干扰时，它会偏离原有姿态，如飞机会产生抬头。此时驾驶员用眼睛观察到仪表板上陀螺地平仪的变化，会根据驾驶知识推驾驶杆，使升降舵向下偏转产生相应的下俯力矩，从而使飞机重新趋于水平。在此过程中，驾驶员通过仪表看到这些变化，逐渐把驾驶杆收回原位，当飞机回到原水平姿态时，驾驶杆和升降舵也回原位，完成对飞机保持水平的控制。这一过程中的信息流程可以用图 3-3 来说明。

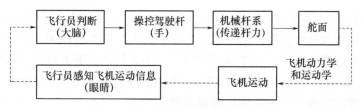

图 3-3　飞行员对飞机的操控信息流程

图 3-3 所示是一个闭环反馈控制系统，如果用一个自动控制设备代替图中飞行员的功能，就能实现无人机的自动飞行。为此，需要用三类装置实现飞行员的眼、脑、手的功能，分别就是传感器、控制器和执行机构，这些部件和装置的总和就构成了无人机的自动驾驶仪，其工作原理如图 3-4 所示。首先需要传感器测量无人机的飞行状态，然后由控制器按照控制律解算出控制信号，并交给执行机构来驱动操纵舵面，从而产生空气动力和力矩来控制无人机的飞行状态。当无人机偏离原始状态，传感器感受到偏离方向和大小，并输出相应信号给控制器，控制器按照负反馈控制原理计算出需要的控制量，经放大处理后通过执行机构控制舵面偏转。由于整个系统是按负反馈原理工作的，其结果是使无人机趋向原始状态。当无人机回到原始状态时，传感器输出信号为零，舵机以及相连的舵面也回到原位，无人机重新按原始状态飞行。

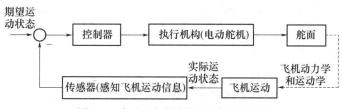

图 3-4　自动飞行控制的反馈控制原理

3.2.3　典型的飞行控制回路

按照反馈原理构建的自动飞行控制系统，根据控制目标和要求的不同，通常包括了三个典型的控制回路，即舵回路、稳定回路和制导回路，如图 3-5 所示。

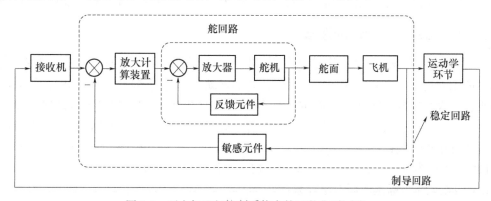

图 3-5　无人机飞行控制系统中的三种典型回路

（1）舵回路：用于控制舵机达到并保持期望的控制位置和性能的控制回路。为了改善舵机性能以满足飞行控制的要求，通常将舵机的输出信号反馈到输入端形成保证舵机性能的负反馈控制回路，这种随动伺服系统称为舵回路。舵回路一般包括舵机、反馈部件和放大器。

55

(2) 稳定回路：用于控制和稳定无人机姿态的控制回路。由测量无人机飞行姿态信息的测量部件和舵回路构成自动驾驶仪，自动驾驶仪和被控对象(无人机)又构成了稳定回路，主要起稳定和控制无人机姿态的作用。由于该回路包含了无人机，而无人机的动态特性又随着飞行条件(如高度、速度等)而变化。所以，为了保证在各种飞行状态下都具有较好的性能，有时其控制律参数设置成可以随飞行条件变化的调参增益。

(3) 制导回路：用于控制和调整无人机按照期望轨迹飞行的控制回路。由稳定回路和无人机重心位置测量部件以及描述无人机空间位置几何关系的运动学环节构成，主要起稳定和控制无人机运动轨迹的作用。制导回路是在无人机的角运动稳定与控制回路的基础上构成的，无人机的重心运动是通过控制无人机的角运动实现的，这种通过姿态的变化来控制飞行轨迹的方式，是目前大多数航空飞行器控制飞行轨迹的主要方式。

通常，要想控制无人机的运动首先必须考虑它的角运动，使其姿态发生变化，然后才能使它的重心轨迹发生相应的变化。因此，以姿态角信号反馈为基础的飞行姿态稳定和控制回路称为内回路。同时，为了提高角控制系统的动态性能，还应该采用由角速率反馈所构成的阻尼回路来弥补无人机自身阻尼的不足，从而改善姿态运动的稳定性。

从图 3-5 可知，飞行控制系统的内回路是飞行高度、航向、轨迹等外回路控制的基础。其中，无人机的高度保持就是在俯仰角内回路的基础上，通过引入气压高度反馈信号构成飞行高度稳定外回路来实现的；航向控制与稳定是通过将航向信号反馈到滚转控制通道，构成飞行航向控制外回路来实现的；自主导航飞行是在飞行导航控制回路的基础上，引入侧偏距反馈构成航迹控制外回路来实现的。

3.3 无人机飞行控制律的设计

飞行控制律是无人机实现自动飞行控制的核心，也是灵魂。按照功能和所处层级的不同，可以把飞行控制律分为系统级的控制律和单项功能的控制律。系统级控制律主要用于实现整个无人机控制系统的功能调度、指令解算、导航管理、系统管控等，单项功能的控制律则是面向各个具体的控制功能单元的控制律，如无人机姿态控制律、发动机状态控制律、速度控制律、高度控制律、应急状态控制律等。本节主要介绍部分单项功能飞行控制律的设计原理。

3.3.1 无人机飞行运动建模

为了设计飞行控制律，首先需要建立无人机的飞行运动方程，并对其动态特性进行分析。运动中的无人机是一个复杂的动力学系统，它的运动特性受到多种因素的影响，例如机体弹性变形、无人机的旋转部件、重量随时间的变化、地球的曲率以及大气的运动等。如果把所有相关因素考虑进去，将会使运动方程变得十分复杂。为了简化分析，建立无人机数学模型时，通常做如下假设：

(1) 无人机为刚体，忽略弹性形变的影响，并且质量为常数；
(2) 假设地面坐标系为惯性坐标系；
(3) 忽略地球曲率，采用"平板地球假设"，视地面为平面；
(4) 重力加速度不随高度而变化；
(5) 无人机几何外形对称，内部质量亦对称，即惯性积 $I_{xy} = I_{zy} = 0$。

建立无人机的运动模型，就是要把无人机在空间的运动规律用数学方程表示出来。无人机在空间有 6 个自由度的运动，即 3 个质心运动和 3 个角运动。为了建立描述其运动的数学模型，必须合理地确定相应的坐标系来定义和描述无人机的运动参数。通常，航空用坐标系有两种体系：俄罗斯体系坐标系和欧美体系坐标系，本书采用欧美体系坐标系。

1. 坐标系定义

1) 地面坐标系

在地面选一点 O_g，使 x_g 轴在水平面内并指向某一方向，z_g 轴垂直于地面并指向地心，y_g 轴也在水平面内并垂直于 x_g 轴，其指向按照右手定则确定，如图 3-6(a)所示。

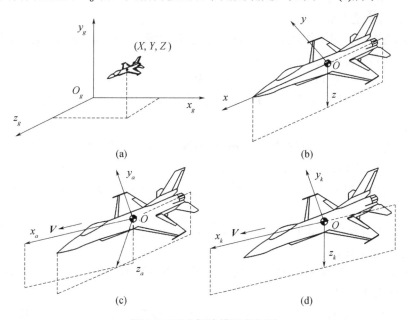

图 3-6 无人机建模用坐标系
(a) 地面坐标系；(b) 机体坐标系；(c) 速度坐标系；(d) 航迹坐标系。

2) 机体坐标系

原点 O 取在飞机质心处，坐标系与飞机固连，x 轴在飞机对称平面内并平行于无人机的设计轴线指向机头，y 轴垂直于无人机对称平面指向机身右方，z 轴在无人机对称平面内，与 x 轴垂直并指向机身下方，发动机推力一般按机体坐标系给出，如图 3-6(b)所示。

3) 速度坐标系

速度坐标系也称气流坐标系，原点 O 取在无人机质心处，坐标系与无人机固连，x_a 轴与飞行速度 V 重合一致，z_a 轴在无人机对称平面内与 x_a 轴垂直并指向机腹下方，y_a 垂直于 Ox_az_a 平面并指向机身右方，作用在无人机上的空气动力一般按照速度坐标系给出，如图 3-6(c)所示。

4) 航迹坐标系

原点 O 取在无人机质心处，坐标系与无人机固连，x_k 轴与飞行速度 V 重合一致，z_k 轴位于包含无人机速度 V 在内的铅垂面内，与 x_k 轴垂直并指向下方，y_k 轴垂直于 Ox_kz_k 平面，其指向按照右手定则确定，航迹坐标系可使无人机质心运动方程简化，如图 3-6(d)所示。

2. 无人机运动的描述参数

1) 无人机的姿态参数

姿态参数表征的是无人机的姿态角，反映无人机在三个轴向的姿态。姿态角是由机体坐标系与地面坐标系之间的关系确定的。

俯仰角(θ)：机体轴Ox与水平面$O_g x_g y_g$间的夹角，抬头时θ为正，俯仰角θ的范围为$-90° \leqslant \theta \leqslant 90°$。

偏航角(Ψ)：机体轴Ox在水平面$O_g x_g y_g$上的投影与地轴$O_g x_g$间夹角，机头右偏航为Ψ正，偏航角Ψ的范围为$-180° \leqslant \theta \leqslant 180°$。

滚转角(ϕ)：机体轴Oz与通过机体轴Ox的铅垂面间夹角，飞机右滚转时ϕ为正，滚转角范围为$-180° \leqslant \phi \leqslant 180°$。

2) 无人机的轨迹参数

无人机的轨迹参数用于描述无人机的飞行航迹，主要是三个航迹角(flight-path angles)，由速度坐标系与地面坐标系之间的关系确定。

航迹倾斜角(μ)：飞行速度矢量V与地平面间夹角，飞机向上时μ为正。

航迹方位角(φ)：飞行速度矢量V在地平面上的投影与地轴$O_g x_g$间的夹角，投影在$O_g x_g$轴的右侧为正。

航迹滚转角(γ)：速度轴Oz_a与通过速度轴Ox_a的铅垂面间夹角，飞机右滚转时为正。

3) 飞行速度与机体轴系关系的描述参数

飞行速度与机体轴系的关系是通过两个气流角来描述的，反映的是飞行速度矢量与机体坐标系之间的关系。

迎角(α)：飞行速度矢量V在飞机对称平面Oxz上的投影与机体轴Ox间的夹角，V的投影在机体轴Ox下方为正。

侧滑角(β)：飞行速度矢量V与飞机对称平面Oxz夹角，V在飞机对称面右侧为正。

3. 无人机运动方程

无人机的运动方程通常又可分为动力学方程和运动学方程，动力学方程以牛顿第二定律为基础建立，运动学方程通过坐标变换得出。在惯性参考系中应用牛顿第二定律可以建立起飞行器在外合力F作用下的线运动和合力矩M作用下的角运动方程。

首先建立无人机的动力学方程组。无人机在合外力作用下的线运动方程为：

$$\sum F = \frac{\mathrm{d}}{\mathrm{d}t}(mV) = m\frac{\mathrm{d}V}{\mathrm{d}t} \tag{3.1}$$

由上式可导出无人机在三个方向的线运动方程组为：

$$\begin{cases} \dot{u} = vr - wq - g\sin\theta + \dfrac{F_x}{m} \\ \dot{v} = -ur + wp + g\cos\theta\sin\phi + \dfrac{F_y}{m} \\ \dot{w} = uq - vp + g\cos\theta\cos\phi + \dfrac{F_z}{m} \end{cases} \tag{3.2}$$

式中，$[p\ q\ r]^\mathrm{T}$为机体坐标系相对于惯性坐标系的角速度向量在机体坐标系上的三个分量，$[u\ v\ w]^\mathrm{T}$为无人机质心的速度向量在机体坐标系上的分量。ϕ为滚转角，θ为俯仰角。

无人机在合外力矩作用下的角运动方程为：

$$\sum M = \frac{\mathrm{d}L}{\mathrm{d}t} \tag{3.3}$$

进一步导出无人机在三个方向的角运动方程组为：

$$\begin{cases} \bar{L} = \dot{p}I_x - \dot{r}I_{xz} + qr(I_z - I_y) - pqI_{xz} \\ M = \dot{q}I_y + pr(I_x - I_z) + (p^2 - r^2)I_{xz} \\ N = \dot{r}I_z - \dot{p}I_{xz} + pq(I_y - I_x) + qrI_{xz} \end{cases} \quad (3.4)$$

建立完毕动力学方程组后，还需要建立无人机的运动学方程组。对于无人机质心的位移运动，即线运动，包括前后平移运动、升降运动和侧移运动，需要建立无人机质心的位移方程组。假设无人机质心的位移运动在地面坐标系内的三个分量为：$[\dot{x}_g \ \dot{y}_g \ -\dot{h}]^T$，可以通过地面坐标系与机体坐标系的转换关系建立质心位移方程如下：

$$\begin{cases} \dot{x}_g = u\cos\theta\cos\psi + v(\sin\phi\sin\theta\cos\psi - \cos\phi\sin\psi) + w(\sin\phi\sin\psi + \cos\phi\sin\theta\cos\psi) \\ \dot{y}_g = u\cos\theta\sin\psi + v(\sin\phi\sin\theta\sin\psi + \cos\phi\cos\psi) + w(-\sin\phi\cos\psi + \cos\phi\sin\theta\sin\psi) \\ \dot{h} = u\sin\theta - v\sin\phi\cos\theta - w\cos\phi\cos\theta \end{cases} \quad (3.5)$$

对于无人机绕质心的旋转运动，即角运动，包括俯仰角运动、偏航角运动和滚转角运动。需要确定三个姿态角速率 $(\dot{\phi}, \dot{\theta}, \dot{\psi})$ 与机体坐标系的三个角速度分量 (p, q, r) 之间的关系。

$$\begin{cases} \dot{\phi} = p + (r\cos\phi + q\sin\phi)\tan\theta \\ \dot{\theta} = q\cos\phi - r\sin\phi \\ \dot{\psi} = \dfrac{1}{\cos\theta}(r\cos\phi + q\sin\phi) \end{cases} \quad (3.6)$$

综合方程组(3.1)、(3.4)~(3.6)，即为描述无人机运动的 12 个非线性微分方程，这些就是无人机的飞行运动模型。从上述方程式可以看出，这些运动方程具有高度的非线性因素，如果直接进行控制律的设计将会非常复杂。在自动控制理论中通常采用小扰动法把非线性系统线性化。根据小扰动原理，扰动运动的状态参数可由基准运动参数附加一小扰动量来表示，即有：

$$\begin{cases} V = V_0 + \Delta V, & \phi = \Delta\phi \\ \alpha = \alpha_0 + \Delta\alpha, & \theta = \theta_0 + \Delta\theta \\ \beta = \Delta\beta, & \psi = \Delta\psi \\ p = \Delta p, & \mu = \mu_0 + \Delta\mu \\ q = \Delta q, & x_g = x_{g0} + \Delta x_g \\ r = \Delta r, & y = \Delta y_g \\ z_g = z_{g0} + \Delta z_g \end{cases} \quad (3.7)$$

将上述状态量代入无人机的 12 个运动方程，进行泰勒级数展开，并减掉基准运动，即可得到 12 个基于小扰动变化量的无人机线性化运动方程，将其重新排列成两组方程如下：

$$\begin{cases} m\Delta\dot{V} = (-T_0\sin\alpha_0 + mg\cos\mu_0)\cdot\Delta\alpha + \Delta T\cos\alpha_0 - \Delta D - mg\cos\mu_0\cdot\Delta\theta \\ mV_0\Delta\dot{\alpha} = (-T_0\cos\alpha_0 + mg\sin\mu_0)\cdot\Delta\alpha + \Delta T\sin\alpha_0 - \Delta L + mV_0 q - mg\sin\mu_0\Delta\theta \\ \Delta\dot{q} = \dfrac{\Delta M}{I_y} \\ \Delta\dot{\theta} = q \\ \Delta\dot{x}_g = \Delta V\cos\mu_0 - V_0\sin\mu_0\cdot(\Delta\theta - \Delta\alpha) \\ \Delta\dot{h} = \Delta V\sin\mu_0 + V_0\cos\mu_0\cdot(\Delta\theta - \Delta\alpha) \end{cases} \quad (3.8)$$

$$\begin{cases} mV_0\Delta\dot{\beta} = \Delta Y - \Delta p\sin\alpha_0 + \Delta r\cos\alpha_0 \\ \Delta\dot{p} = c_3\Delta\overline{L} + c_4\Delta N \\ \Delta\dot{r} = c_4\Delta\overline{L} + c_9\Delta N \\ \Delta\dot{\phi} = \Delta p + \Delta r\tan\theta_0 \\ \Delta\dot{\psi} = \dfrac{\Delta r}{\cos\theta_0} \\ \Delta\dot{y}_g = V_0\Delta\varphi \end{cases} \quad (3.9)$$

上述分析结果表明，无人机的运动方程可分解为两组相对独立的微分方程，组内各方程间气动力交联较强，组间交联很弱。从而可把飞机在空间的运动划分为两个方向上的运动分别进行考虑。在式(3.8)中的状态变量 $\Delta V, \Delta\alpha, \Delta q, \Delta\theta, \Delta x_g, \Delta h$ 恰好是在无人机在对称平面 Oxz 内运动的状态变量，反映的是无人机的纵向运动，包括前后平移、上下升降和俯仰，所以称其为无人机的纵向运动方程组。而式(3.9)中的变量 $\Delta\beta, \Delta p, \Delta r, \Delta\phi, \Delta\psi, \Delta y_g$ 则是无人机横侧向运动的状态变量，反映的是无人机的横侧向运动，包括左右侧移、横滚和偏航，将其称为无人机的横侧向运动方程组。这两组方程共同构成了无人机的运动方程。以上两式的结论说明无人机的运动方程可以实现解耦，这就给研究无人机的运动规律和实现无人机的运动控制带来很大的方便。但是要注意，这种解耦的前提是基准运动为定常直线无侧滑飞行。

为了适应于控制律的分析和设计，可将方程组(3.8)和方程组(3.9)给出的无人机线性化运动方程写成状态方程的形式。选择纵向运动状态变量为 $X = [\Delta V \quad \Delta\alpha \quad \Delta q \quad \Delta\theta]^T$，输入为 $U = [\delta_T \quad \delta_e]^T$，得到无人机纵向运动的状态方程为：

$$E\dot{X} = AX + BU \quad (3.10)$$

其中：

$$E = \begin{bmatrix} 1 & 0 & 0 & 0 \\ 0 & V_0 & 0 & 0 \\ 0 & 0 & 1 & 0 \\ 0 & 0 & 0 & 1 \end{bmatrix}, A = \begin{bmatrix} X_V + X_{TV}\cos\alpha_0 & X_\alpha & 0 & -g\cos\mu_0 \\ Z_V - X_{TV}\sin\alpha_0 & Z_\alpha & V + Z_q & -g\sin\mu_0 \\ M_V + M_{TV} & M_\alpha & M_q & 0 \\ 0 & 0 & 1 & 0 \end{bmatrix}, B = \begin{bmatrix} X_{\delta_T}\cos\alpha_0 & X_{\delta_e} \\ -X_{\delta_T}\sin\alpha_0 & Z_{\delta_e} \\ M_{\delta_T} & M_{\delta_e} \\ 0 & 0 \end{bmatrix}$$

选取横侧向运动方程的状态量为 $X = [\Delta\beta \quad \Delta p \quad \Delta r \quad \Delta\phi]^T$，输入为 $U = [\delta_a \quad \delta_r]^T$，得到无人机横侧向运动的状态方程为：

$$E\dot{X} = AX + BU$$

$$E = \begin{bmatrix} V_0 & 0 & 0 & 0 \\ 0 & 1 & 0 & 0 \\ 0 & 0 & 1 & 0 \\ 0 & 0 & 0 & 1 \end{bmatrix}, B = \begin{bmatrix} Y_{\delta a} & Y_{\delta r} \\ L^*_{\delta a} & L^*_{\delta r} \\ N^*_{\delta a} & N^*_{\delta r} \\ 0 & 0 \end{bmatrix}$$

$$A = \begin{bmatrix} Y_\beta & Y_p & Y_r - V & g\cos\mu_0 \\ L^*_\beta & L^*_p & L^*_r & 0 \\ N^*_\beta & N^*_p & N^*_r & 0 \\ 0 & \dfrac{\cos\mu_0}{\cos\theta_0} & \dfrac{\sin\mu_0}{\cos\theta_0} & 0 \end{bmatrix}$$

(3.11)

3.3.2 基本飞行控制律设计

1. 飞行控制通道的划分

无人机飞行控制系统是一个多通道控制系统,即多输入多输出的控制系统。对于常规无人机来说,是利用升降舵、副翼、方向舵及油门来完成对飞机运动的控制。控制的目的就是使无人机的姿态和航迹满足期望的要求。按照负反馈控制原理,控制系统需要通过传感器实时感知无人机的姿态和航迹参数,根据这些参数和控制任务的要求,按照一定的飞行控制律生成控制指令信号,再经过放大和调整,通过舵机,驱动升降舵、副翼、方向舵及油门进行相应的偏转。分别用 δ_e、δ_a、δ_r、δ_T 表示升降舵、副翼、方向舵及油门的偏转角,则可用图 3-7 表示无人机控制系统的输入输出关系。

图 3-7 无人机的输入输出关系

无人机飞行运动建模的结论已经说明,对于传统布局的无人机来说,其纵向运动和横侧向运动是可以解耦的。因此,对于无人机控制律的设计,可以分别针对纵向运动和横侧向运动独立设计相应的控制律,这样就可以使控制律的设计难度大大简化。

无人机的纵向运动是通过操纵升降舵和油门来实现的。在纵向控制通道中有俯仰角反馈和俯仰角速率反馈,这两项构成了纵向通道的核心控制回路——内回路。另外还有高度差反馈,只有在无人机做定高飞行时才需要接入,以稳定无人机的飞行高度。

无人机的横侧向运动指无人机的滚转和偏航运动,是通过控制副翼和方向舵来实现的。方向舵回路相对比较简单,主要用来增加荷兰滚阻尼。副翼回路则相对复杂,它以滚转角控制为内回路,侧偏距控制为外回路,侧偏控制主要通过滚转角控制实现。利用副翼的偏转调节滚转角度,进而控制侧偏距。

2. 纵向通道控制律的设计

无人机的纵向运动包括了前后平移、上下升降和俯仰，所以，纵向通道的控制即是对无人机的俯仰角、速度和高度等状态的控制。

1) 俯仰角的稳定与控制

典型的俯仰角控制律为：

$$\Delta \delta_e = K_e^q \Delta q + K_e^\theta (\theta - \theta_c) \tag{3.12}$$

该控制律的特点是升降舵偏转角 $\Delta \delta_e$ 与控制量的变化成正比，称为比例式控制，其中 $\Delta \theta_c = \theta - \theta_c$ 为俯仰角指令的变化量，图 3-8 说明了俯仰角控制的原理。当无人机保持当前迎角飞行时，无人机按照配平时的基准迎角飞行。若要改变飞行迎角，则要根据配平时的初始俯仰角和升降舵偏角的初值来解算 $\Delta \theta_c$。引入角速率信号可以增加纵向运动的阻尼力矩，且阻尼力矩的增加与 K_e^q 成正比。对于该项控制律来说，控制律设计的主要任务是合理地选择 K_e^θ 和 K_e^q，使无人机具有良好的动态和稳态性能。参数的设计一般遵循由内向外的原则，即先设计俯仰角速率回路，根据阻尼特性确定 K_e^q，然后以此为基础设计姿态角稳定回路，确定参数 K_e^θ，以保证俯仰角速率响应的快速性。

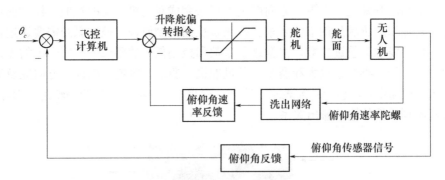

图 3-8 无人机俯仰控制通道结构原理图

2) 高度的稳定与控制

对于高度控制，通常采用式(3.13)所示的比例积分控制律，控制律结构如图 3-9。俯仰角控制为高度控制的内回路，为其提供足够的阻尼。若无人机的飞行高度低于预定高度，即 $h - h_c < 0$，则该项控制会产生负的升降舵偏转指令，使舵面上偏，无人机爬升，到达期望的高度。高度控制回路的原理结构如图 3-10 所示。

$$\Delta \delta_e = K_e^q \Delta q + K_e^\theta (\theta - \theta_c) + K_e^h (h - h_c) + K_e^{Ih} \int (h - h_c) \mathrm{d}t \tag{3.13}$$

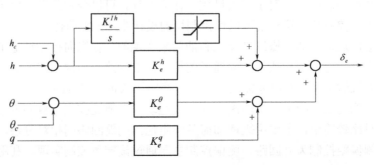

图 3-9 无人机高度控制律的结构图

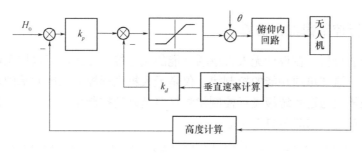

图 3-10　高度控制回路的原理结构图

3) 飞行速度的稳定与控制

对于飞行速度的控制，通常有两种方案：一是自动油门控制，通过自动油门系统控制油门的大小，改变发动机推力从而实现控制速度的目的；二是通过升降舵偏转来改变俯仰角从而实现速度控制。

油门控制方式主要用在无人机巡航平飞的状态下控制速度，此时，升降舵负责无人机飞行高度的稳定控制。

通过升降舵改变俯仰角控制速度的方法，实质是通过俯仰角控制改变无人机的轨迹角，调整重力在飞行速度方向上的投影来达到控制速度的目的，常用于爬升、下滑等不要求对飞行高度进行精确控制的情况。在已有的俯仰角控制系统基础上增加一个能感受速度变化的外回路，即构成升降舵控制的速度控制系统。控制律如下：

$$\Delta\delta_e = K_e^q \Delta q + K_e^\theta (\theta - \theta_c) + K_e^{\dot{V}} \Delta \dot{V} + K_e^V (V - V_c) \tag{3.14}$$

式中，$K_e^{\dot{V}}$ 为升降舵的加速度传动比，K_e^V 为升降舵的速度传动比，引入加速度信号是为了增加速度控制系统的阻尼。

3. 横侧向通道控制律的设计

无人机的横侧向运动包括了左右侧移、横滚和偏航，所以，横侧向通道的控制即是对无人机的滚转角、偏航角和侧移运动的控制。

对于滚转角的稳定与控制，通常采用副翼实施控制，基本的控制律为：

$$\Delta\delta_a = K_a^p \Delta p + K_a^\phi (\phi - \phi_c) \tag{3.15}$$

对于航向的控制，早期的方法是通过方向舵的偏转来改变航向。但这种方法在航向的稳定与控制过程中存在明显的侧滑，导致飞行器横向和航向的交联，使得航向角过渡过程比较缓慢，同时存在较大的侧向过载。虽然选择适当的控制参数可以改善航向调节的性能，但不能十分有效地缩短航向调节所需的时间。目前这种控制方法已经不再普遍使用，更常用的是通过副翼控制无人机滚转来实现航向的偏转，其控制律如式(3.16)所示。

$$\begin{cases} \Delta\delta_a = K_a^q \Delta q + K_a^\phi (\phi - \phi_c) + K_a^{I\phi} \int (\phi - \Delta\phi_c) dt \\ \Delta\phi_c = K_\phi^\varphi (\varphi - \varphi_c) \end{cases} \tag{3.16}$$

面向单项功能的基本飞行控制律的设计是无人机飞行控制律设计的初步阶段。在这一阶段，可以暂不考虑伺服回路、传感器和等效延迟等非线性因素对闭环系统的影响，主要是基于无人机六自由度线性化全量运动方程，充分利用相关的控制理论知识，设计控制器的结构与控制律参数，使各个控制通道的时域和频域响应都能达到相应的技术指标要求。在完成单项控制律的设计后，还需要进一步地进行综合的飞行控制器的设计与实验。

3.3.3 飞行控制律综合仿真

根据上一节的分析，在设计无人机单项功能的飞行控制律时，可以按照纵向和横侧向通道分别进行设计。这些单项功能的控制律，仅是无人机飞行控制系统的基础功能，要真正实现飞行控制，还需要通过系统级飞行控制律将这些基础的控制律综合起来，构成无人机的飞行控制器，其原理结构如图 3-11 所示。

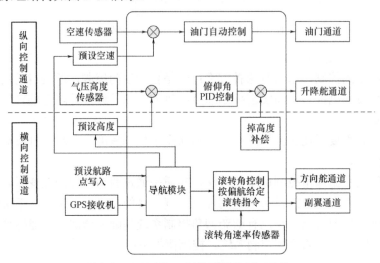

图 3-11 无人机飞行控制器的原理结构

在设计无人机系统级的控制律时，要考虑无人机在不同飞行阶段的控制要求。无人机的一般飞行阶段通常包括出航滑跑、拉高爬升、航线转弯、巡航平飞和返场着陆等阶段。在不同航段上应根据该航段的飞行特点设计不同的控制律组合。例如在巡航平飞阶段对控制任务的要求是：①保持无人机在飞行过程中高度稳定；②控制无人机按预定轨迹飞行，若有偏离，进行自动矫正。所以要求纵向通道能控制无人机保持定高飞行，横侧向通道要保持轨迹稳定，通过副翼控制滚转以修正侧向偏离。控制律组合为：

$$\begin{cases} \delta_x = K_x^\gamma(\gamma - \gamma_g) + K_x^{\omega_x}\omega_x - K_x^\psi(\psi - \psi_g) + K_x^z(z - z_g) \\ \delta_y = K_x^\psi(\psi - \psi_g) + K_\omega^\psi \omega_\psi \\ \delta_z = K_z^\theta(\theta - \theta_g) + K_\omega^\theta \omega_z + K_H(H - H_g) \end{cases} \quad (3.17)$$

需要说明的是，实际使用的飞行控制律的设计过程是一个复杂的、需要不断迭代的过程。在完成无人机飞行运动建模和飞行控制器的设计后，就需要进一步检验所设计的飞行控制器能否满足无人机飞行控制的需要。最经济和高效的基本方法就是采用全系统的飞行仿真。面向飞行控制律设计的飞行仿真主要有两种形式，即全数字仿真和半物理仿真。全数字仿真就是对于系统中所涉及的全部的设备和信号，均使用相应的数学模型，利用计算机仿真计算来实现。半物理仿真就是根据实际需要，将系统中的部分设备或信号利用真实的物理系统或信号来实现的仿真。随着计算机技术和建模理论的发展，数字仿真的精度和可信度已经越来越高，在飞行控制律设计过程中的地位和作用也越来越重要。目前，在控制律性能分析阶段使用最广泛的数字仿真工具就是著名的系统仿真计算工具 Matlab。在进行无人机飞行控制律的全系统仿真时，可以利用 Matlab 提供的 Simulink 仿真环境，建立面向无人机飞行控制器的仿真系统，对无人机飞行控制器的综合性能进行仿真分析。图 3-12 即是基于 Simulink 环境的面向无人机飞行控制器综合性能分析的全系统仿真图，图 3-13 给出了该无人机沿闭环航点飞行的仿真结果图，从仿真结果可以看出，设计的控制器能够控制无人机沿期望的航线飞行。如果仿真结果未能满足无人机控制性能的要求，就需要对前期设计的控制律进行反馈迭代，修正部分控制项或控制律参数，直至使仿真结果达到性能指标的要求。

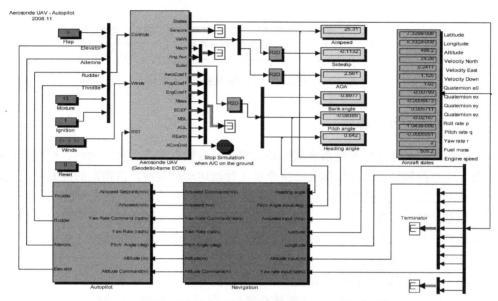

图 3-12　面向无人机飞行控制全系统的 Simulink 仿真系统图

航点	经度	纬度	航线夹角
起点 1	0	0	0
2	0.001	0.001	45
3	0.002	0	135
4	0.001	-0.001	225
终点 5	0	0	315

图 3-13　控制无人机压航点飞行的仿真结果图

完成全系统的数字仿真后，还要进行大量的半物理仿真。通过这些半物理仿真，在系统的运行中加入真实的物理器件或设备的物理特性，从而使仿真实验的环境和结果更加接近于真实，并根据半物理仿真的实验结果继续对控制律进行修正。对于不同要求的飞行控制器的设计，半物理仿真的程度可以不同，例如，对于航模级的飞行控制律的设计，只需进行较为简单的半物理仿真即可。完成需要的半物理仿真实验后，还要对控制律经过多次试飞试验才能最终确定适合于无人机需要的飞行控制律。

3.4　无人机飞行控制系统实现

飞行控制系统通常包括飞行控制计算机、敏感装置和执行机构等实际的物理设备，是实现无人机飞行控制功能的物理实体，负责完成整个飞行过程中无人机的制导控制工作。典型的无人机飞行控制系统组成结构如图 3-14 所示。主要由飞行控制计算机、各类传感器(敏感装置)、执行机构等组成。传感器负责采集无人机的姿态和位置信号，经控制律解算后输出控制指令，最终通过执行机构的操纵来控制无人机的姿态和速度。

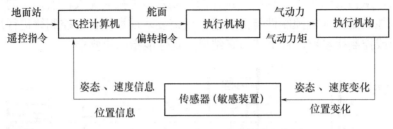

图 3-14 无人机飞行控制系统结构示意图

3.4.1 飞行控制计算机

飞行控制计算机是飞行控制系统的核心，它担负着数据采集、余度管理、控制律计算等重要任务。飞行控制计算机采集驾驶员指令及飞行器运动参数后，按指定的控制算法及逻辑控制指令，通过执行机构控制飞机运动，达到闭环控制的目的。飞行控制计算机主要分为模拟式飞行控制计算机和数字式飞行控制计算机。目前无人机飞控系统大多采用的是数字式飞行控制计算机。数字式飞行控制计算机指的是在飞行控制中完成全部模拟、数字与离散信号的处理与计算功能的计算机。

一般来说，无人机飞行控制计算机的主要功能模块有：

(1) CPU 模块。是飞行控制计算机的核心部分，包括微处理器、RAM、EPROM/E^2PROM、时钟电路、中断控制器、DMA 控制器、调试用串行口、译码器及内部总线接口电路等。

(2) 余度计算机支持模块。应包括通道间信息交换电路、同步支持电路(仅用于同步运行的余度计算机)、通道故障逻辑电路及故障切换电路。

(3) 总线接口模块。该接口是飞行控制计算机和其他机载计算机的交联通信接口。

(4) 模拟输入模块。它用于对传感器的输出信号进行滤波、解调处理，并通过 A/D 转换器进行数字化。

(5) 模拟输出接口模块。用于将 CPU 输出的数字量转化为模拟输出信号。

(6) 离散输入/输出接口模块。离散输入电路，将飞机的各种离散信号转换为数字信息，离散输出则是将 CPU 输出的数字信号转换为离散量输出。

(7) 二次电源。用于将飞机的电源转换为飞行控制计算机内部所需的电源。

(8) 其他模块。包括飞行测试接口，应急飞行控制系统电路等。

图 3-15 是某无人机飞行控制计算机的硬件结构图。其飞行控制系统的 CPU 采用三余度(CPU1，CPU2，CPU3)，接口板采用双余度设计。各模块之间通过总线的形式进行数据交换。能有效地保证一次故障—工作的容限要求，提高任务可靠性，降低飞机的损失概率。

飞行控制系统软件作为飞行控制系统的核心，承担着系统控制律计算、余度管理、机内自检测等任务，同时指挥协调系统有序地工作，管理系统硬件资源，是系统功能实现和保证飞行安全的关键。无人机飞行控制软件可分为操作系统软件、应用软件和支持软件。操作系统软件的作用是管理和协调飞行控制计算机的硬件资源、合理调度各任务，为应用软件提供运行平台。应用软件用于飞行控制系统的各控制功能、BIT 功能和余度系统的余度管理功能等。支持软件包括开发应用软件、操作系统软件所必需的工具软件、固化软件及计算机底层监控程序等。

其中，板卡驱动程序为上层应用程序提供驱动接口，以达到隔离软硬件的效果；实时操作系统为飞行控制软件任务提供调度管理功能；应用程序是飞行控制软件的功能应用程序。

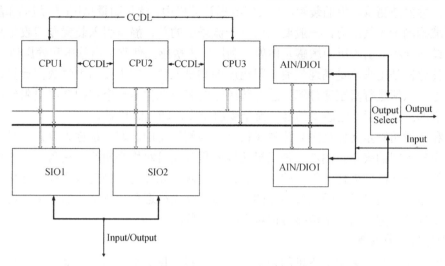

图 3-15　飞行控制计算机基本框图

3.4.2　敏感装置

飞行控制系统中的敏感装置用来测量飞行环境的参数和飞行运动参数，这些参数可以描述无人机所处飞行环境、自身运动状态、在空间的位置。这些敏感装置主要包括大气参数测量装置、角速度测量装置、航向姿态角测量装置和导航定位装置。

1. 大气参数测量装置

通常把飞机气压高度、指示空速、真空速、马赫数、升降(垂直)速度和大气温度等称为大气数据。这些大气数据信号是基于静压、动压、温度和迎角四个原始测量参数，经过直接或间接计算后求得的。大气数据计算机是将所测得静压、动压、温度、迎角等基本原始参数，经过一定的接口电路进行必要转换，并送入中央信息处理机，经运算处理后送到用户设备及显示系统的大气数据信息装置。图 3-16 是一个无人机大气数据计算机的原理图。

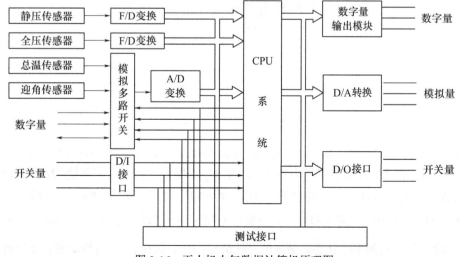

图 3-16　无人机大气数据计算机原理图

大气数据计算机输入参数的测量装置包括压力传感器、总温传感器及迎角、侧滑角测量传感器等。

压力传感器是测量压力的装置，在大气数据计算机中，就是测量总压(或动压)和静压的装置。为了准确测量大气压力，一般要利用置于流场中的总、静压引入装置专门收集总压和静压，并通过导管将其引入压力敏感元件处，利用压力敏感元件测量出总压和静压值。

总温传感器是用来测量高速气流受阻温度的测量元件，它主要向大气数据计算机输出大气总温信号，以便进行真空速计算。总温传感器的感温元件是一个将铂金属电阻丝绕在绝缘骨架上组成的温感电阻。它感受的是气流全受阻温度，即气流总温。

迎角和侧滑角测量元件是用来测量飞机迎角与侧滑角的。迎角也称为攻角，是飞机机翼弦线与迎面气流间的夹角。侧滑角是飞机速度向量与飞机对称平面间的夹角。两者均反映飞机轴线与气流方向间的夹角。常用的迎角和侧滑角测量元件是一种旋转风标式迎角、侧滑角传感器，其原理是通过风标受空气动力的作用而感受飞机迎角、侧滑角的变化，通过电位器或同步器将迎角、侧滑角变化转换为相对应的电信号。

2. 角速度测量装置

角速度传感器是用来测量飞机的角速度，它包括常规速率陀螺仪、动力协调挠性陀螺和光学陀螺等精密陀螺。光学陀螺又分激光陀螺、光纤陀螺和压电陀螺等。这里以常规速率陀螺为例介绍角速度测量装置的组成及工作原理。常规速率陀螺是指采用滚珠轴承的框架速率陀螺，它由单自由度陀螺、阻尼器、定位弹簧、输出电位计等部件组成，工作原理如图 3-17 所示，利用单自由度陀螺在外力矩作用下转子轴绕内环轴进动的特性，实现对飞机绕测量轴 Oy 的转动角速度 ω_y 的测量。

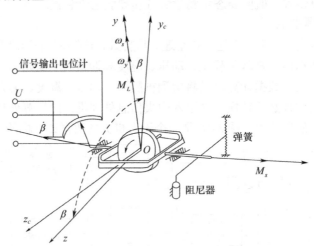

图 3-17 角速率陀螺原理图

设 Ox 轴为内环轴，也是输出轴。Oy 轴为输入轴或测量轴，Oz 为转子轴。当飞机沿 Oy 轴有转速 ω_y 时，沿 Oy 轴出现支架力矩 M_L，在 M_L 作用下，陀螺转子轴绕 Ox 轴进动，进动角速度为 $\dot{\beta}$。侧滑角 β 出现后，弹簧产生力矩 $M_s = k\beta$，k 为弹簧刚度系数。力矩 M_s 方向沿 Ox 轴方向。在 M_s 作用下，陀螺将绕 Oy 轴做正方向进动，进动角速度 ω_s，其方向与 ω_y 同向。当 $\omega_s = \omega_y$ 时，陀螺达到平衡状态，$\dot{\beta} = 0$，则 $\beta = \dfrac{H}{k}\omega_y$。式中，$H$ 为角动量，k 为常数，所

以 β 正比于 ω_y。

设传动比为 k_β，则输出信号电压值为 $U_{out} = \dfrac{k_\beta H}{k}\omega_y$。该式说明转角 β 与输入角速度成比例。陀螺仪在相对基座出现转动时，同时带动信号输出电位计的电刷运动，输出与转角 β 成比例的电信号。测量该电压信号即可得出飞机绕着某一机体轴转动的角速度。

3. 航向姿态角测量装置

航向姿态角测量装置包括地平仪和航向陀螺仪。

地平仪是用来测量飞机俯仰角和滚转角的双自由度陀螺，原理如图 3-18 所示。地平仪是基于双自由度陀螺的定轴性——陀螺转子轴方位相对惯性空间保持不变的特性工作的。陀螺启动后，将转子轴调整到地垂线的方位上，并稳定在地垂线上，并作为测量飞机姿态角的基准。当飞机俯仰时，带动表壳和外环跟随机体一起转动，而内环绕内环轴保持稳定。外环随机体绕内环轴转过的角度就是飞机的俯仰角 θ。当飞机倾斜时，带动仪表壳体跟随飞机一起绕外环轴转动，表壳绕外环轴相对外环轴转过的角度就是飞机的倾斜角 γ。

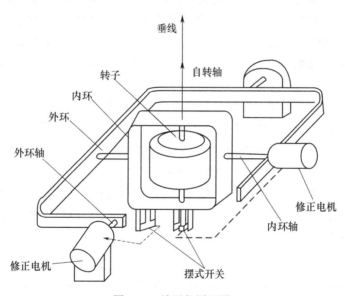

图 3-18 地平仪原理图

航向陀螺仪用于测量飞机的航向角。航向角是飞机纵轴在水平面的投影与指北线的夹角。指北线是指沿子午线并指北的线。子午线包括地理子午线和磁子午线，相应的有真航向角和磁航向角，两个航向角之间的差角称为磁偏角。根据当地经纬度可计算出磁偏角，对其加以补偿，即可得到真航向角。航向陀螺仪由二自由度陀螺、水平修正装置、方位修正装置和信号传感器等部分组成。二自由度陀螺仪的外环轴垂直安装，自转轴调整到指北线方向。当飞机改变航向时，自转轴仍然稳定在指北线方向，即外环绕外环轴仍然保持稳定。根据仪表壳体与外环之间的相对位置，便可测量出飞机的航向角。

此外，磁力计、陀螺罗盘等装置也可用于测量航向。

4. 导航定位装置

无人机的导航定位装置是用来确定无人机的实时位置、速度等参数的。早期的无人机主要采用无线电极坐标设备测量斜距、方位角和高低角来定位，由无线电遥测设备测量无人机绕三个轴的姿态来定姿。考虑到无人机长期在可控空域外高空飞行，且可能处于高对抗的复杂电磁环境中，目前广泛采用的是卫星导航、惯性导航、组合导航等。用于无人机机载的导航定位装置主要包括机载 GPS 信号接收机和惯性导航系统。

机载 GPS 信号接收机是用于接收 GPS 信号的机载设备。GPS 全球定位系统是由美国发展起来的军、民合用卫星导航系统，具有全球覆盖、全天候、高精度、准实时、容量大等优点。它主要包括三大部分：空间部分——GPS 卫星星座；地面控制部分——地面监控系统；用户设备部分——GPS 信号接收机。无人机的机载 GPS 信号接收机主要由天线单元、主机单元和电源三部分组成。

GPS 接收机的天线单元由接收机天线和前置放大器两部分组成。天线的作用是将 GPS 卫星信号的极微弱的电磁波能转化为相应的电流，而前置放大器则是将 GPS 信号电流予以放大。主机由变频器、信号通道、微处理器、存储器及显示器组成。变频器是为了使接收机通道得到稳定的高增益并使 L 频段的射频信号变成低频信号。信号通道是接收机的核心部分，可以搜索卫星、索引并跟踪卫星；对广播电文数据信号解扩，解调出广播电文；进行微距测量、载波相位测量即多普勒频移测量。存储器主要用来存储卫星星历、接收机采集到的码相位伪距观测值、载波相位观测值及多普勒频移。微处理器是 GPS 接收机工作的灵魂，GPS 接收机工作都是在微处理器指令统一协调下进行的。电源主要功能是保证设备的正常供电及稳压功能。

GPS 接收机的主要任务是：能够捕捉到按一定卫星高度截止角所选择的待测卫星，并能够跟踪这些卫星的运行；对所接收到的 GPS 信号，具有变换、放大和处理的功能，以便测量出 GPS 信号从卫星到接收天线的传播时间，解译出 GPS 卫星所发送的导航电文，实时地计算出无人机所处的三维位置，甚至三维速度和时间。

惯性导航是利用惯性测量元件测量载体相对于惯性空间的运动参数，并经过推算进行导航定位的。一个完整的惯导系统应包括加速度计、稳定平台、制导任务计算机和控制显示器。其基本原理如图 3-19 所示。

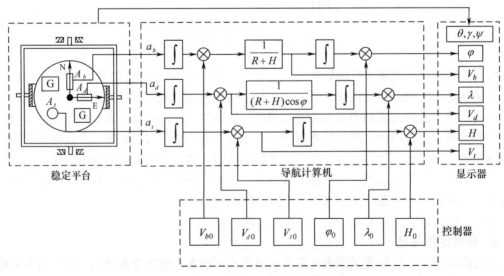

图 3-19 惯性导航系统的基本原理

其基本的测量原理是,加速度计测量出载体的加速度,并结合给定的运动初始条件,由导航计算机计算出载体的速度、距离和位置(经、纬度)。由陀螺仪测量载体的角运动,并经转换、处理,输出载体的姿态和航向。速度的解算原理是:$V_d = V_{d0} + \int_0^t a_d \mathrm{d}t$、$V_b = V_{b0} + \int_0^t a_b \mathrm{d}t$、$V_t = V_{t0} + \int_0^t a_t \mathrm{d}t$,其中 V_{d0}、V_{b0}、V_{t0} 分别表示飞机沿东、北、天方向的初始速度。飞机相对起始点的东向距离 L_d、北向距离 L_b 和天向距离 L_t(高度 H)的计算方法是 $L_d = L_{d0} + \int_0^t V_d \mathrm{d}t$、$L_b = L_{b0} + \int_0^t V_b \mathrm{d}t$ 和 $L_t = H = H_0 + \int_0^t V_t \mathrm{d}t$。其中,$L_{d0}$、$L_{b0}$、$H_0$ 分别表示飞机沿东、北、天方向的初始距离。忽略地球半径的差异,将其看成一个不旋转的圆球体,则可求出飞机所在点的经度和纬度,$\lambda = \lambda_0 + \frac{1}{(R+H)\cos\varphi} \int_0^t V_d \mathrm{d}t$、$\varphi = \varphi_0 + \frac{1}{(R+H)} \int_0^t V_b \mathrm{d}t$,式中,$\lambda_0$、$\varphi_0$ 分别表示起始飞行点的经度、纬度,R 表示地球半径。

3.4.3 执行机构

舵机是舵回路的执行机构,其作用是输出力矩和角速度,驱动舵面偏转。在自动飞行控制系统中常见的舵机有三种:电动舵机、液压舵机和电动液压复合舵机。电动舵机以电力为能源,通常由直流电动机或交流电动机、测速装置、传感器、齿轮传动装置和安全保护装置等组成。传感器用作舵回路的反馈元件。液压舵机以高压液体作为能源,按其作用可分为直接推动舵面的液压舵机、要通过液压主舵机(液压助力器)才能带动舵面的电液副舵机。电动液压复合舵机电液副舵机和液压主舵机的组合体,兼有这两种舵机的功能。一般具有人工驾驶、自动控制、复合工作和应急操纵等四种工作状态。

舵机是无人机飞行控制系统中极为重要的部件之一。无人机飞行控制系统的性能在很大程度上取决于舵机的性能。以电动舵机为例,当飞行控制系统工作时,舵机通过测速传动部分的减速器带动测速发电机旋转,输出与舵面偏转角速度成正比的电信号,作为舵回路的负反馈信号,以实现对舵回路控制。

引入舵回路的目的是为了改善舵机的性能,例如,对于电动舵机来说,其舵机的稳态转角与输入电压成正比,但与铰链力矩成反比。由于铰链力矩 $M_j^{\delta_k}$ 是随飞机飞行状态变化的量,所以,它的存在会对舵机性能造成较大的影响。为此,通过引入内反馈形成随动系统来削弱铰链力矩对舵机工作的影响,改善舵机性能,这样的反馈回路称为舵回路。舵回路是自动飞行控制系统中不可缺少的组成部分,用于保证飞行控制系统的控制精度、拥有足够的带宽、实现控制器与舵机运动物理量之间的匹配。舵回路由舵机、放大器及反馈元件构成,如图 3-20 所示。

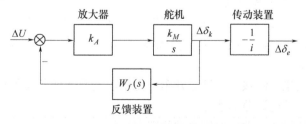

图 3-20 引入反馈后的电动舵机方框图

图 3-20 中舵机的传递函数为 $W_M(s)=k_M/s$，舵机放大器的增益为 k_A，传动装置的传动比为 $-1/i$，反馈装置的传递函数为 $W_f(s)$。令反馈环节的传递函数为 $W_f(s)=ks$，则舵回路的传递函数为：

$$\Phi_\delta(s)=\frac{\Delta\delta_e(s)}{\Delta U(s)}=\frac{\dfrac{k_Ak_M}{s}}{1+\dfrac{k_Ak_M}{s}\cdot ks}\cdot\frac{-1}{i}=\frac{-k_Ak_M/i}{1+k_Ak_Mk}\cdot\frac{1}{s} \tag{3.18}$$

令 $k_\delta=(k_Ak_M/i)/(1+k_Ak_Mk)$ 为角速度反馈式舵回路的静态增益，则 $\Phi_\delta(s)=\dfrac{-k_\delta}{s}$。所以角速度反馈式舵回路的稳态舵偏角的角速度输出正比于输入电压，即 $\Delta\dot{\delta}_e=-k_\delta\Delta U$。

3.4.4 典型无人机自动驾驶仪简介

自动驾驶仪是无人机飞行控制系统的一种简单实现形式，目前市场上已有多种类型的、成熟的商用自动驾驶仪，其大小、功能、重量也不尽相同。图 3-21 所示为一款国内完全自主研发、功能完善、性能稳定的微型自动驾驶仪。

图 3-21　微型自动驾驶仪实物图

自动驾驶仪的结构原理如图 3-22 所示，主要包括俯仰、倾斜、航向和油门四个控制通道。按照飞行控制的需要，无人机自动驾驶仪的基本设计要求通常包括：

(1) 飞行控制计算机应该具有较快的处理速度和丰富的内部资源。

(2) 能够对倾斜传感器输出的两个倾角信号、气压高度计输出的高度信号、空速传感器输出的速度信号进行高精度采集及处理。

(3) 对舵机和发动机油门等执行机构，能够进行脉宽调制(PWM)。

(4) 具有多个通信接口，以便能与 GPS 导航系统、数据存储系统、无线传输系统、地面检测系统等进行通信。

(5) 应该具有开关量控制接口，满足开伞、抛伞以及其他任务设备开关等要求。

(6) 具有定时器以及电源监测能力。

(7) 能够通过数传设备与地面控制台进行双向通信。

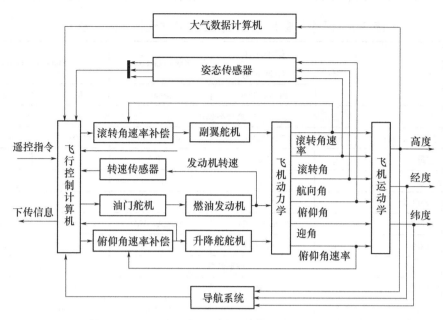

图 3-22　无人机自动驾驶仪的一般设计原理

(8) 能够进行遥控飞行与自主飞行模式的自动切换。
(9) 能够进行数据存储,记录无人飞行器的飞行状态。

器件方面,自动驾驶仪的配置主要由飞控计算机、数据采集模块、GPS 模块、数据链路模块、数据存储模块、舵机驱动模块、电源模块、飞行模式切换模块组成。图 3-23 是某商用自动驾驶仪的系统组成结构图,它有两个 ARM7 内核的 CPU,采用分离的任务导航和飞行控制计算,内部集成 GPS 接收机、三轴 MEMS 陀螺和三轴 MEMS 加速度计、气压高度计和气压空速计、数字磁罗盘。采用捷联航姿解算方法和 GPS 导航。

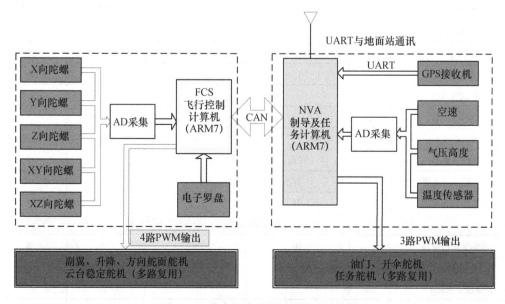

图 3-23　某商用自动驾驶仪组成结构图

表 3-1 和表 3-2 给出了 8 款国内外较为知名的商用无人机自动驾驶仪的性能对比表。

表 3-1 国外主要商用无人机自动驾驶仪性能对比表 1

项目	单位	Cloud Cap Technology Piccolo Plus	Kanardia d.o.o. senap	Mavionics GmbH MINC	Mavionics GmbH Autopilot
物理参数					
外型尺寸(宽×长×高)	mm	38×122×61	80×100×30	40×80×26	42×75×35
重量	g	212	70	45	85
刚性包装		有	否	否	否
外接电源(直流)	V	8～20	7～16	5.5～8.5	5.5～7.5
电源功率		300mA，12V	100mA，9V	1W	1.5W
环境限制	℃	−40 / +80	−20 / +70	−25 / +80	0 / +70
内部参数					
气压高度表		集成	集成	集成	集成
最大可用高度	m		不受限	13000	13000
空速管-指示空速		集成	集成	集成	集成
空速管-静压		有	无	无	无
最大飞行速度	km/h		382	160	160
三轴加速度计		集成	集成	无	无
二轴加速度计				集成	集成
最大持续加速度	Gs	10	5	7.5	2
陀螺仪(滚转、倾斜、偏航)		集成	集成	集成	集成
最大角速度	°/s	300	300	300	300
GPS 接收机		集成	集成	集成	集成
GPS 信号刷新率	Hz		1		
地速指示(GPS)		有	有	有	有
GPS 天线		有	有	有	有
有源 GPS 天线			无		
核心解算速率	Hz			100	
无线电高度表		无	无	无	无
3 轴数字罗盘		可选	有	无	无
电源监控/低电告警		有		无	无
电源告警/隔离电源		有		无	无
输入/输出					
自带伺服输出接口		10	8	12	5
可外置伺服输出接口		无	8	无	无
伺服输出刷新率	Hz			100	
伺服输出独立电源		是	否	否	否

(续)

项目	单位	Cloud Cap Technology Piccolo Plus	Kanardia d.o.o. senap	Mavionics GmbH MINC	Mavionics GmbH Autopilot
伺服输出 D/A 位数				12	
数字信号输出				无	无
D/A、A/D 用户模块		有	有	无	无
PPM 和 P 厘米接收机耦合		受限			
副翼(1 个伺服)		有	有	有	有
方向舵(1 个伺服)		有	有	有	有
升降舵(1 个伺服)		有	有	有	有
升降舵(2 个伺服)		有	有	无	无
V 形尾翼、X 形尾翼支持		有	有	有	无
升降舵补助翼		有	有	有	有
襟翼控制(1 个伺服)		有	有	有	有
襟翼控制(2 个伺服)		有	有	无	无
襟副翼模式		有	有	无	无
副翼和襟翼(4 个伺服)		有	有	无	无
无刷电机控制			有		
特殊操作和特性					
起飞(跑道)		有	有		
起飞(斜坡)		有	有		
起飞(发射)		有	有		
起飞(手抛)		无	有		
飞行模式分类		有	有	有	有
着陆(跑道)		有	有	有	有
着陆(远离停止)		有	有		
降落伞展开		有	有		
遥控着陆		有	有	有	有
飞行中实时修改航路		有	有	有	有
最多导航航路点数		100		1024	1024
预先编程搜索/保持飞行模式		有	有		
一站(地面站)控多机		是	是	否	否
错误检测控制		有	有	无	无
"绝对计算"导航		有	有	无	无
遥控/自动飞行切换		有	有	有	有
数据链路					
集成数据调制解调器		有	有	有	有
第三方数据调制解调器支持		否		否	否
双工通信		否	是	否	否
遥测		有	有	有	有
遥测速率	Hz		可选		
机上数据存储			有	无	无

表 3-2 国外主要商用无人机自动驾驶仪性能对比表 2

项目	单位	MircoPilot M2028	Procerus Technologies Kastrel v2.22	UAV FlightSystems AP50	WeControl AG wePilot2000
物理参数					
外型尺寸(宽×长×高)	mm	40×100×15	35×53×12	47×144×28	100×185×45
重量	g	28	17	50	260
刚性包装		否	否	否	否
外接电源(直流)	V	4.2～26	0.3～8	5.4～8	12
电源功率		140mA，6.5V	500mA，5V	100mA，6V	300mA，12V
环境限制	°C		-40 / +85		-40/ +85
内部参数					
气压高度表		集成	集成	集成	集成
最大可用高度	m	12000	6888		
空速管-指示空速		集成	集成	集成	集成
空速管-静压		无	有	有	无
最大飞行速度	km/h	500	468		
三轴加速度计		集成	集成	无	集成
二轴加速度计				集成	
最大持续加速度	Gs	2	10		10
陀螺仪(滚转、倾斜、偏航)		集成	集成	集成	集成
最大角速度	°/s	150	300		100
GPS 接收机		集成	集成	集成	集成
GPS 信号刷新率	Hz	1			
地速指示(GPS)		有	有	有	有
GPS 天线		有	有		有
有源 GPS 天线		可选		有	可选
核心解算速率	Hz	30	5～10	30	
无线电高度表		可选	无	无	无
3 轴数字罗盘		可选	有	无	有
电源监控/低电告警		有	有	无	有
电源告警/隔离电源		有	无	无	有
输入/输出					
自带伺服输出接口		3	4	8	6
可外置伺服输出接口		8/16/32	4	无	无
伺服输出刷新率	Hz	50			
伺服输出独立电源		是	是	否	否
伺服输出 D/A 位数		11			

(续)

项目	单位	MircoPilot M2028	Procerus Technologies Kastrel v2.22	UAV FlightSystems AP50	WeControl AG wePilot2000
数字信号输出		无	12	3	4
D/A、A/D 用户模块		有	有	有	有
PPM 和 P 厘米接收机耦合		有	有	有	有
副翼(1 个伺服)		有	有	有	有
方向舵(1 个伺服)		有	有	有	有
升降舵(1 个伺服)		有	有	有	有
升降舵(2 个伺服)		有	有	无	有
V 形尾翼、X 形尾翼支持		有	有	有	有
升降舵补助翼		有	有	有	有
襟翼控制(1 个伺服)		有	有	有	有
襟翼控制(2 个伺服)		有	无	无	有
襟副翼模式		有	有	有	有
副翼和襟翼(4 个伺服)		有	无	无	有
无刷电机控制		有		无	有
特殊操作和特性					
起飞(跑道)		有	有	有	
起飞(斜坡)		有	有	有	有
起飞(发射)		有	有	有	有
起飞(手抛)		有	有	有	有
飞行模式分类		有	有	有	有
着陆(跑道)		有	有	有	
着陆(远离停止)		有	有	有	有
降落伞展开		有	有	有	有
遥控着陆		有	有	有	有
飞行中实时修改航路		有	有	有	有
最多导航航路点数		1000		255	
预先编程搜索/保持飞行模式		有	有	有	有
一站(地面站)控多机		是	是	是	是
错误检测控制		有	有	无	无
"绝对计算" 导航		有	有	无	无
遥控/自动飞行切换		有	有	有	有
数据链路					
集成数据调制解调器		无	无	有	无
第三方数据调制解调器支持		是	是	否	是
双工通信		是	是	否	是
遥测		有	有	有	有
遥测速率	Hz	5	100		
机上数据存储		有	有	有	有

3.5 无人机的编队控制技术

当前,我们看到的无人机基本上都是以单机形式飞行和完成任务。这种方式对于低风险的任务来说是合适的。但当面临高风险的任务时,这种方式的局限性也是明显的,主要的问题就是单机的任务成功率较低,一旦坠毁或不得已返航,就会导致整个任务的失败。我们知道,对于有人战斗机来说,在战术行动中通常要采用编队飞行的形式,其目的就是要保证高风险战术任务的顺利完成。对于无人机来说,同样也可以采用编队的形式来飞行和完成任务。所谓无人机编队飞行,就是多架无人机按照一定的规则排列成某种队形飞行,且在整个飞行过程中保持队形稳定,不能相互碰撞。与单架无人机相比,编队飞行具有以下优点:

(1) 提高作战效能。多架无人机采用一定的编队进行飞行,可以扩大侦察和搜索的范围,有效提高作战效能。

(2) 提高任务成功率。多架无人机以编队的形式共同完成任务,从数量上保证了任务成员的冗余,其整体的任务成功率和抗突发事件能力都将比单机高。例如,在任务过程中,若一架无人机出现故障需要返航维修,则其余无人机仍可继续执行任务,不会因为某个成员的损失而影响任务的完成。

(3) 增加飞行距离。研究表明,无人机紧密编队飞行时,即两机之间的侧向距离不大于一个翼展的编队飞行,长机所产生的翼尖涡流会有效增加处于跟随位置无人机的升阻比气动性能,达到减少其飞行阻力,节省燃油的效果。如果有规律地更换不同位置上的无人机,则可使整个无人机编队的飞行距离得到延长。

无人机编队飞行的上述优点,使得编队飞行已成为无人机运用技术发展的一个重要方向。而支持无人机编队飞行的核心就是编队控制技术,也是近年来无人机领域的学者和应用人员广泛关注和研究的问题。

3.5.1 无人机编队的相对运动模型

无人机编队飞行最重要的控制任务就是在飞行过程中保持相邻无人机之间固定的相对距离。下面以两架无人机构成的"长机-僚机"编队为例,说明无人机编队控制的实现原理。采用"长机-僚机"的控制方式,主要是设计僚机的编队控制器,使僚机按照编队要求跟随长机飞行。为此,需要建立长机-僚机编队飞行的数学模型。为分析过程清晰起见,下文中的变量或符号,以下标 L 表示长机或长机坐标轴系,下标 W 表示僚机或僚机轴系,下标 I 表示惯性轴系。

为简化分析,此处仅考虑无人机的三自由度质点运动模型。定义 γ_W,ϕ_W,ψ_W 为僚机坐标系相对于惯性坐标系的欧拉变换角,分别为航迹倾斜角、滚转角和偏航角,L_W,D_W,Y_W 为僚机所受到的力,分别是升力、阻力和侧力,T_W 为僚机发动机可用推力,m_W 为僚机质量,V_W 为僚机速度。对僚机选取状态量 $X=[V_W \quad \psi_W \quad \gamma_W]$,控制输入量 $U=[L_W \quad T_W \quad \phi_W]$,根据牛顿第二定律建立惯性坐标系下僚机的动力学模型为:

$$\begin{cases} \dot{V}_W = \dfrac{T_W - D_W}{m_W} + g\sin\gamma_W \\ \dot{\gamma}_W = -\dfrac{L_W\cos\phi_W}{m_W V_W} + \dfrac{g\cos\gamma_W}{V_W} - \dfrac{Y_W\sin\phi_W}{m_W V_W} \\ \dot{\psi}_W = -\dfrac{L_W\sin\phi_W}{m_W V_W\cos\gamma_W} + \dfrac{Y_W\cos\phi_W}{m_W V_W\cos\gamma_W} \end{cases} \quad (3.19)$$

设僚机坐标系相对惯性坐标系的转动角速度 $\boldsymbol{\omega}_W$ 可分解为 $\boldsymbol{\omega}_W = [p_W \ \ q_W \ \ r_W]^\mathrm{T}$，根据飞机角速度与姿态角的几何关系，如图 3-24 所示：

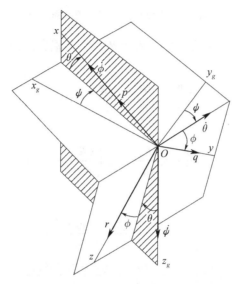

图 3-24 角速度与姿态角的关系示意图

可以得到其与姿态角之间的关系如下：

$$\begin{bmatrix} p_W \\ q_W \\ r_W \end{bmatrix} = \begin{bmatrix} 1 & 0 & -\sin\gamma_W \\ 0 & \cos\phi_W & \sin\phi_W\cos\gamma_W \\ 0 & -\sin\phi_W & \cos\phi_W\cos\gamma_W \end{bmatrix} \begin{bmatrix} \dot{\phi}_W \\ \dot{\gamma}_W \\ \dot{\psi}_W \end{bmatrix} \quad (3.20)$$

将式(3.19)代入式(3.20)可得：

$$\begin{cases} p_W = \dot{\phi}_W + \dfrac{\tan\gamma_W(L_W\sin\phi_W - Y_W\cos\phi_W)}{m_W V_W} \\ q_W = -\dfrac{L_W}{m_W V_W} + \dfrac{g\cos\gamma_W\cos\phi_W}{V_W} \\ r_W = -\dfrac{-g\cos\gamma_W\sin\phi_W}{V_W} + \dfrac{Y_W}{m_W V_W} \end{cases} \quad (3.21)$$

为建立长机和僚机的相对运动关系的描述，考虑长机和僚机的相对位置关系如图 3-25 所示。

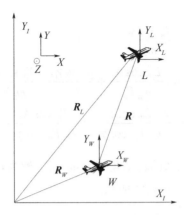

图 3-25 长机僚机的相对位置关系示意图

根据两机位置矢量的几何关系可得：$\boldsymbol{R}_L = \boldsymbol{R} + \boldsymbol{R}_W$，根据理论力学相关知识，两边矢量求导可得：

$$\frac{d\boldsymbol{R}_L}{dt} = \frac{d\boldsymbol{R}_W}{dt} + \frac{d\boldsymbol{R}}{dt} + \boldsymbol{\omega}_W \times \boldsymbol{R} \qquad (3.22)$$

在惯性坐标轴系下，即：

$$\frac{d\boldsymbol{R}_L}{dt} = \frac{d\boldsymbol{R}_W}{dt} + \boldsymbol{C}_W^I \left(\frac{d\boldsymbol{R}}{dt} + \boldsymbol{\omega}_W \times \boldsymbol{R} \right) \qquad (3.23)$$

其中，

$$\boldsymbol{\omega}_W = \begin{bmatrix} p_W \\ q_W \\ r_W \end{bmatrix} = \begin{bmatrix} \dot{\phi}_W + \dfrac{\tan \gamma_W (L_W \sin \phi_W - Y_W \cos \phi_W)}{m_W V_W} \\ -\dfrac{L_W}{m_W V_W} + \dfrac{g \cos \gamma_W \cos \phi_W}{V_W} \\ -\dfrac{g \cos \gamma_W \sin \phi_W}{V_W} + \dfrac{Y_W}{m_W V_W} \end{bmatrix} \qquad (3.24)$$

$\boldsymbol{C}_W^I$ 为坐标转换矩阵，$\boldsymbol{C} = \boldsymbol{C}_\psi \cdot \boldsymbol{C}_\gamma \cdot \boldsymbol{C}_\theta$，将 $\boldsymbol{C}$ 表达式中欧拉角下标改为僚机的下标即可得到 $\boldsymbol{C}_W^I$，其中

$$\boldsymbol{C}_\psi = \begin{bmatrix} \cos\psi & -\sin\psi & 0 \\ \sin\psi & \cos\psi & 0 \\ 0 & 0 & 1 \end{bmatrix},\ \boldsymbol{C}_\gamma = \begin{bmatrix} \cos\gamma & 0 & -\sin\gamma \\ 0 & 1 & 0 \\ \sin\gamma & 0 & \cos\gamma \end{bmatrix},\ \boldsymbol{C}_\phi = \begin{bmatrix} 1 & 0 & 0 \\ 0 & \cos\phi & -\sin\phi \\ 0 & \sin\phi & \cos\phi \end{bmatrix}$$

进而可将式(3.23)写成如下形式：

$$V_L \begin{bmatrix} \cos\gamma_L \cos\psi_L \\ \cos\gamma_L \sin\psi_L \\ -\sin\gamma_L \end{bmatrix} = V_W \begin{bmatrix} \cos\gamma_W \cos\psi_W \\ \cos\gamma_W \sin\psi_W \\ -\sin\gamma_W \end{bmatrix} + \boldsymbol{C}_W^I \left(\frac{d\boldsymbol{R}}{dt} + \boldsymbol{\omega}_W \times \boldsymbol{R} \right) \qquad (3.25)$$

即：

$$\frac{d\boldsymbol{R}}{dt} = -(\boldsymbol{\omega}_W \times \boldsymbol{R}) + \boldsymbol{C}_W^{IT} \left(V_L \begin{bmatrix} \cos\gamma_L \cos\psi_L \\ \cos\gamma_L \sin\psi_L \\ -\sin\gamma_L \end{bmatrix} - V_W \begin{bmatrix} \cos\gamma_W \cos\psi_W \\ \cos\gamma_W \sin\psi_W \\ -\sin\gamma_W \end{bmatrix} \right) \qquad (3.26)$$

化简后可得长机和僚机的相对位置关系的表达式为：

$$\begin{bmatrix} \dot{x} \\ \dot{y} \\ \dot{z} \end{bmatrix} = \begin{bmatrix} r_w y - q_w z \\ p_w z - r_w x \\ q_w x - p_w y \end{bmatrix} + V_L \boldsymbol{C}_W^{IT} \begin{bmatrix} \cos\gamma_L \cos\psi_L \\ \cos\gamma_L \sin\psi_L \\ -\sin\gamma_L \end{bmatrix} - V_W \begin{bmatrix} 1 \\ 0 \\ 0 \end{bmatrix} \tag{3.27}$$

其中 $\boldsymbol{C}_W^{IT} [\cos\gamma_L \cos\psi_L \quad \cos\gamma_L \sin\psi_L \quad -\sin\gamma_L]^{\mathrm{T}}$ 为把长机的速度量转换到僚机坐标轴系下的转换矩阵。

考虑双机紧密编队巡航飞行条件下，僚机所受的阻力 D_W 为：

$$D_W = C_{DoW} q_W S_W + \frac{K_W L_W^2}{q_W S_W} \tag{3.28}$$

结合僚机动力学方程的第一式 $\dot{V}_W = \dfrac{T_W - D_W}{m_W} + g\sin\gamma_W$，可得：

$$\dot{V}_W = \frac{1}{m_W}\left(T_W - C_{DoW} q_W S_W - \frac{K_W L_W^2}{q_W S_W}\right) + g\sin\gamma_W \tag{3.29}$$

定义 $\psi_e = \psi_L - \psi_W$。综合式 (3.19)、(3.21)、(3.27) 和 (3.29)，选取状态变量 $\boldsymbol{X} = [V_W, \gamma_W, \phi_W, \psi_e, x_W, y_W, z_W]$，僚机的控制输入变量 $\boldsymbol{U} = [T_W, L_W, p_W]$，建立僚机相对长机的编队运动模型为：

$$\begin{cases} \dot{V}_W = \dfrac{1}{m_W}\left(T_W - C_{DoW} q_W S_W - \dfrac{K_W L_W^2}{q_W S_W}\right) + g\sin\gamma_W \\[6pt] \dot{\gamma}_W = -\dfrac{L_W \cos\phi_W}{m_W V_W} + \dfrac{g\cos\gamma_W}{V_W} - \dfrac{Y_W \sin\phi_W}{m_W V_W} \\[6pt] \dot{\phi}_W = p_W \\[6pt] \dot{\psi}_e = -\dfrac{L_L \sin\phi_L}{m_L V_L \cos\gamma_L} - \dfrac{L_W \sin\phi_W}{m_W V_W \cos\gamma_W} + \dfrac{Y_W \cos\phi_W}{m_W V_W \cos\gamma_W} \\[6pt] \dot{x}_W = \dfrac{-yg\cos\gamma_W \sin\phi_W - zg\cos\gamma_W \cos\phi_W}{V_W} + \dfrac{zL_W + yY_W}{m_W V_W} - V_W + \\ \qquad\quad V_L(\cos\gamma_W \cos\gamma_L \cos\psi_e + \sin\gamma_W \sin\gamma_L) \\[6pt] \dot{y}_W = zp_W + \dfrac{z\tan\gamma_W (L_W \sin\phi_W - Y_W \cos\phi_W) - xY_W}{m_W V_W} + \\ \qquad\quad \dfrac{xg\cos\gamma_W \sin\phi_W}{V_W} + V_L(\sin\gamma_W \cos\gamma_L \sin\phi_W \cos\psi_e + \\ \qquad\quad \cos\gamma_L \cos\phi_W \sin\psi_e - \cos\gamma_W \sin\gamma_L \sin\phi_W) \\[6pt] \dot{z}_W = -yp_W + \dfrac{y\tan\gamma_W (L_W \sin\phi_W - Y_W \cos\phi_W) - xL_W}{m_W V_W} + \\ \qquad\quad \dfrac{xg\cos\gamma_W \cos\phi_W}{V_W} + V_L(\sin\gamma_W \cos\gamma_L \cos\phi_W \cos\psi_e - \\ \qquad\quad \cos\gamma_L \sin\phi_W \sin\psi_e - \cos\gamma_W \sin\gamma_L \cos\phi_W) \end{cases} \tag{3.30}$$

3.5.2 双机巡航编队控制器设计

目前进行编队飞行实体试验的大多数控制器均采用 PID 设计，这是因为 PID 控制算法具有简单、鲁棒性好、工程实现方便以及可靠性高等特点，尤其适用于可建立精确数学模型的确定性控制系统，被广泛应用于过程控制和运动控制中。因此，本节在上节所建立的编队飞行运动模型的基础上，采用经典 PID 方法设计编队控制器。对于双机的编队巡航飞行，编队飞行控制就是在恒定的速度下，保持飞机之间的相对位置不发生变化。采用"长机-僚机"控制方式，主要就是设计僚机的编队控制器，使僚机按照编队要求跟随长机飞行，实现编队的稳定飞行。

对于长机，传统的 PID 飞行控制律为：

$$\begin{cases} \delta_a = K_p p + K_\phi \Delta\phi \\ \delta_r = K_\beta \beta + K_r r + K_\varphi(\varphi - \varphi_c) \\ \delta_e = K_q q + K_\theta \Delta\theta + K_V \dot{V} \\ \delta_T = \delta_{T0} + K_V \int (V_c - V) \end{cases} \quad (3.31)$$

式中，δ_a，δ_r，δ_e，δ_T 分别表示副翼、方向舵、升降舵和推力的控制量；K 表示相应的控制参数；ϕ，β，θ，p，q，r 分别表示滚转、侧滑、俯仰角，以及滚转、俯仰、偏航角速率。

设计僚机控制器时，假设所需的长机信息完全能够得到。采用常规的 PID 控制设计控制律如下：

$$\begin{cases} T_W = K_{T_P} e_x + K_{T_D} \dot{e}_x + K_{T_I} \int e_x \mathrm{d}t \\ p_W = K_{T_P} e_y + K_{\psi_e P} \dot{e}_{\psi_e} + K_{P_D} \dot{e}_y + K_{P_{DD}} \ddot{e}_y + K_{P_I} \int e_y \mathrm{d}t \\ L_W = K_{L_P} e_z + K_{L_D} \dot{e}_z + K_{L_I} \int e_z \mathrm{d}t \end{cases} \quad (3.32)$$

式中 PID 控制的各个比例系数的确定很重要。定义 x_c, y_c, z_c 为期望的双机在三个方向的距离，x, y, z 为实际的距离，误差信号定义为 $e_c = x_c - x$，其他相同。在编队控制器中，比例环节成比例地反映控制系统的偏差信号，偏差一旦产生，控制器立即产生控制作用，以减少偏差。积分环节主要用于提高编队控制的精度，提高编队控制的无差度。微分环节反映偏差信号的变化速率，并在编队误差信号变得太大之前，在编队控制中引入一个有效的早期修正信号，从而加快编队控制的动作速度，减少调节时间。另外，因为编队控制数学模型中长僚机相对位置的数学表达式存在耦合，所以误差信号也存在耦合，虽然从控制器设计的形式中不能看出，但实际上设计时，已经充分考虑了这点。

对于编队飞行控制效果的分析，可设计如图 3-26 所示的基于 Simulink 的编队控制仿真系统，通过飞行仿真来检验编队的效果。图 3-27 是一个双机编队飞行的三维仿真轨迹图。

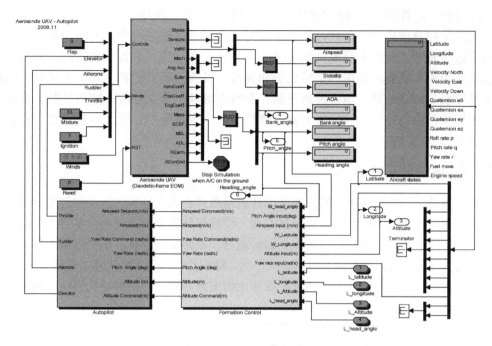

图 3-26　无人机编队飞行控制 Simulink 仿真系统

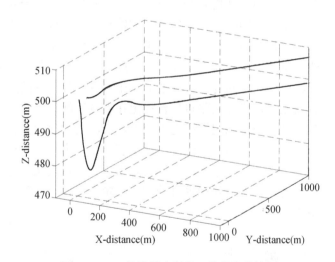

图 3-27　双机编队飞行的三维仿真轨迹图

3.6　无人机的自主导航技术

导航是无人机飞行的一个基本且最为重要的问题，就是要确定无人机相对指定坐标系的位置和速度等信息。无人机的飞行，就是要正确地引导控制无人机沿着预定的航线，以要求的精度飞行至目的地。要使无人机成功完成预定的航行任务，除了需要知道起始点和目标的位置之外，还需知道无人机的实时位置、航行速度、航向等参数，这些参数通常称为导航参数。其中最主要的就是实时位置，只有确定了实时位置才能考虑怎样到达下一个目的地。

早期的飞行器导航采用无线电极坐标设备测量斜距、方位角和高低角来定位，由无线电遥测设备测量飞行器绕三个轴的姿态来定姿，这种方式属于典型的非自主导航。由于无人机需要长期在可控空域外飞行，且可能处于高对抗的复杂电磁环境中，所以，非自主式导航很难适应这些要求，发展不受制气象条件、可昼夜自主工作、具备低截获概率的自主式导航系统已成为无人机发展运用的必然趋势和要求。目前被研究的自主导航方法有：惯性导航、卫星导航、组合导航、地形辅助导航、多普勒导航、天文导航、地磁导航、偏振光导航等。比较成熟的自主导航技术主要是：惯性导航、卫星导航、天文导航、组合导航、多普勒导航等。

3.6.1 惯性导航技术

惯性导航是依靠安装在无人机的加速度计测量载体在三个轴向的运动加速度，经积分运算得出载体的瞬时速度和位置的一种导航方式。惯性导航完全依靠机载设备自主完成导航任务，工作时不依赖外界信息，也不向外界辐射能量，不易受到干扰，不受气象条件限制，是一种自主式的导航系统，具有完全自主、抗干扰、隐蔽性好、全天候工作、输出导航信息多、数据更新率高等优点。按惯性测量装置在载体上的安装方式分，惯性导航系统有两大类：平台式惯性导航系统和捷联式惯性导航系统。

平台式惯性导航系统是将惯性测量装置安装在惯性平台的台体上，这样使得惯性平台能隔离载体的角振动，惯性测量元件工作条件较好，平台能直接建立导航坐标系，具有精度高、计算量小、容易补偿等优点，但是结构复杂、尺寸大、价格昂贵。平台式惯性导航系统的核心部件是装载加速度计和陀螺仪的陀螺稳定平台。它给加速度计提供作为量测基准的惯性坐标系，隔离惯性敏感元件与机体的角运动，从框架轴拾取机体姿态角信息。陀螺稳定平台是一种陀螺稳定器，一般由陀螺仪、加速度计和平台伺服机构组成。其作用是隔离机载设备的角运动，解决加速度计的空间稳定问题，为其建立一个不受外界干扰的量测基准，获得角位置信息。陀螺稳定平台通过平台稳定回路将平台稳定在惯性空间。将敏感方向互相垂直的三个加速度计放在惯性空间稳定的三轴陀螺稳定平台上，可测得加速度矢量在惯性坐标系三个正交轴上的投影。加速度计不仅对惯性加速度矢量敏感，对重力加速度也敏感。由加速度计测得的加速度必须去掉重力加速度的影响。陀螺稳定平台有二轴陀螺稳定平台和三轴陀螺稳定平台，后者保证被稳定物体在三个互相垂直的轴上稳定，又称空间陀螺稳定平台。平台式惯性制导系统原理如图 3-28 所示。

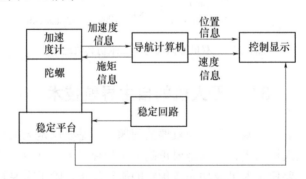

图 3-28　陀螺稳定平台式惯性导航系统原理如图

捷联惯性导航系统是一种没有实体平台的惯性导航系统，通常由陀螺仪、加速度计和导航计算机等组成。它把加速度计和陀螺仪直接安装在无人机机体上。加速度计测量加速度在机体三个轴上的分量。陀螺仪的敏感轴与机体固连，位置陀螺仪利用陀螺的定轴性，测量机体的姿态角。速率陀螺仪利用陀螺的进动性测量机体的瞬时角速度。导航计算机则把加速度计、陀螺仪输出在机体坐标系的视在加速度、机体姿态角或瞬时角速度通过坐标变换转换到惯性坐标系，并进行重力加速度的补偿，算出机体相对惯性坐标系的运动参数。在捷联惯性制导系统中，导航计算机实际上替代了复杂的陀螺稳定平台的功能。捷联式惯性导航系统原理如图 3-29 所示。捷联式惯导系统的陀螺仪和加速度计直接装在载体上，工作条件不佳，会降低元件的精度，且加速度计输出的是沿载体坐标系的分量，需要转换成导航坐标系的分量，计算量较大。然而，由于省去了机械结构的平台，所以结构简单、体积小、重量轻，成本大大降低，可靠性高，维护方便。随着高性能机载计算机的发展，捷联式惯导系统的性能已经非常稳定，已在无人机上广泛使用。

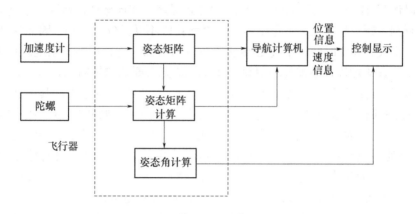

图 3-29 捷联式惯性导航系统原理图

惯导系统是一种航位推算系统。只要给出了载体的初始位置及速度，系统就可以实时地推算出载体的位置、速度以及姿态信息，自主地进行导航。纯惯导系统会随着飞行航时的增长，因积分积累而产生较大的误差，导致定位精度随时间增长而呈发散趋势，故而纯惯导系统不能长时间独立工作。影响惯导系统的误差源很多，其中主要有惯性仪表本身的误差，惯性仪表的安装误差和标度误差，系统的初始条件误差(包括导航参数和姿态航向的初始误差)，系统的计算误差以及各种干扰引起的误差等。这些误差都是比较本质的误差。平台式惯导与捷联式惯导虽有较大的差别，但因其基本工作原理没有本质的不同，故其误差特性基本上是相同的，不同的只是误差的大小。

惯导系统具有独特的优点，能不依赖外界任何信息实现完全自主的导航。其最大的问题在于导航精度，惯性导航系统的定位误差是随时间积累的累积误差，影响导航精度的主要原因是惯性传感器本身的精度，而单纯提高惯性传感器的精度毕竟是有限的。所以通常以惯性导航系统作为主导航系统，再使用其他导航系统对其误差进行补偿，从而形成组合导航的方式来解决惯导使用的局限性问题。

3.6.2 卫星导航技术

卫星导航顾名思义是依靠卫星进行导航的方式。目前世界上能够使用的卫星导航技术有美国的 GPS 导航、俄罗斯的 GLONASS 导航和中国的北斗导航，欧洲的伽利略导航也是一种正在研发中的卫星导航技术。卫星导航具有全球性、全天候、实时性和高精度的优点，但也有致命弱点，如对于机动性高的场合，会产生"周跳"现象，导航精度急剧下降，完全依赖卫星和地面控制中心的可靠性，易受干扰等。本节主要以 GPS 导航为例，介绍卫星导航的基本原理。

1. GPS 卫星导航的特点

GPS 全球定位系统是美国国防部于 1973 年 11 月授权开始研制的海陆空三军共用的新一代卫星导航系统，历经约 20 余年。GPS 可以提供全球任一点的三维空间位置、速度和时间，具有全球性、全天候、连续的精密三维导航与定位能力。GPS 系统分为三部分，包括空间卫星部分、地面监控部分和用户接收机部分。GPS 的空间卫星星座由 24 颗卫星组成，其中包括 3 颗备用卫星。卫星分布在 6 个轨道面内，每个轨道面上分布有 4 颗卫星。每颗卫星每天约有 5h 在地平线上，同时位于地平线以上的卫星个数，随时间和地点的不同而有差异，最少 4 颗，最多可以达到 11 颗，这种 GPS 卫星配置方式保障了在地球任何地区、任何时间都至少可以同时观测到 4 颗卫星，加之卫星信号的传播和接收不受天气的影响，因而保证了 GPS 定位的全球性、全天候和实时性。不过 GPS 卫星的这种分布，也使得在个别地区可能在某一短时间内只能观测到 4 颗位置不理想的卫星，而无法达到必要的定位精度。

GPS 的地面监控部分主要由分布在全球各地的 5 个监控站组成，其中包括卫星监测站、卫星主控站和信息注入站。监测站都是无人值守的数据收集中心，在主控站的控制下跟踪接收卫星发射的 L 波段双频信号，并通过环境数据传感器收集当地的气象数据，由信息处理机处理收集所得的全部信息，并传送给主控站。监测站设有原子钟，与主控站原子钟同步，作为精密时间基准。主控站控制整个地面站的工作，主控站的精密时钟是 GPS 的时间基准，各个监测站和各卫星的时钟都需要与主控站的精密时间同步。注入站是当卫星通过其视界时，用 S 波段载波将导航信息注入卫星，还负责监测注入卫星的导航信息是否正确。

全球卫星定位系统的空间部分和地面监控部分是用户应用系统进行定位的基础，只有通过终端才能收到 GPS 卫星发出的信息，才能实现应用 GPS 定位的目的。用户终端的主要任务是接收 GPS 卫星发射的无线电信号，以获得必要的定位信息及观测量，并经数据处理来完成定位工作。在 3.4.2 节介绍的机载 GPS 接收机就是一个用户终端。GPS 接收机可接收用于授时而准确至纳秒级的时间信息，用于预测未来几个月内卫星所处概略位置的预报星历，用于计算定位时所需卫星坐标的广播星历，精度为几米至几十米，以及 GPS 系统信息，如卫星状况等。GPS 接收机通过对信号码的量测可得到卫星接收机的距离，这个距离由于含有接收机卫星钟的误差及大气传播误差，故称为伪距。对 CA 码(民码)测得的伪距称为伪距 CA 码，精度约为 20m 左右；对 P 码(军码)测得的伪距称为 P 码伪距，精度约为 2m 左右。在定位观测时，若接收机相对于地球表面运动，则称为动态定位。如用于车船等概略导航定位的精度在 5~30m 的伪距单点定位，或用于城市车辆导航定位的米级精度的伪距差分定位等。在定位观测时，若接收机相对于地球表面静止，则称为静态定位，在进行控制网观测时，一般均采用这种方式，它需要由几台接收机同时观测，能最大限度地发挥 GPS 的定位精度。专用于这种目的的接收机被称为测量型接收机，是接收机中性能最好的一类。

按定位方式，GPS 定位分为单点定位和相对定位，也称差分定位。单点定位就是根据一台接收机的观测数据来确定接收机天线位置的方式，它只能采用伪距观测量，可用于车船等的概略导航定位。相对定位是根据两台以上接收机的观测数据来确定观测点之间的相对位置的方法，它既可采用伪距观测量也可采用相位观测量。GPS 观测量中包含了卫星和接收机的钟差、大气传播延迟、多路效应等误差，在定位计算时还要受到卫星广播星历误差的影响，在进行相对定位时大部分公共误差被抵消或减弱，因此相对定位精度大大提高。双频接收机可以根据两个频率的观测量抵消大气中电离层误差的主要部分，在精度要求高、接收机间的距离较远时，应选用双频接收机。

2. 差分 GPS 导航

差分技术很早就被人们所应用。它实际上是一个观测站对两个目标的观测量、两个观测站对一个目标的观测量或一个观测站对一个目标的两次观测量之间的差。其目的在于消除公共误差和公共参数。GPS 是一种高精度卫星定位系统，能给出高精度的定位结果。在 GPS 定位过程中，存在着三部分误差。一部分是每一个用户接收机所公有的，例如，卫星钟误差、星历误差、电离层误差、对流层误差等。第二部分是不能由用户测量或由校正模型来计算的传播延迟误差。第三部分为各用户接收机所固有的误差，例如内部噪声、通道延迟、多径效应等。利用差分技术，第一部分误差完全可以消除，第二部分大部分可以消除，第三部分误差则无法消除。开始，有人提出利用差分技术来进一步提高定位精度，但由于用户要求还不迫切，所以这一技术发展缓慢。随着 GPS 应用领域的进一步开拓，人们越来越重视定位精度的提高。曾又开始发展差分 GPS 定位技术。它使用一台 GPS 基准接收机和一台用户接收机，利用实时或事后处理技术，使用户测量时消去公共的误差源。

根据差分 GPS 基准站发送的信息方式可将差分 GPS 导航方式分为三类，即：位置差分、伪距差分和相位差分。这三类差分方式的工作原理是相同的，即都是由基准站发送改正数，由用户站接收并对测量结果进行改正，以获得精确的定位结果。所不同的是，发送改正数的具体内容不一样，其差分定位精度也不同。

位置差分是一种最简单的差分方法，任何一种 GPS 接收机均可改装和组成这种差分系统。安装在基准站上的 GPS 接收机观测 4 颗卫星后便可进行三维定位，解算出基准站的坐标。由于存在着轨道误差、时钟误差、SA 影响、大气影响、多径效应以及其他误差，解算出的坐标与基准站的已知坐标是不一样的，存在误差。基准站利用数据链将此改正数发送出去，由用户站接收，并且对其解算的用户站坐标进行改正。最后得到的改正后的用户坐标已消去了基准站和用户站的共同误差，例如卫星轨道误差、SA 影响、大气影响等，提高了定位精度。以上先决条件是基准站和用户站观测同一组卫星的情况。

伪距差分是目前用途最广的一种技术。几乎所有的商用差分 GPS 接收机均采用这种技术。在基准站上的接收机要求得到它至可见卫星的距离，并将此距离与含有误差的测量值加以比较。利用一个 α–β 滤波器将此差值滤波并求出其偏差，然后将所有卫星的测距误差传输给用户，用户利用此测距误差来改正测量的伪距。最后用户利用改正后的伪距来解算出本身的位置，就可消去公共误差，提高定位精度。与位置差分相似，伪距差分能将两个基准站公共误差抵消，但随着用户到基准站距离的增加又出现了系统误差，这种误差用任何方法都是不能消除的。用户和基准站之间的距离对精度有决定性的影响。

相位差分技术又称为 RTK 技术(Real Time Kinematic)，是建立在实时处理两个测站的载波相位基础上的。它能实时提供观测点的三维坐标，并达到厘米级的高精度。与伪距差分原理相同，由基准站通过数据链实时将其载波观测量及基准站坐标信息一同传送给用户站，用户站接收 GPS 卫星的载波相位与来自基准站的载波相位，并组成相位差分观测值进行实时处理，能实现厘米级的定位结果。

3.6.3 天文导航技术

天文导航又称为星光导航，是利用对星体的观测和星体在天空的固有运动规律提供的信息来确定飞行器在空间运动参数的一种导航技术。天文导航系统的精度主要依赖于对指定星体的观测精度，受气象条件影响较大，通常与其他自主导航系统组合使用。

天文导航系统由量测装置、导航计算机和飞行控制系统等组成，量测装置包括星光跟踪器、空间六分仪等。六分仪的天文望远镜安装在双轴陀螺稳定平台上，实现对星体的自动跟踪。在飞行过程中，星光跟踪器或六分仪的天文望远镜会自动跟踪和对准预先选定的星体，并根据观测数据计算出无人机的当前位置等参数。六分仪为保证较宽的视野和精确跟踪，可采用双视场天文望远镜系统，一个具有较宽的视场用于搜索，一个具有较窄的视场，用于跟踪。

图 3-30 是天文导航系统与飞行控制系统交联的示意图。当望远镜轴线偏离星体时，六分仪向飞行控制系统输出导航误差参数，通过飞控系统修正无人机的飞行轨迹，消除望远镜轴线与星体的偏差，使飞行器沿预定轨迹飞行。

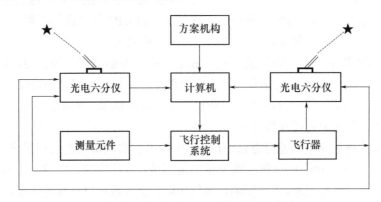

图 3-30 天文导航系统与飞控系统交联原理

3.6.4 组合导航技术

所谓组合导航，是指把两种或两种以上的导航系统以适当的方式组合在一起，利用其性能上的互补特性，以获得比单独使用任一系统时更高的导航性能。目前飞行器上实际应用的导航系统基本上都是组合导航系统，如卫星/惯性导航组合导航系统、多普勒/惯性导航组合导航系统等，其中应用最广泛的是 GPS/惯导组合导航系统。

惯性导航系统和 GPS 导航系统各有其显著的优缺点。惯性导航系统主要缺点是导航误差随时间增长而开始发散，这样在需要长时间导航服务的领域内，惯性导航系统就不能满足需要。而 GPS 系统接收机的工作受飞行器机动的影响，当飞行器机动超过 GPS 的动态范围时，接收机会死锁，或者误差增大，不能使用。而且 GPS 的信号更新频率一般在 1~2Hz，如果无人机需要快速更新导航信息，单独搭载 GPS 系统就不能满足飞行器更新信息的需要。所以，一种更好的方式就是综合两种导航系统以构成 GPS/惯性组合导航系统，两种导航系统互相取长补短，使综合后的导航系统精度高于各自导航系统的精度。组合的优点表现在：对惯导系统可以实现惯性传感器的校准、惯导系统的空中对准、惯导系统高度通道的稳定等，从而可以有效地提高惯导系统的性能和精度。对 GPS 接收系统来说，惯导系统的辅助可以提高其跟踪卫星的能力,改善接收机动态特性和抗干扰性。另外,GPS/惯导组合可以实现一体化,把GPS接收机放入惯导部件中,以进一步减少系统的体积、重量和成本,便于实现惯导和GPS同步,减小非同步误差。

3.6.5 多普勒导航技术

多普勒导航是飞行器常用的一种自主式导航系统,它的作用原理是多普勒效应。多普勒效应是一种物理现象:当振动源(声音、光、无线电波都是振动的一种)与观察者以一定速度相对运动时,观察者所收到的振动频率就会不同于振动源所发出的振动频率。频率的变化量与相对速度和波长有关,即频率的变化量与相对速度成正比,而与振动的波长成反比。这种现象是在1842年由奥地利科学家多普勒发现的,所以被称为多普勒效应,把频率的变化量叫做多普勒频移。多普勒效应表明,频率的变化量与观测点和振荡源间距离变化速率成正比,即:

$$f_d = \frac{2V}{\lambda_d}\cos\varphi \tag{3.33}$$

式中,λ_d为导航系统发射机的工作波长。频率为f的发射信号和频率为f'的接收信号经混频器比较,提取出多普勒频移f_d信号。该信号经放大送频率计,产生一个与f_d成正比的电压,积分器将电压从发射瞬时开始积分,就可得到飞行器飞过的航程。

多普勒导航系统由磁罗盘或陀螺仪表、多普勒雷达和导航计算机组成。磁罗盘或陀螺仪的作用类似于指北针,可以测出无人机的航向角,即无人机纵轴方向与正北方向之间的夹角。多普勒雷达不断地沿着某方向向地面发出无线电波,利用无人机和地面有相对运动产生的多普勒效应,测出雷达发射的电磁波和接收到的回波的频率变化,从而计算出无人机相对于地面的飞行速度(即地速),以及偏流角(即地速与无人机纵轴之间的夹角)。由于气流的作用,偏流角的大小反映了地速、风速和空速之间的关系。空速指无人机相对于空气的速度,其方向为无人机机身的纵轴方向。根据多普勒雷达提供的地速和偏流角数据,以及磁罗盘或陀螺仪表提供的航向数据,导航计算机就可以不断地计算出无人机飞过的路程。

多普勒导航系统的工作方式是主动的,它不需要地面站,其测速精度约为航行精度的1/100~1/1000,且抗干扰能力较强。但是,由于它工作时必须发射电波,导致其隐蔽性不好。此外,多普勒导航的性能与反射面的形状有关,如在水平面或沙漠上空工作时,由于反射性不好就会降低性能。同时,其精度也受天线姿态的影响,当接收不到反射波时就会完全丧失工作能力。多普勒导航系统的误差会随飞行距离的增加而加大,所以一般多用于组合导航系统中。

3.7 无人机的制导技术

对于无人机的自主飞行来说,除了需要导航系统确定无人机的当前位置、速度等信息,并由飞控系统控制无人机自动飞行外,还需要有制导系统引导无人机沿希望的轨线飞向目标或目的地。

3.7.1 制导的作用与方式

所谓制导,就是根据飞行器目前的位置和速度,计算沿预定航线飞行或到达指定目标,并满足一定约束条件的控制指令。通常,无人机的制导与控制功能是综合在一起的,包括导引和控制两大部分。导引部分一般包括探测感知设备和计算变换设备，其功能是计算无人机与目标或预定位置的相对位置和速度，并根据一定的制导律解算出使无人机减小偏差的飞行指令。控制部分的功能主要就是飞行控制，即根据制导指令控制无人机的姿态和轨迹，保证无人机准确飞向目标或沿预定航线飞行。无人机制导控制系统的原理结构如图 3-31 所示。

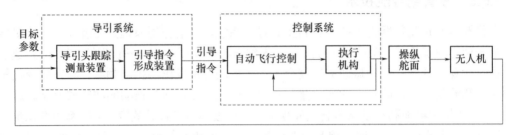

图 3-31 无人机制导控制系统的原理结构

根据目标探测和制导指令生成方法的不同，无人机的制导方式可分为：自主制导、遥控制导和寻的制导三种基本类型，将这些基本制导方式进行组合可形成多种复合制导方式。制导方式的分类如图 3-32 所示。

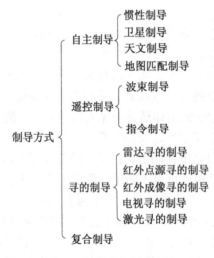

图 3-32 制导方式分类图

3.7.2 自主制导技术

自主制导是指仅由机载制导设备根据感知装置测得的无人机位置、速度等信息，按照一定的制导律解算出无人机相对预定航线或目标的偏差，并形成控制指令的一种制导技术。根据感知设备工作原理的不同，自主制导可分为惯性制导、卫星制导、天文制导和地图匹配制导等方式。采用自主制导方式的无人机在整个飞行过程中基本不需要与地面指挥站联系，因而隐蔽性较好。

惯性制导是利用无人机上的惯性导航系统测量出的无人机的实时位置和速度等信息，在给定的初始运动条件下，按照预定的制导律形成控制指令，控制无人机飞行的制导技术。对于惯性制导系统来说，所使用的惯性测量设备就是惯性导航系统中的惯性设备，故可以分为平台式惯性制导系统和捷联惯性制导系统。

卫星制导就是利用卫星导航系统给出的无人机在空间的实时位置和速度等信息，按照一定的制导律形成控制信号的制导技术。

天文制导就是利用天体量测装置(星光跟踪器、空间六分仪等)对星体的观测和星体在天空的固有运动规律提供的信息来确定无人机在空间的运动参数，控制无人机飞行的一种自主制导技术。

地图匹配制导是利用地图信息及图像识别技术进行制导的一种自主制导技术。地图匹配制导有两种：地形匹配制导和景象匹配制导，分别利用地形信息和景象信息进行制导。地形匹配制导利用某一已知地区地形特征为标志，根据无人机飞行过程中实测地形特征和预先获取的地形特征，用最佳匹配算法进行相关处理，并取得制导信息的一种地匹配制导。常见的有地形等高线匹配制导。系统主要由雷达高度表，气压高度表，制导计算机及地形数据库等组成。景象匹配制导是利用机载设备上的传感器获得目标区景物图像或无人机飞向目标沿途景物图像，并与预存的基准图进行配准比较，获得制导信息的一种地图匹配制导技术。主要由传感器、处理机、制导计算机等组成。景象匹配制导系统的制导精度高于地形匹配制导系统一个数量级，圆概率偏差为米量级，主要用于自杀式无人机或导弹的末段制导。

3.7.3 遥控制导技术

遥控制导是指地面站(或载机等其他载体)向无人机发出引导信息，将无人机引向目标的一种制导技术。遥控制导系统分为波束引导与指令控制两大类。无线电指令制导常用于有人驾驶飞机近距离的导航系统当中，与其他制导方法相比，它是最早开始应用也是最直接的一种制导方法。遥控制导的特点是作用距离较远，受天气的影响较小，机上制导设备简单，精度较高，但是易受外界无线电的干扰，且随着制导距离的增加而使精度迅速下降。遥控制导系统主要由导引头探测装置、引导指令形成装置、指令传输和无人机飞行控制系统等组成，图 3-33 是遥控指令制导的示意图，图 3-34 是波束引导制导的示意图。

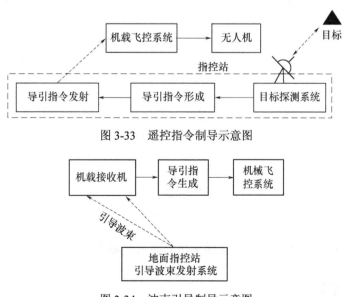

图 3-33 遥控指令制导示意图

图 3-34 波束引导制导示意图

遥控指令制导系统中，由地面指挥控制站的导引设备同时测量目标、无人机的位置和其他运动参数，并在制导站形成制导指令，通过无线电传送至无人机，无人机上控制系统执行地面指挥控制站发出的指令，操纵无人机飞向目标。当无人机工作在指令控制方式下时，均采用遥控指令制导。波速制导系统中，地面指挥站发出无线电波束，无人机在波束内飞行，机载设备感受无人机偏离波束重心的方向和距离，并产生相应的控制指令，控制系统操纵无人机飞行。该制导方式多用于无人机在自动着陆过程中的下滑段，称为下滑波束引导系统。

波束制导和遥控指令制导虽然都由无人机之外的制动控制站引导飞行，但波束制导中制导站的波束只给出无人机的方位信息，控制指令由在波束中飞行的无人机感受其在波束中的位置偏差自动生成，使无人机保持在波束中心飞行。而遥控指令制导系统中的控制指令，是由地面指挥控制站根据无人机、目标的位置等相关参数形成，通过无线电链路发给无人机的。

3.7.4 寻的制导技术

寻的制导是利用装在无人机上的导引头接受目标辐射的或反辐射的某种特征能量，确定目标和无人机的相对位置，进而按照预设的制导律形成控制指令，自动将无人机导向目标的制导技术。寻的制导是无人机实现对运动目标的精确自动跟踪、精确打击的重要技术基础。

1. 寻的制导的方式

按照获取目标特征能量的方式不同，寻的制导可分为主动、半主动和被动等三种寻的制导方式，如图 3-35 所示。主动寻的制导是指无人机上装有主动导引头。该导引头上装有探测信号发射机，发射机主动发射探测信号对目标进行照射，照射信号由目标反射后被无人机上的导引头接收，输出制导律要求的信号。经处理计算形成控制指令，导引无人机飞行并完成对目标的攻击。半主动寻的制导是指目标照射信号由载机之外的照射源发出，无人机上的导引头仅接收目标反射信号，输出制导需要的信息，并按照制导律形成控制指令。被动寻的制导系统中，不用专门的设备和波束对目标进行照射。无人机上的导引头接收目标本身辐射的能量或自然界的电磁波在目标上的反射能量，输出导引律要求的信息，进而形成控制指令的制导方式。

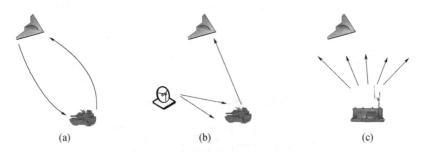

图 3-35　三类寻的制导方式示意图

(a) 主动寻的制导；(b) 半主动寻的制导；(c) 被动寻的制导。

按照能源的物理特性不同，寻的制导又可分为雷达制导、红外制导、电视制导、激光制导等方式。

2. 雷达寻的制导

雷达寻的制导也叫无线电寻的制导，它是利用装在无人机上的探测雷达发射探测电磁波，机载导引头接收目标辐射或反射的无线电波，实现对目标的跟踪并形成制导指令，控制无人机飞向目标的一种导引方法。无线电寻的制导系统工作时，需要接收目标辐射或反射的无线电被。这种无线电波，可以是由无人机上的探测设备发射的电波经目标反射的，也可以是由其他地方的雷达发射经目标反射的，或者由目标直接辐射的。根据目标信息来源的位置不同，无线电寻的制导可分为主动式寻的制导、半主动式寻的制导和被动式寻的制导三种。

采用主动式雷达寻的制导的无人机上装有探测装置。机载探测装置主动向目标发射无线电波。制导系统根据目标反射回来的电波，确定目标的坐标及运动参数，形成控制信号，送给无人机上的飞行控制系统，控制无人机飞向目标。此制导方式的优点是制导过程不需要地面设备提供任何能量或信息，可做到"发射后不管"。缺点是无人机上需安装复杂的探测设备，增加了重量，工作的隐蔽性不好。

半主动式雷达寻的制导指雷达发射机装在地面(或飞机、舰艇)上，雷达发射机向目标发射无线电波，而装在无人机上的导引头接收目标反射的电波确定目标的坐标及运动参数后，形成控制信号，输送给无人机飞行控制系统，操纵无人机准确飞向目标。这种方式的优点是无人机上的设备需求简单，工作隐蔽性好。缺点是攻击目标前的整个飞行过程需要依靠地面照射源，必须始终"照射"目标，易受到干扰。

被动式雷达寻的制导是利用目标自身辐射的无线电波进行工作的。无人机上的导引头用来接收目标辐射的无线电波。在导引过程中，寻的制导系统根据目标辐射的无线电波，确定目标的坐标及运动参数，形成控制信号，确保无人机准确飞向目标。被动式寻的制导的优点是不易被目标发现，工作隐蔽性好。主要缺点是它只能制导无人机攻击正在辐射能量的目标，若目标关机，则会束手无策。由于受到目标辐射能量限制，作用距离比较近。

3. 红外点源寻的制导

红外寻的制导是利用目标辐射的红外线作为探测与跟踪信号源的一种被动式寻的制导。它是把所探测与跟踪到的目标辐射的红外线作为点光源处理，故称为红外点源寻的制导，或称红外非成像寻的制导。红外点源寻的制导利用安装在无人机上的红外导引头接收目标红外线辐射能量，通过光电转换和滤波处理，把目标从背景中识别出来，自动探测、识别和跟踪目标，引导无人机飞向目标。我们知道，不同的目标和背景的温度不同，它们辐射的红外特性就不同。如人体和地面背景温度为 300K 左右，最大辐射波长为 9.7μm。涡轮喷气发动机热尾管的有效温度为 900K，最大辐射波长为 3.2μm。红外寻的制导系统正是根据目标和背景红外辐射能量的不同，把目标从背景中区分出来的。

红外寻的制导的主要优点一是是制导精度高，不受无线电干扰的影响；二是可采用被动寻的工作方式，"发射后不管"，攻击隐蔽性好。红外寻的制导的缺点一是受气候影响大，不能全天候运用，雨、雾天气红外辐射被大气吸收和衰减的现象很严重，在有烟、尘、雾的地面背景中其有效性也大为下降；二是容易受到激光、阳光、红外诱饵等干扰和其他热源的诱骗，偏离和丢失目标；三是作用距离有限。

4. 电视寻的制导

电视寻的制导是由装在无人机上的电视导引头，利用目标反射的可见光信息，形成引导指令，实现对目标跟踪和对攻击飞行器控制的一种被动寻的制导技术。电视寻的制导的核心是电视导引头，它能在接近目标的飞行过程中发现、提取和捕获目标，同时计算出目标距光轴位置的偏差，依据该偏差量进行控制，可使光轴瞬时对准目标。

电视制导有着自己独特的优点，一是电视制导对目标的探测是被动的，隐蔽性好，不易受到干扰，有利于自身的安全和对目标的打击；二是电视制导设备的造价相对较低，性价比较高；三是适应性强，电视制导系统与电视制式兼容的红外热成像仪相配合，不但可用于昼间和晴好天气，而且还可用于夜间和雾气、烟尘等恶劣天气环境。

电视制导系统也可与地面指控站铰链，在地面人员的指挥下实现对目标的攻击或自主着陆。无人机在飞行过程中通过机载摄像机拍摄任务地域的影像，通过下行链路传回地面指控站。地面操控与指挥人员根据接收到的图像识别目标，并可根据目标情况操控无人机调整飞行状态，控制无人机完成对指定目标的准确攻击或在指定地点的自动着陆。

5. 红外成像寻的制导

红外成像寻的制导是利用无人机上安装的红外成像设备获取目标的红外图像进行目标捕获与跟踪，并将无人机或机载武器引向目标的制导方法。

红外成像又称热成像，就是把物体表面温度的空间分布情况变为按时间顺序排列的电信号，并以可视的形式显示出来，或将其数字化存储在存储器中。利用数字信号处理方法对这些图像信息进行分析处理，按照制导律得到制导指令。红外成像能够探测目标和背景间微小的温差或辐射频率差引起的热辐射分布情况，具备在各种复杂战术环境下自主搜索、捕获、识别和跟踪目标的能力，代表了当代红外制导技术的发展趋势。

红外成像导引头分为实时红外成像器和视频信号处理器两部分，一般由红外摄像头、图像处理电路、图像识别电路、跟踪处理器和摄像头跟踪系统等部分组成。实时红外成像器用来获取和输出目标与背景的红外图像信息。视频信号处理器用来对视频信号进行处理，对背景中可能存在的目标，完成探测、识别和定位。视频信号处理器还向红外成像器反馈信息，以控制它的增益和偏置。

红外成像制导的主要优点包括以下几点。一是抗干扰能力强。红外成像制导系统探测目标和背景间微小的温差或辐射率差引起的热辐射分布图像，制导信号源是热图像，有目标识别能力，可以在复杂干扰背景下探测、识别目标。二是空间分辨率和灵敏度较高。红外成像制导系统一般采用二维扫描，它比一维扫描的分辨率和灵敏度高，很适合探测远程小目标；三是探测距离大，具有准全天候功能。与可见光成像相比，红外成像系统工作在 $8\sim14\mu m$ 远红外波段，该波段能穿透雾、烟尘等，其探测距离比电视制导大了 $3\sim6$ 倍，克服了电视制导系统难以在夜间和低能见度下工作的缺点，可昼夜工作，是一种能在恶劣气候条件下工作的准全天候探测的制导系统。四是制导精度高。该类导引头的空间分辨率很高。它把探测器与微型计算机处理结合起来，不仅能进行信号探测，而且能进行复杂的信息处理，如果将其与模式识别装置结合起来，就完全能自动从图像信号中识别目标，具有很强的多目标鉴别能力。

6. 激光寻的制导

激光寻的制导是由机载或非机载的激光照射器发射照射激光束打到目标上，再由无人机上的激光寻的器接收目标反射的激光，形成制导指令，实现对目标的跟踪和将飞行器引向攻击目标的一种制导方式。

按照照射激光源所在位置的不同，激光寻的制导有主动和半主动之分。激光主动寻的制导系统由无人机上的激光寻的器和目标指示器组成。在制导过程中，目标指示器发射激光照射目标，无人机上的激光寻的器接收从目标反射的激光波束作为制导信息，形成控制指令，送给飞行器控制系统，控制引导飞行器实时对准目标，直至命中目标。激光半主动寻的制导则是指激光目标指示器不在飞行器本机上，飞行器本机上仅有激光寻的器和指令形成装置的制导方式。

3.7.5 复合制导方式

复合制导技术是指由多种模式的导引头参与制导，共同完成对无人机或制导武器的寻的任务。从前文阐述的各种制导方式的特点可知，单独的一种制导技术均难以满足全天候、全天时的精确制导任务要求。例如，卫星制导尽管可以做到全天候全天时，但易受干扰，尤其是高对抗环境下的任务可靠性不容乐观；遥控制导作用距离远，但抗干扰能力较差，制导精度随作用距离的增加而降低；寻的制导虽然提高了制导系统的抗干扰能力、目标截获能力和制导精度，但作用距离有限，不适宜于远程飞行任务。为了提高精确制导系统的使用效能，采用复合制导是一种有效的途径。复合制导技术在充分利用现有寻的制导技术的基础上，能够获取目标的多种频谱信息，通过信息融合技术提高寻的的可靠性与精度，以弥补单方式制导的缺陷。综合来看，复合制导通过综合多种传感器的优点，可以提高目标的捕捉概率和数据可信度，提高系统的稳定性和可靠性，有效识别目标的伪装和欺骗，成功进行目标要害部位的识别，并可以提高寻的制导的精度。

目前应用较广的寻的复合制导技术是双模寻的制导，如被动雷达/红外双模寻的制导系统、毫米波主/被动双模寻的制导系统、被动雷达/红外成像双模寻的制导系统等。对于无人机、巡航导弹等的中段制导，采用的复合制导方式主要有卫星/惯性复合制导、星光/惯性复合制导、多普勒/惯性复合制导、景象匹配/惯性复合制导等复合制导体制，其中 GPS/惯性复合制导是目前应用最为广泛的一种复合制导方式。GPS 系统能实时提供从地面到高空任何机动目标的高精度三维位置、三维速度和时间信息。GPS/INS 复合制导在保持了惯性制导系统特性的基础上，兼有了两系统的优点。

3.8 无人机的自主控制与智能化作战

无人机飞行的最突出特点在于机上无人，所以无人机需要"自主"地进行飞行控制，以保证无人机能够自动地飞行和完成任务。目前，无人机的飞行控制系统和任务管理系统已能做到全过程飞行和任务阶段的自动控制，也就是说，可以使无人机在没有人为干预的情况下自动地完成起飞、爬升、巡航、任务和返场着陆的完整飞行过程。但是，人们对于无人机自主能力的追求不会止步于此，提高无人机的智能化、自主化水平，让无人机越来越智能、越来越类人，既是无人机技术发展的追求目标，也是未来无人机智能化作战需要的关键技术。

3.8.1 无人机自主控制的概念

目前，无人机的飞行控制已具备很完善的自动控制功能，能够保证无人机在没有人为参与的情况下自动完成全过程的飞行任务。但是，这种控制水平仍然只能被认为是自动化的水平，而非自主化的层次，因为它还只能按照预设的程序和步骤来处理飞行中的各种情景和要求。让无人机从自动控制升华到自主控制，是无人机控制技术研究的前沿和追求目标。

通常，自动控制是指控制系统能精确地按照程序执行任务，它没有选择与决策的能力，常规的自动控制是基于数据驱动的，几乎不具有智能性。自主控制则可以对不确定动态环境中的大量不确定性进行分析、判断，并根据实时情况动态作出合理的决策。自主控制是信息、知识驱动的，可以具有很高程度的智能。我们可以把自主控制看成是自动控制的高级发展阶段，本质上属于智能控制，需要综合自动控制、人工智能、运筹学、信息论、系统论、计算机科学等学科的理论与技术。自动控制提供闭环动态系统的反馈控制，保证控制系统的运动学和动力学品质；人工智能提供态势描述、信息处理、智能推理和学习记忆的能力；运筹学支撑高层系统的规划管理、协调调度与优化决策，信息论提供信息交换、知识获取和知识表示等基础功能的支撑，计算机科学则为上述所有功能及人机交互的实现提供合理的软件和硬件的平台。

在部分学术文献中，对自主控制和自动控制的表达也是有区别的，自动被称为 Automation Control，而自主则是 Autonomous Control。美国学者 panos J antasaklis, Kevin M.passino he S J wang 指出，自主意味着具有自治能力，自主是控制的目的。自主控制器(Autonomous Controller)在执行控制功能时拥有自我支配的能力和权限。自主控制器由一系列硬件和软件构成，能够在脱离人的干预活动的情况下，在一段时间内完成必要的控制功能。美国学者 M.pachter 和 P.R.Chandler 将自主控制定义为应用于非结构化环境下的高度自动化，其中的自动化强调了无人参与，非结构化强调了各类不确定性，例如，参数不确定性、未建模动态、随机干扰、传感器或测量的随机噪声、分散控制中的多控制作用于复杂的信息模式等。总结对于"自主"概念的定义，我们可以这样来理解：自主控制是能够在线认知环境态势，对环境的变化具有快速而有效的自主适应的能力，能够不需要人的干预即可决策出最优的控制策略并执行之。而对于无人机的自主控制，就是无人机能够根据自主感知环境态势，并根据任务目标和当前态势自主决策出任务行为，包括实时的航路、动作和传感器的使用等，在复杂不确定环境下能够自主执行多样化战术任务，并自主保证自身系统的稳定和安全。

对于无人机自主性的发展来说，"自主控制"可以分成三个等级。一是适应性自主，即以适应各类不确定性为目标的自主控制，涵盖了由对象、环境以及任务、态势等带来的不确定因素。二是协同性自主，无人机作为独立自主的智能体与其他无人机智能体或人协同，可进行自主协调、协作等控制行为。基于无人机的适应性自主控制，通过协同性自主可以实现多无人机的协同，以及有人机与无人机的协同，从而可在无人机的整体任务效能方面获得更佳的效果。三是学习型自主，高级的自主系统必须具备自学习能力，并能够根据对象、环境、任务及控制效果，通过自主的修正、优化和学习的行为，提高控制性能。

3.8.2　无人机的自主控制等级

对于无人机自主问题的研究，大致源于 2000 年美军提出的自主作战的概念(Autonomous Operations，AO)，它是由美国海军研究实验室和空军研究实验室(AFRL)的传感器飞机项目组率先提出并推广的。为了深入研究无人机的自主作战能力，AFRL 对无人机定义了 10 个自主控制级别(Autonomous Control Level，ACL)，如图 3-36 所示，作为衡量无人机自主控制技术进步的标准。根据该图，"全球鹰"无人机的 ACL 为 2 和 3 之间，"捕食者"无人机可达到 ACL2。

分析 AFRL 的自主控制等级图可以看出，无人机自主控制能力的进步有这样的特点：随着无人机自主控制等级从 1 级的预编程到 10 级的完全自主，无人机将具备在更小空域飞行的能力，能够以更加密集的机群飞行，自主任务决策能力将增强，从能提供离线数据供操作员决策到能够自主进行决策，处理任务的智能水平也将从执行战术计划上升到能决策战略目标，对环境的适应性将从离线的航迹重规划提高到在线的复杂实时重规划，对自身状态的评估能力也将从能够进行本机的健康管理上升到能够进行群状态的评估，无人机的任务能力将从单机出动发展为多机协同的集群使用。

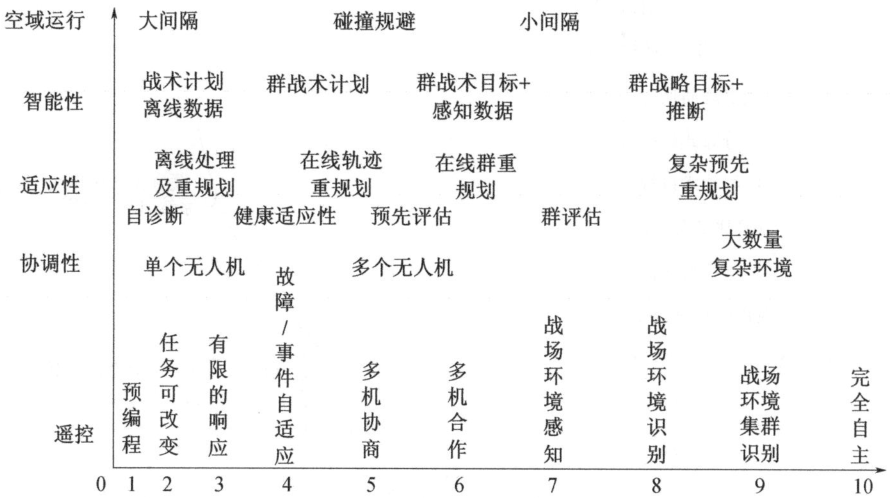

图 3-36　AFRL 定义的无人机自主控制等级

美国国家航空航天局(NASA)的飞行器系统计划(Vehicle Systems Program，VSP)高空长航时部(Department of High Altitude Long Endurance)在对以上划分分析的基础上，提出了评价高空长航时无人机自主性的量化方法，该方法划分的层次和意义更加明确，并具有更好的实际可操作性，如表 3-3 所示。表中的论述虽然是针对高空长航时无人机，但基本内涵和其他类型的无人机是一致的。

表 3-3　NASA 飞行器计划高空长航时部定义自主等级

等级	名称	描述	特征
0	遥控	人在回路的遥控飞行(100%掌控时间)	遥控飞机
1	简单的自动操作	依靠自控设备辅助，在操作员监视下执行任务(80%掌控时间)	自动驾驶仪
2	远程操作	执行操作员预编程序任务	无人机综合管理预设航路点飞行
3	高度自动化(半自主)	自动执行复杂任务，具有部分态势感知能力，能做出常规决策(20%掌控时间)	自动起飞/着陆，链路中断后可继续任务
4	完全自主	具有广泛的态势感知能力，有能力和权限做全面决策(<5%掌控时间)	自动任务重规划
5	协同操作	多架无人机可团队协作	合作和协同飞行

从表 3-3 的描述可以看出：NASA 对无人机自主能力的描述是与操作员对无人机的干预紧密关联的。随着无人机自主等级的提升，操作员对无人机的掌控时间不断减少，由最初遥控飞行的全时域 100%的操作控制到自主飞行的较少时间的监督控制。所以说，操作员监督控制不仅是单机自主控制的发展趋势，也是多机协同控制的发展方向。

美军对无人机的自主控制研究非常重视，在美国国防部发布的《2005—2030 无人机系统路线图》中，也将无人机的自主控制水平划分为 10 个等级，如图 3-37 所示。在这个自主控制的分级中，美军非常强调自主的协同能力，从第 5 级的"编群协同(Group Coordination)"以上，都与协同有关，且其最高级是"全自主集群(Fully Autonomous Swarms)"。所以，自主协同控制技术将是无人机自主控制技术的重要发展方向。

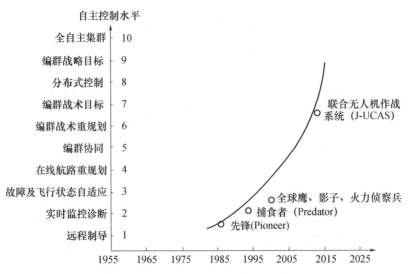

图 3-37 无人机自主能力分级(译自美军《2005—2030 无人机系统路线图》)

3.8.3 智能化作战对自主控制的要求

军事技术的发展从来都是与军事需求密切相关的,可以说,军事需求牵引着技术的发展,而技术的发展又会反作用于军事活动。对于军用无人机来说,随着信息技术的快速发展,智能化作战、组网协同作战等已成为未来无人机作战运用的重要模式,支撑这些作战模式实现的关键技术就是无人机的自主控制。2013 年,美国舰载无人作战飞机 X-47B 已完成舰上的自主起飞、着舰和巡航,而且通过其他项目也完成了面向多机协同编队、协同目标搜索打击等任务的自主控制技术的实验,X-47B 服役后,将具备初步的智能化作战能力。从未来无人机智能化作战的需求看,对无人机自主控制的要求应该包括三个方面,一是面对本机的自主飞行控制能力的要求,二是对面向任务的自主决策与管理能力的要求,三是对面向集群作战的协同作战控制能力的要求。

1. 对自主飞行控制能力的要求

(1) 三轴姿态稳定与保持能力。包括俯仰、横滚、偏航三轴控制增稳,姿态控制,轨迹控制等。

(2) 高精度航线保持能力。具体包括高度保持,自动着陆拉平,航迹跟踪控制,自动油门控制,滑跑纠偏控制等。

(3) 高精度全天时全天候导航能力。在整个飞行过程中,应能够实现全天时全天候的精确导航,导航精度应满足飞行和任务的需要,具备导航抗干扰能力。

(4) 大机动飞行控制能力。应能够实现大机动状态下的自动飞行控制,包括大机动状态的三轴稳定控制,迎角、过载的极限限制等。

(5) 故障重构与应急处置能力。在整个飞行和任务过程中,无人机应能对可能出现的应急情况进行自主、正确、恰当的处置,以尽可能地保证飞行安全。

(6) 飞机系统状态管理能力。具体包括:飞机状态管理,导航计算、管理与控制,与机载系统的交联控制与信息交换等。

2. 对自主决策与管理能力的要求

(1) 自主障碍感知与规避能力。无人机能够感知其周围环境中对其可能造成碰撞威胁的合作或非合作目标，并能够正确地规避以避免碰撞的发生。

(2) 自主探测识别与跟踪能力。无人机有能力自主探测并识别出地面的高价值目标，并实现对运动目标的跟踪监视。

(3) 自主目标分配与动态规划能力。无人机编群能够自主地为各个成员进行目标分配，并根据分配结果自主进行本机的航路规划。

(4) 自主的辅助攻击决策能力。无人机能够根据战场态势和目标情况自主作出对目标的攻击决策，可提供给地面操控员进行确认。

(5) 自主飞行与任务管理能力。无人机能够对自身全部的飞行和任务进行自主的管理。

3. 对协同作战控制能力的要求

(1) 编队的形成与保持能力。多架无人机能够根据任务或指令自主形成需要的飞行编队，并能在编队飞行过程中保持编队的稳定控制。

(2) 编队分解与重构控制能力。无人机编队能够根据任务或环境的变化，自主地调整编队的构型，通过编队的分解与重构形成新的编队飞行构型。

(3) 不完全通信条件下的编队控制能力。不完全通信条件是指部分编队成员无人机之间的信息通信出现中断或较大延迟，导致理想的通信条件被破坏。

(4) 多无人机自主协同目标搜索能力。多架无人机能够组成战术编群，对任务区域进行协同的目标搜索与确认。

(5) 自主协同作战管理能力。对多无人机协同作战过程进行管理和控制的能力。

(6) 编队加油控制能力。无人机的空中加油只能依赖控制系统实现全程自主的加油，需要无人机与加油机之间的加油队形的形成与稳定保持能力。

第 4 章 地面指控系统与任务规划

在第 3 章我们讨论了无人机系统的空地闭环控制特点,并重点阐述了机载自动飞行控制的作用与实现技术。有了机载自动飞行控制系统,无人机就可以实现预定要求的自动飞行。但是,对于无人机来说,尽管可以实现自动飞行,但它仍然不能离开人的干预,需要有人能在地面对无人机的飞行情况进行监视和操控,以保证地面人员能够实时地了解无人机的飞行状态,并在需要的时候,比如无人机的飞行出现异常状态时,能够及时干预无人机的飞行,确保飞行安全。因此,对于无人机系统的控制来说,不仅需要有机载的飞行控制能力,还必须要有地面的指挥控制能力。这包括了在飞行前对无人机的飞行航路和任务进行事先的设计和规划,并在飞行过程中通过必要的设备实时监控无人机的飞行情况;能够根据需要操控无人机调整姿态和航路,及时处理飞行中遇到的特殊状况,以保证飞行安全;另外,地面人员还需要能对机载的任务载荷进行操控,以确保侦察监视等任务的圆满完成。所有这些工作,就构成了对无人机的指挥控制,主要包括了飞行前的任务规划工作和飞行中的状态监控与操作。实现无人机地面指挥控制工作的设备通常被称为无人机的地面指挥控制站,负责地面指挥操控的人员即是无人机系统的操控员,具体可分为无人机飞行操控员、载荷操控员、链路监控员和任务规划员。

4.1 指挥控制站基本功用与组成

无人机指挥控制站(Ground Control Station,GCS)是地面上用于实现对无人机飞行任务规划、飞行状态监视和操控的设备,通常也称为地面指挥控制系统。指控站内设置有供相关操作人员工作的操作席位。图 4-1 说明了无人机地面指控站与无人机的作用关系。

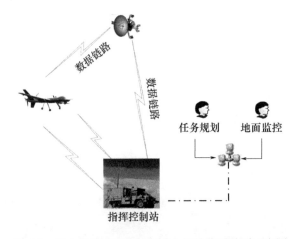

图 4-1 无人机地面指控站与无人机的作用关系示意图

4.1.1 地面指控站的基本功能

地面指挥控制站的主要作用是进行无人机的任务规划与操作控制，承担指挥调度、任务规划、操作控制、显示记录和情报分发等方面的具体功能。指挥调度是指与上级或相关单位进行信息交联，接收指令和信息，管理和调度系统任务；任务规划是指对无人机的飞行航路及载荷、链路的工作状态进行预先规划和实时重规划；操作控制包括了对无人机起飞着陆、巡航飞行的操控，以及对机载任务载荷的状态操控和数据链路的状态监控；显示记录主要是完成无人机状态信息、任务信息、航路信息、侦察信息、态势信息等的显示、记录和存储，一方面，供操控人员及时了解无人机的工作状况，另一方面，用于无人机系统的数据分析；情报分发主要完成无人机侦察信息的记录、处理和转发等职能，并不是对所用的无人机都是需要的。结合无人机指挥控制站的能力需求，可从 6 个方面理解指挥控制站的具体功能。

1. **任务规划与指挥**

无人机系统的任务规划人员需要根据任务要求，结合空域、气象、威胁等方面的信息和数据，为无人机的飞行和完成任务规划出合理的飞行航线，以及对载荷和链路工作状态的规划。同时，在无人机飞行过程中，还要根据实际情况指挥调整无人机的飞行和任务状况，完成对无人机及其载荷、链路的重规划。

2. **飞行状态监视和操控**

地面指控站内的无人机飞行操控人员一方面要通过显示系统了解和监视无人机的飞行状态，掌握飞行情况；另一方面，在需要的时候，包括无人机出现危险或异常情况时，无人机飞行操控人员要通过地面站内的操控设备，包括操控杆、指令面板等，对无人机实施人工操控或指令操控，以确保无人机的飞行安全和任务的实施。

3. **任务状态监视与载荷操控**

无人机的载荷操控人员需要通过显示设备掌握无人机的侦察情况，观察目标区域的图像及信息，了解无人机载荷的工作状态，并能根据任务需要，通过站内的载荷操控设备对无人机载荷的工作状态，如相机的开关、光轴的调整、弹药的投放等进行操控，确保任务的顺利完成。

4. **链路状态监视与操控**

通信链路是无人机空地传输信息的通道，包括地面站到无人机的上行遥控指令和无人机到地面站的下行遥测与遥感数据。所以链路工作状态的好坏对于无人机飞行和完成任务至关重要。地面站内的链路监控人员需要及时掌握链路的工作状态，并根据任务需要对链路的工作状态和参数进行调整。

5. **信息显示、记录与存储**

操作人员对无人机的操控与指挥依赖于无人机的飞行和任务状况，为此，需要将无人机的飞行和任务状态等数据、信息实时地回传到地面指控站，通过站内的显示设备显示给无人机的操控人员，同时，为了事后的数据分析，还需要对这些数据进行记录和存储。

6. **情报处理与分发**

根据无人机系统的设计需要，有时需要在地面指控站内对无人机机载侦察载荷获取的侦察信息进行一定的处理，并根据需要对这些侦察信息进行分发。但这方面的功能并不是所有无人机系统都需要的。

4.1.2 地面指控站的形式与组成

无人机地面指控站通常有多种形式，从指控站的规模和载运方式看，包括小型的便携式地面指控设备、车载的大型地面指控站、舰载式的固定式指控站等。从指控站的主要功用看，有综合性的指挥控制站，也有用于起飞着陆控制的起降控制站，用于单向接收无人机侦察信息的单收站等。从指控站的结构形式看，有方舱式、室内分布式、单机式等。

由于形式的多样，使得地面指控站的组成也多种多样，难以统一说明。但是，从功能上看，无人机地面指控站一般应有用于通信、显示、操控、规划、记录、输入输出等的设备和装置，主要的设备形式就是计算机、显示器、通信接口、操控设备、输入输出设备、网络设备等，其一般的组成结构如图 4-2 所示。

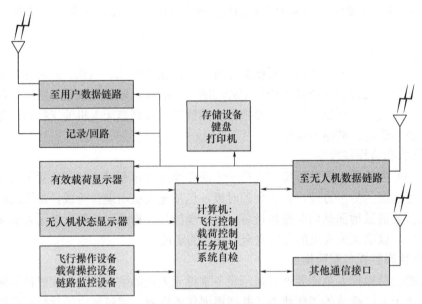

图 4-2 地面指控站的一般组成结构示意图

(1) 计算机。主要用于任务规划、飞行控制、任务载荷控制、系统自检、数据编码解码等。

(2) 显示设备。主要用于无人机航路信息、飞机状态信息、任务载荷状态信息、链路状态信息、侦察信息等的显示。

(3) 操控设备。主要是用于对无人机、任务载荷和通信链路进行操控的操控杆、指令面板等。

(4) 网络设备。大型地面站的多台计算机必须联网运行，因此需要必要的网络设备。

(5) 通信设备。用于完成地面指控站与无人机，与用户，与气象、空域等其他信息系统的通信联系。

(6) 数据存储设备。为了完成大量的数据存储，地面站应配备大存储量的数据存储设备。

(7) 输入输出设备。包括一些必要的打印机、键盘等。

4.1.3 地面指控站的席位设置

地面指控站的席位就是指供无人机的地面操控人员工作的位置，在方舱和室内通常以座椅的形式提供。上节已说过，无人机的地面指控站形式多样，相应地，指控站的操控人员和席位设置也不尽相同。对于大型地面站来说，通常需要有飞行操控员、载荷操控员、任务规划员和链路监控员，席位也是按这些人员设置的。图 4-3 显示了典型无人机地面控制站内的席位设置情况。

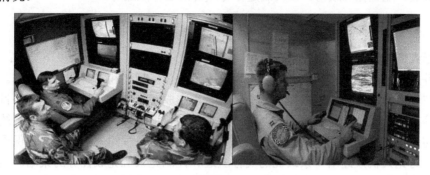

图 4-3　无人机地面控制站席位设置示意图

1. 飞行操控员和飞行操控席

在无人机起飞、降落阶段，飞行操控员监视无人机起降情况，并在紧急情况下进行人工干预；在无人机执行任务阶段和巡航阶段，通过飞行操纵功能监视无人机的飞行状态，并在紧急情况下进行飞行控制。飞行操控席位的主要功能有：前视摄像与平显叠加、虚拟视景与平显叠加、导航与态势显示、飞行器操控、飞行器选择、按飞行模式自动载入相关画面、飞行器状态监测与告警功能等。

2. 载荷操控员和载荷操控席

任务操纵席位主要负责操纵无人机机载侦察设备和执行打击任务。任务操纵席位主要具有以下功能：EO 视频与平显叠加、虚拟视景与平显叠加、导航与态势显示、飞行器状态监测与告警等。

需要说明的是，通常情况下，为了保证无人机的飞行安全和任务可靠度，飞行操控席和载荷操控席是互为备份的。即在设备及功能配置上设有左右 2 个软硬件完全一致、互为备份的飞行/任务操纵席位，2 个席位中间的机柜用于放置飞行与任务处理设备，操作台安装有各类操纵设备。

3. 任务规划员和任务规划席

任务规划席主要负责对无人机飞行前的任务规划、飞行过程中的实时任务规划和整个任务过程的态势监视等。

4. 链路监控员和链路监控席

链路监控席主要负责对无人机的通信链路，可以包括对卫星链路和视距链路的工作状态的监控，以及工作参数的调整。

4.2　无人机任务规划与运用

任务规划系统(Mission Planning System，MPS)是广泛用于现代信息化作战的一个概念，是指根据作战任务要求、战场环境和态势、敌我双方作战体系配置、作战装备的战技指标等信息，按照一定的规划模型和指标，为己方战斗单元的作战过程、行动路线、战术行为等进行事先的筹划和设计，使己方的整体作战效能达到最佳的一种决策与规划系统。无人机任务规划系统就是对无人机完成指定任务所要经历的航线、目标区域、战术动作、任务载荷运用方式等进行设计和规划的一种任务规划系统。通常包括设定无人机出动位置、确定任务目标、选择飞行航迹、配置任务载荷，以及制定任务载荷的工作规划等。

4.2.1　无人机任务规划的类型

根据无人机任务规划系统的特点，可以将无人机任务规划系统分为以下类型：

按任务规划工作的时间特点划分，可以分为预先任务规划和实时任务重规划。预先任务规划是指在无人机起飞前，根据任务要求等信息，完成对无人机飞行航线、任务目标、任务载荷配置等方面的规划，生成规划数据并通过规定的通道装订到无人机的控制系统中。任务规划的目的是在已知的条件下，以完成任务为目的，考虑各种约束条件，在确保无人机安全的前提下，为无人机规划出一条最优的飞行航迹和控制无人机完成任务的策略。实时任务重规划是指在无人机飞行或完成任务过程中，根据战场态势或任务的变化，有针对性地改变预先设定好的航迹或任务属性的过程。重规划数据往往直接向控制系统装订，对规划过程的时效性要求较高。

按照任务规划的实现方式划分，可以分为计算机辅助规划和自动规划。早期的无人机任务规划是一种计算机辅助规划，也称手动规划。这是一种简单的以人工决策为主的任务规划方法，任务规划人员根据情报信息和任务要求，以计算机程序为辅助分析手段，确定出无人机应飞的航线、航路点属性、目标要求、载荷配置等要素，并以人工主导完成规划数据的生成和装订。自动任务规划是无人机任务规划的高级形式和发展趋势，完全由任务规划系统自主完成全部的规划工作，并自动给出规划数据和完成自动装订。自动任务规划需要地面和机载系统共同完成。

按照任务规划对象的数量划分，可以分为单机任务规划和多机协同任务规划。单机任务规划即是面向单架无人机的任务规划。多机协同任务规划是以增强无人机的任务成功率、实现多无人机协同作战为目的，面向多批次、多种类无人机协调配合的任务规划系统，需要兼顾任务分配与航路解析的耦合问题，具有较大的难度。

4.2.2　无人机任务规划系统组成

任务规划系统是一个计算机软件系统，主要功能就是为无人机规划出最佳的航路和载荷的运用方式等。任务规划系统的规模是与无人机系统的功用密切相关的，对于一些从事简单任务的小型无人机来说，任务规划系统的组成可以很简单，只需给出一条满足任务要求的航路即可。但对于从事复杂战略战术任务的无人机来说，其任务规划系统的组成就会很复杂。一般来说，一个完整的面向单机的无人机任务规划系统应包括 9 个子系统或者是相应的功能模块：

(1) 基本要素规划子系统。用于根据任务要求，为无人机设置一些基本的规划要素和作战要素，包括目标坐标、起飞机场、巡航高度、任务剖面、任务构型、攻击方式、气象数据、燃油数据等。

(2) 航路规划子系统。用于为无人机规划合理的航路，包括规划算法选择、航路威胁数据、航点特征设定等。根据规划工作阶段，航路规划可分为粗规划与精细规划两个阶段。

(3) 载荷规划子系统。用于根据无人机的任务要求和任务构型，为无人机规划任务载荷工作要求，包括选择载荷、设置载荷开关的航点，以及载荷在任务区的工作方式等。

(4) 链路规划子系统。用于为无人机设定测控链路的工作状态,包括设定链路的开关航点和链路设备的工作模式。

(5) 应急方案子系统。用于为无人机规划应急状态下的安全飞行方式或回家状态,包括设定应急状态、确定应急模式和备份机场。

(6) 推演评估子系统。用于对预规划好的任务数据进行仿真推演,以评测规划结果的合理性,并进行修正,主要包括 uav 模型、视景模型和仿真算法。

(7) 基础数据库子系统。用于任务规划工作的基础数据库,包括地空导弹、高炮、拦截飞机、防空阵地等的威胁数据。

(8) 数字地图子系统。用于任务航路的显示。

(9) 规划数据输出子系统。用于生成任务规划数据,并形成向有关单位的分发介质。

4.2.3 任务规划原理与运用流程

无人机任务规划的数学本质是在一个多约束的空间内,为无人机设计、筹划合理的航路和任务载荷的运用方式,使无人机的飞行安全和任务效能等指标达到综合最优。开展无人机任务规划,首先需要明确规划空间的约束和目标。约束包括了航路上可能的安全威胁约束、空域约束、气象约束、到达时间约束、航程约束、航油约束等,对于需要低空飞行的无人机,还需要考虑地形高度可能造成的撞地威胁。明确威胁信息后,就可以运用航路规划算法为无人机寻找一条既满足飞行安全要求,又能保证要求指标为最优的合理航路。在初步航路的基础上,还要根据任务要求,对无人机的战术动作、任务载荷的运用方式、数据链路的工作状态和参数等进行规划,从而形成完整的无人机任务规划方案。对于多架无人机,任务规划是根据无人机所要完成的任务无人机的数量及任务载荷的不同,对各架无人机进行任务分配并通过航路规划技术制定飞行路线。图 4-4 说明了一个典型无人机任务规划系统的原理结构图。

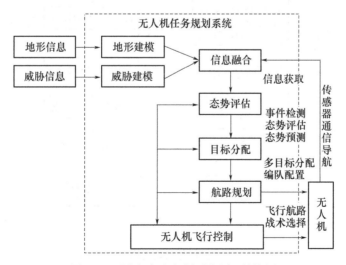

图 4-4 无人机任务规划系统原理结构图

在图 4-4 中,地形和威胁建模主要根据已知地形数据库和威胁信息,对反映威胁状态的空间分布进行描述,生成威胁空间,地形和威胁建模是无人机任务规划的信息来源和计算依据,也是无人机任务规划的基础和关键。信息融合是利用计算机技术对各类威胁信息、态势信息、环境信息等在一定准则下加以自动分析、综合以完成所需的规划任务而进行的信息处理过程。多源信息是信息融合的加工对象，协调、优化是信息融合的核心。态势评估以军事知识和军事经验为基础，按照军事专家的思维方式和经验，自动对多源数据进行分析、推理和判断，做出对当前战场情境合理的解释，为军事指挥员提供较为完整准确的当前态势分析报告。正确、快速的态势评估，是进行飞行任务规划的重要基础。

目标分配是指多无人机协同作战过程中为参战的无人机分配任务，即确定由哪架无人机执行哪些任务，并对无人机编队设计初步的飞行航路，使得无人机群的整体任务效能最高。目标分配是一个约束条件众多而复杂的优化问题，为了实现任务分配，首先需要预估每架无人机执行每个可能的任务序列的飞行航路，由此排列组合后产生的航路数量随无人机数量和任务数量急剧增长，这就会导致解空间随无人机数量和任务总数的增加而急剧增加，所以完成目标分配往往需求一个多参数、多约束的 NP 问题。航路规划是指在特定约束条件下，为无人机规划出生存概率最大的飞行航路或突防航路。航路规划是任务规划系统的核心，其主要技术难点在于面对不确定性的任务环境，如何快速制定出合理可行的优化航路。

实际完成一个任务规划工作，通常需要经历如图 4-5 所示的流程。首先是根据任务要求确定无人机的任务构型，进行威胁分析和任务剖面设计，明确出各类约束。之后，开展航路粗规划，即在考虑无人机性能、时间、威胁及空域等约束的情况下，为无人机规划出一条或多条从起始点到目标点的初步的最优航路。在此基础上，完成任务载荷和数据链路的工作规划，包括无人机的战术行为规划，形成完整的精细航路规划。之后，即可开展基于仿真的任务规划方案的分析和评估，根据评估结果对规划方案进行适度的调整改进，形成最终被认可的任务规划方案。最后进行规划数据的输出和装订。

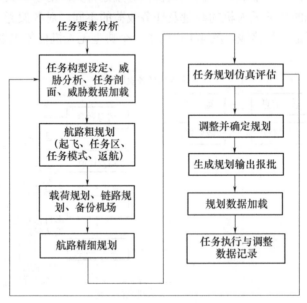

图 4-5 无人机任务规划运用流程示意图

4.2.4 无人机航路规划原理

实施航路规划就是要综合多类相关信息，考虑无人机性能、到达时间、油耗、威胁及飞行区域等约束条件，为无人机规划出一条或多条从起始点到目标点的最优或满意的航路，保证无人机圆满完成飞行任务并安全返回基地。在防空技术日益先进、防空体系日益完善的现代战争中，航路规划是提高无人机作战效能，实施远程精确打击的有效手段。在作战环境下，要求无人机在无人控制的条件下能够避开各种威胁，顺利到达目的地并完成指定任务，这就对航路规划技术提出了很高的要求。

1. 航路规划的方法步骤

航路规划包括飞行前航路规划和实时航路重规划两个方面。飞行前航路规划是在无人机起飞完成任务前，考虑所有已知的威胁及约束，借助计算机辅助手段寻找一条最优航路作为预定航路。飞行前航路规划一般在无人机起飞前完成，对实时性没有太多的要求，故也称离线航路规划。实时航路重规划是在飞行过程中，一些事先未知的威胁或环境变化被飞机上的传感器探测到或通过通信链被无人机感知到时，由机上重规划系统进行的更改预定航路的过程，也称在线航路规划。

无人机任务规划的数学本质是在一个约束空间内寻找一条从起飞机场到目标点/目标区域再到返回机场的一条满足某项指标为最优的航路，一般可分为三个步骤：一是航路规划问题建模，包括给出航路规划的任务区域，确定地形信息以及威胁源分布的状况以及无人机的性能参数等限制条件；二是航路解算，即采用航路规划算法，生成满足所有约束的、从起点到终点的一系列航路；三是航路平滑和优化，即对生成的航路进行优化处理，满足无人机的最小转弯半径、飞行高度、飞行速度等约束条件，使路径平滑可飞。

2. 常用的航路规划算法

航路规划算法是实现航路规划的关键，其性能好坏直接决定了生成航路的效率和生成航路的优劣。近年来，国内外学者对于航路规划算法做了大量研究，总结出了各种各样的算法，包括Dijkstra算法、动态规划算法、遗传算法、A*算法等，各种算法各有优缺点。

Dijkstra算法是图论中求解最短路径的一种算法，该算法的优点是计算速度快，有利于工程实现。Dijkstra算法是将无人机航路规划问题转化成有向图中求最短路径问题，然后根据输入信息确定各级航路点及其代价，用Dijkstra算法进行最优搜索，形成最优路径航路点序列。

动态规划算法是一类多阶段决策过程的最优化方法。根据飞机约束，在有限探测和处理范围内，得到下一时刻飞机可能到达的位置，并在新飞行点上，计算再下一时刻位置，以此类推，得到一棵航路树，比较树枝终点的性能指标并找到代价最小的节点，反向搜索其父节点，得到最优航路。

遗传算法是一种新发展起来的航路规划算法，主要思想是利用某种编码技术作用于染色体的二进制数串，模拟由这些串组成群体的进化过程。由于遗传算法本身的特点总能针对某种问题求出一个解，这个解不一定是全局最优，但一定是接近最优解的全局最优解，而且算法本身一定收敛，所以在无人机航路预规划系统中大量采用了遗传算法。

A*算法属于启发式搜索算法，该算法利用问题拥有的启发信息来引导搜索，达到减少搜索范围，降低问题复杂度的目的。启发式搜索算法首先定义评价函数：$f(m)=g(m)+h(m)$。其中$g(m)$表示从初始节点到当前节点m的最小代价路径的估计值，$h(m)$表示从当前节点m到目标节点的最小代价路径估计值，$f(m)$则表示从初始节点经m到目标节点的最小代价路径估计值。搜索原则是优先扩展$f(m)$小的节点，最终搜索到最优航路。该算法由于提供了智能搜索，因此大幅度提高了搜索效率，但该算法最终接近最优程度取决于启发函数表达式以及$g(m)$和$h(m)$之间加权因子。

航路优化技术是无人机能否沿着所规划航路飞行的保障,在通过航路规划算法得到了初步的最优参考航路后,由于无人机机动性和动力学性能限制,无人机并不一定能够精确地沿着生成的航路飞行,这就需要进行航路的优化,以保证无人机能够按照优化后的航路飞达目的地。航路优化的方法较多,有二次B样条插值法、三次B样条插值法、圆弧拟合法等。

在大规模对抗任务中,为了使摧毁目标的概率最大,需要多个无人机之间相互配合完成打击任务,这就涉及到多无人机的协同航路规划技术。多机协同航路规划是为了确立每一个无人机的飞行路线,防止空中碰撞事故,并在尽可能少的时间内以最少整体代价函数到达目标。在无人机协同航路规划中,到达目标的时间是一个非常重要的评估指标。为了使无人机能够同时到达目标,一般采用以下两种方式:一种是通过协调无人机的飞行速度使到达目标较短路径的无人机采取小的速度,使较长路径的无人机速度加大;另一种是对航路做一些修正,通过附加一些路径使每架无人机到达目标点的距离大致相等。在多机协同航路规划问题中,求解无人机整体最优航路是一个大系统的非线性最优化问题,计算复杂,对信息快速处理要求苛刻。

3. 航路规划的实际算例

设想需要在某500km×500km的任务区域内为无人机进行航迹规划,在该区域内存在两种类型的威胁:一是火力杀伤威胁,其杀伤范围的大小有两种等级,杀伤半径分别为50km和25km;二是地形威胁,为简便处理起见,将地形离散为一定大小的包络圆,假设也存在两种等级,其半径分别为25km和12.5km。设定用"★"和"▲"分别代表无人机的起始点和目标点,白色圆形区域表示杀伤区域,灰色圆形区域表示地形威胁。

首先,针对该航迹规划的任务区域,根据火力杀伤威胁和地形威胁半径的大小,采用基于改进型Voronoi图进行规划空间生成,得到如图4-6(a)所示的初始规划空间。由图可知该规划空间为一个从起始点到目标点的加权有向图,对于该加权有向图可以通过相关算法得到若干条初始航迹。

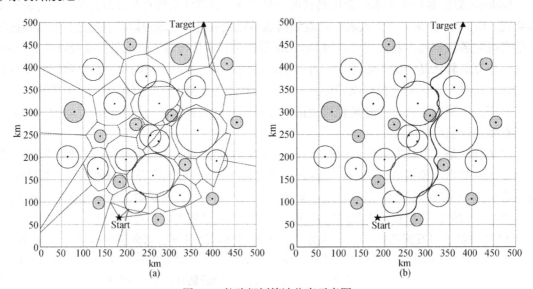

图 4-6 航路规划算法仿真示意图
(a) 初始规划空间的 Voronoi 图;(b) 规划完成的可飞航路。

之后,针对生成的初始规划空间,采用 A*算法进行初始航迹规划。注意,当启发式函数中 $g(m)$ 所占比重较大时,航迹寻优过程会突出算法的广度优先性,提高算法准确性,但影响航迹寻优的效率，将使航迹规划的实时性变差。当启发式函数中 $h(m)$ 所占的比重较大时，则突出寻优过程中算法的深度优先性，节点扩展明显偏重启发信息，有效剔除了不满足约束条件的节点，提高航迹寻优的效率。

最后，针对所得的最优初始航迹，采用三次 B 样条插值法进行航迹优化和平滑，使其满足无人机的机动性和动力学特性，得到如图 4-6(b)所示的最终规划航迹。

4.3 地面指控站实例与发展趋势

无人机地面指控站有多种形式，包括便携式、车载式、舰载式甚至机载式等。最简单的地面指控站可以是一台配置了指挥控制与任务规划软件的便携式计算机。但对于大型无人机系统，地面指控站通常包括若干个功能不同的控制站，对它们的展开和运输，往往还需要配备方舱和车辆。

4.3.1 大型地面指挥控制站实例

大中型军用无人机一般都配有大型的地面站，其形式大多是军用方舱形式。本节主要详细介绍美国的"全球鹰"无人机系统、"猎人"无人机系统的地面指挥控制站和以色列"赫尔墨斯"无人机系统的地面指控站，用以说明大型无人机系统地面指控站的形式、功用和特点。

1. "全球鹰"无人机系统的指挥控制站

"全球鹰"无人机是世界上最先进高空长航时无人侦察机系统。"全球鹰"RQ-4B 无人机机长 14.5m，翼展 39.9m，展弦比 25:1，最大起飞重量 11622kg，有效载荷 900kg，最大载油量 7000kg，最大飞行速度 740km/h，最大飞行高度 19800m，巡航速度 635km/h，航程 26000km，最大续航时间 42h，目标区域滞空时间 24h 以上。

"全球鹰"无人机系统的地面指挥站系统也非常庞大，主要部分可以分为任务控制站(Mission Control Element，MCE)和起降控制站(Launch and Recovery Element，LRE)。任务控制站是无人机系统的主控制站，具有对"全球鹰"无人机的完全的指挥控制能力，包括任务规划及数据加载、飞行操控和载荷操控、传感器数据处理等功能，所以任务控制站内的操作席位设置也比较多，如图 4-7(a)所示。顾名思义，起降控制站是仅能用于起飞和降落阶段的控制站，其功用是对无人机在起飞和降落阶段的航路规划和飞行操控进行管理，操作席位设置比任务控制站少，如图 4-7(b)所示。一般来说，任务控制站包括了起降控制站的全部功能。

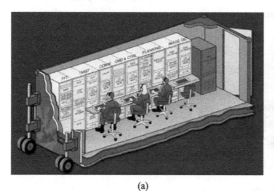
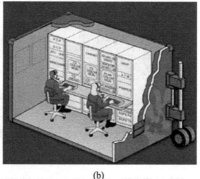

(a) (b)

图 4-7 "全球鹰"无人机系统地面指控站的内部结构示意图

(a) 任务控制站；(b) 起降控制站。

任务控制站和起降控制站分离的形式,是美军大型无人机系统的通常做法,其"捕食者"无人机系统的地面指控站也采用了这种形式。这种形式的优点在于可以将任务控制站部署在中心基地,而将起降控制站部署在前沿机场,从而实现了远程分离作战,大大提高了无人机系统的作战能力。

2. "猎人"无人机系统的指挥控制站

"猎人"无人机系统RQ-5A是美国陆军装备的第一种战术无人机,由美国汤普森·拉莫·伍尔德里奇公司(TRW)和以色列飞机工业公司(IAI)联合研制,"猎人"无人机性能出色,已成为美国陆军不可缺少的重要侦察武器系统。该系统于1996年开始服役,已被出售到法国和比利时。"猎人"无人机最初是一个试验平台,可进行通信中继、气象传感器、移动目标指示器以及其他载荷、传感器和武器等的试验。美陆军官员称该无人机是通用无人机,可与各种载荷进行集成。1996年来,"猎人"无人机已试验了23种不同的载荷。"猎人"无人机系统能够执行下列各项任务:实时图像情报、火炮校正、战损评估、侦察和监视、目标捕获和战场观测。

"猎人"无人机系统的地面指控站型号为GCS-3000,内设2个操作席位,由两名操作人员负责指挥和操控无人机及其机载的任务载荷。一个地面指控站能控制一架空中无人机或两架以中继模式运行的空中无人机。GCS-3000地面指控站设有三个控制舱和一个可选择的情报舱:无人机操纵员控制舱用于控制空中无人机的飞行,载荷控制舱用于操控无人机的任务载荷,导航控制舱装备数字地图显示器,在数字地图上显示无人机的飞行路径和监控任务进展,情报舱提供数据处理和分配能力。GCS-3000地面指控站使用5000kg的轮式车搭载。图4-8是"猎人"无人机系统GCS-3000地面指控站的部分照片。

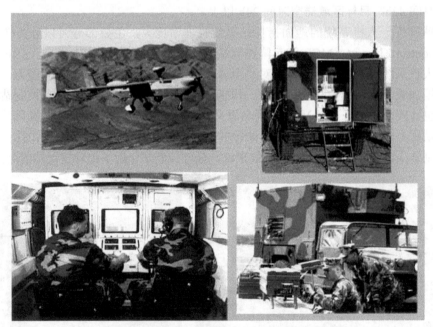

图4-8 "猎人"无人机系统的GCS-3000地面指控站

3. "赫尔墨斯"无人机系统的地面指控站

"赫尔墨斯"无人机系统是以色列埃尔比特银箭公司为以色列国防部研制的中空长航时无人侦察机系统,该机目前已有多个型号,形成了系列化的"赫尔墨斯"家族,其中比较著名的是 Hermes-450 和 Hermes-1500。Hermes-450 翼展 10.51m，机长 6.2m，最大起飞重量 550kg，最大任务载荷 150kg，升限 5000m，巡航速度 140km/h，续航时间 24h，航程 200km，主要用于昼夜侦察/监视、通信中继、目标捕获、目标指示、电子战等。Hermes-1500 翼展 15m，机长 9.2m，最大起飞重量 1500kg，最大任务载荷 400kg，升限 9150m，巡航速度 222km/h，续航时间 40h，航程 200km。主要用于情报收集、侦察/监视、通信中继、电子对抗、边界巡逻等。

"赫尔墨斯"无人机系统配置的是车载的地面指控站方舱，如图 4-9 所示。方舱内设置有飞行操控和载荷操控两个操控台，人机交互界面设计良好。该指控站的主要功能有：飞行前和飞行中的任务规划功能、飞行控制功能、载荷控制功能、侦察信息处理和存储功能、数据链路管理功能和飞行及任务的仿真推演功能。"赫尔墨斯"无人机指控站配备 S-280 型方舱，包含 2~3 个控制台、显示器、计算机、记录仪、硬拷贝打印机，另外配有外置电源、战术通信系统、地面数据终端 GTI、遥测视频终端 RVI、飞行航线检测/加载设备 FLT。

图 4-9 "赫尔墨斯"无人机系统的车载地面指控站及内部结构

为了野外机动作战和特种作战的需要，除了大型的车载方舱形式的指挥控制站外，"赫尔墨斯"无人机系统还配备了可移动的便携式地面指控站，如图 4-10 所示。

图 4-10 "赫尔墨斯"无人机的便携式指控站

4. 典型的指控站方舱

为了便于无人机系统的运输和装载，军用无人机的地面指控站大多都配置于标准化的方舱内。方舱必须为操作员提供工作空间，也要为人员及设备提供环境控制装置。图 4-11 给出了一种美军无人机系统地面指控站方舱的典型配置。

由于地面指控站方舱面积有限，操作员的人数也受到了限制，通常希望专职无人机飞行操控员及载荷操控员并排坐在一起。载荷操控员要负责操控侦察载荷工作，搜索和获取任务区域的信息，观察无人机获得的实时侦察图像，迅速捕获、识别目标，并作出攻击决策或建议，因此，对载荷操控员的操作技能要求较高。

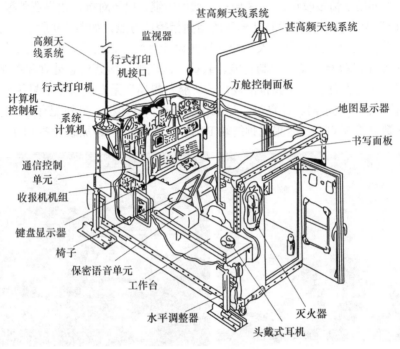

图 4-11　美军地面指控站方舱的基本配置

4.3.2　小型无人机指挥控制站实例

对于很多功能较为单一的微小型无人机系统，其地面指挥控制站的形式相应的也比较简单，可以是便携式计算机的形式，也可以是掌上电脑的形式。

1. 小型便携式地面指控站

简单的便携式地面指控站通常是一台以便携式计算机为核心的无人机操控台，如图 4-12 所示。通常配置适合在野外强光环境下使用的 LCD 显示器；指令按键采用防误操作的按键，以保证指令的正确性；设置配合飞行控制系统功能的飞行操控杆，让飞行操作更为轻松；采

图 4-12　小型地面指控站的外观图

用闪存技术的电子硬盘作为主硬盘,存储操纵系统及无人机地面控制系统软件,避免了传统硬盘怕震动的缺点,使地面站系统更可靠,提高了飞行安全;内置数传电台和外接天线,把测控系统集成到地面指控系统内,地面人员可以选择不同增益的天线;允许用移动硬盘存储侦察信息,方便导出图像数据;内置电池供电管理系统,可保证 1~3h 的自供电,提供 220V 交流或 12V 直流,允许外部供电。表 4-1 给出了一种便携式地面指控系统的硬件配置。

表 4-1 便携式无人机地面指控系统典型硬件配置

分 类	具体配置
基本配制	CPU:Intel P4-2.4G 处理器 芯片组:Intel-845 内 存:512MB 主硬盘:4GB 电子硬盘 副硬盘:40GB 监视器:12 英寸、8 英寸 接 口:4 个 USB(外接 2 个);4 个 RS-232 串口(外接 2 个);外接 VGA 显示接口;RJ45 网络接口;AV 视频输入
输入设备	标准笔记本键盘,工业轨迹球鼠标
功能配制	33 个行列键盘,1 个 360°航向转盘;内置 900MHz 远距离跳扩频数传电台;外接天线接口

2. 无人机掌上指控系统

掌上指控系统是为起飞重量从几百克到十千克之间的微型、手抛型等微小型无人机专门开发的地面指控系统。该系统包括掌上电脑、地面遥控遥测软件、数据转发器、内置数传模块等部分,体积小,重量轻,可以放在手掌上执行无人机遥控遥测任务。内置的指控软件功能强大,集成了便携式地面站的功能,并结合自身特点进行了软件优化,特别适合单兵作战。表 4-2 是一个掌上指控系统的典型软硬件配置表。

表 4-2 掌上地面站系统硬件配置及软件功能

分类	组 成
硬件组成	Intel XScaleTM PXA270 624MHz,集成 802.11b 3.7 英寸触摸式 Transflective 液晶屏,TFT 色彩 16 位 分辨率 480×640;65536 色彩 重量:167g;长、宽、高:119mm×73mm×16.9mm
软件功能	实时监控无人机飞行参数 多种指令操纵方式 通过航点拖动实时航点修改 实时空中修改飞行参数 与数据电台采用无线通信方式

4.3.3 无人机指控系统的发展趋势

地面指控站是无人机指挥控制系统的具体实现,是无人机系统闭环控制结构的重要环节,对于无人机的安全飞行和完成任务非常重要。所以,地面站技术的发展与无人机技术发展几乎有着同样的重要性。随着无人机作战运用需求的发展和技术的进步,无人机地面指控站的发展趋势主要体现在通用性、开放性、高度自主性和高逼真的虚拟现实。

1. 通用性和开放性

在无人机系统的发展历史中,基本的做法是一套无人机系统配备一种型号的地面指挥控制站,这些地面站不仅结构形式不同、功能配置各异,而且系统组成架构也千差万别,内外部数据接口、通信协议更是相互封闭,导致的结果是不同的无人机指控站之间无法实现情报信息的共享,增加了用户使用维护无人机的负担和费用,更是影响着无人机作战效能的有效发挥。因此,实现无人机地面指控站的互联、互通和互操作,已成为无人机运用领域的共识和急切需求。所以,通用性和开放性将是无人机地面指控系统未来发展的首要特点。

为提高无人机的互操作性,必须解决通用性问题。要做到这一点,需要在用户界面、操作系统、系统架构、功能配置等方面,建立统一的无人机标准。美军于 2001 年成立了一个 40 人的联合无人机办公室,负责制定无人机的各种标准,包括技术标准、作战标准、战术标准、程序标准。国防部长办公室成立了制定无人机技术标准的综合产品小组,制定出无人机系统的接口标准。该办公室所属的无人机规划工作组制定了用于管理无人机任务规划的数据标准,开发无人航空平台间的通用软件。国防航空侦察局和国家图像测绘局共同确定了通用的图像存储与传输协议,拟定了"通用图像地面/接口系统"(CIGSS)。美军为无人机制定了涉及态势感知、载荷、武器和控制的四种标准界面,不同级别的无人机将根据需要选用不同界面,如小型无人机可能不配置武器界面。

地面指控站应具有开放性结构,通过采用模块化组件,可以海陆空通用。"开放性"是指地面指控站具有快速、方便地增加新的软件和硬件的功能。如当飞行器增加一个任务载荷传感器时,只需将其插入主板或预留接口中而不影响其他硬件的功能。采用模块化设计和开放式结构是实现无人机系统综合集成的有效方法。无人机机载设备采用模块化设计后,可以根据任务需要随时更换相应的设备,实现"一机多用"和"即插即用",使用灵活、携带方便。

美军已开发出一种统一的无人机战术控制系统(TCS),可对大多数陆、海、空军的近程及中程无人机进行控制,已提供给德国、加拿大、英国等北约国家。北约正据此确定技术标准,建立通用地面站(UCS),并成立了为通用控制系统制定设计标准的工作小组,同时正在实施一项旨在提高成员间无人机互操作性的计划,设定了北约无人机通用地面站的规格。

2. 高度自主性

未来无人机作战环境越来越复杂,战场环境动态性、不确定性大大提高,无人机依靠人工和基于程序化的自动控制策略已经无法满足战场环境的使用。提升自主能力已成为未来无人机和地面控制站发展的必然趋势。同时,无人机自主能力的增强,将大大降低对地面控制站的要求,通信带宽也将有效地分配给任务系统。美军无人机路线图中,将无人机的自主控制等级划分为 10 个等级,目前主要发展的是 4~5 级,即自主飞行过程中具有智能决策与智能控制的能力。近期发展目标是第 6 级,即做到无人机机群协同和机群战术任务重规划。

3. 高逼真虚拟现实

为了提高无人机操作的真实感、沉浸感，未来的无人机地面控制站将大量采用高逼真的虚拟现实技术。通过将光电/红外等实景视频、图像与虚拟现实技术相结合，将更加有利于无人机操控员沉浸到虚拟现实环境中获得更加逼真和全面的无人机态势信息和任务环境信息。来自光电/红外等载荷的真实场景视频、图像数据，增强了虚拟世界的动态性，同时，虚拟的场景又是作为这些真实现场的重要补充。这种混合虚拟现实技术，将大大提高无人机操作员身临其境的感觉，使得无人机操作界面更加简单和直观，降低了对无人机操作人员能力的要求。

第5章 无人机任务系统与运用

无人机能够快速发展的主要原因在于与有人飞机相比，无人机可以更好地执行那些危险、枯燥和有害的任务。而无人机要完成这些任务，就需要有相应的任务设备，也就是无人机的任务载荷，以及管理这些任务载荷使用及其任务数据的机载系统，所有这些与无人机任务相关的设备装置的综合就构成了无人机的任务系统。可以说，任务系统是无人机完成任务的核心，也是衡量无人机能力的重要方面。无人机所要承担的任务种类的多样性导致了无人机任务载荷的多样性，任务系统的构成又取决于无人机系统的作用定位和技术复杂度。

5.1 任务系统的功用与组成

5.1.1 任务系统的功用

为了使无人机上的任务载荷能够有效且可靠地工作，确保无人机任务的高效完成，必须对无人机任务载荷的工作状态进行控制。以无人机的光电侦察载荷为例，包括相机、摄像机、红外热像仪、激光测距机等，这些光电侦察设备按照光轴相对于无人机轴线运动的特点，可分为定轴、可转动光轴、有光轴稳定平台等几种方式。对于这些不同特点的光电侦察载荷，要想获得质量较好的侦察图像信息，就需要对光电载荷的光轴、焦距、开关机时间等进行控制和管理。实现这种控制与管理的方式有两种：一是指控站中的载荷操控员通过载荷操控设备对机载载荷进行遥控，二是机载的控制系统按照程序进行自动控制。在一个任务过程中，这两种方式可以独立使用，也可以结合起来共同对载荷进行控制。实现机上载荷自动控制的机载系统就是无人机的任务管理系统，是无人机任务系统的核心。

无人机的任务系统是指无人机上负责任务载荷管理、任务数据实时记录、任务数据下传控制、身份识别与航管应答、任务规划数据加载，确保无人机执行指定任务的机载系统。对于大型的无人机系统来说，任务系统可以根据不同的任务模式，配置不同的任务载荷，分别完成临空侦察、远距侦察、对地打击等任务。对于小型低成本无人机系统来说，任务系统可能很简单，抑或只是作为飞控系统的一个功能模块，并不独立成系统。一般来说，无人机任务系统应具备以下主要功能：

(1) 任务载荷管理与控制。根据无人机的位置、姿态等按照预定程序对任务载荷的状态进行管理和控制，包括任务载荷工作单元的选择与转换，以及任务载荷的开关控制、工作方式的转换、焦距调整、图像跟踪控制等。

(2) 任务载荷功能的管理与控制。对载荷的扫描、跟踪、测距、记录、回放等功能进行选择或转换。

(3) 载荷控制方式的切换管理。选择和管理任务载荷的程控、遥控等方式的切换。

(4) 任务数据实时记录与存储。对无人机任务载荷获得的侦察信息等进行实时的记录与存储。

(5) 任务载荷规划数据加载。通过任务系统获取并执行关于任务载荷工作的规划数据。

(6) 任务数据下传控制。根据无人机系统的任务要求和系统设定,控制任务数据下传给地面控制站的方式与时机。

(7) 身份识别与航管应答。除了那些小型的航模式无人机以外,对于进入空域的无人机来说,基本都需要对航管系统或指控系统的身份识别进行应答,这项工作也归于任务系统负责。

(8) 任务载荷工作状态的监测与管理。对无人机任务载荷的工作状态进行实时检测,及时对故障进行处理,同时也让地面操控人员及时了解载荷的工作情况。

5.1.2 任务系统的组成

无人机任务系统的功能通常是非常明确的,但就组成来说,却会因无人机系统的规模、先进程度、设计要求、成本控制等有所不同。对于大中型先进无人机系统来说,通常具有完整独立的任务系统,尤其是独立的任务管理系统。但对于微小型无人机系统,由于任务载荷构成简单,功能也相对单一,所以任务系统的构成及其功能也比较简单,甚至可以没有独立的任务管理系统,其任务管理功能被嵌入飞行控制与管理程序中。本节以独立的任务系统为例,来说明任务系统的组成。

一般来说,一个独立的任务系统,通常应包括以下组件或子系统:

(1) 任务载荷
(2) 任务管理计算机
(3) 任务数据记录器
(4) 身份识别与航管应答系统
(5) 电源系统
(6) 其他独立子功能系统

对于不同的无人机来说,任务载荷是根据无人机任务定位的不同而有所区别的,例如对于单纯的临空战术侦察型无人机,其任务载荷主要是可见光和红外类侦察载荷;对于如"捕食者"一样的具备察打一体功能的无人机来说,其任务载荷不仅有可见光、红外类侦察载荷,还包括有激光指示器、对地攻击制导导弹等载荷;对于大型战略无人机,可以携带更多的载荷,如"全球鹰"无人机,还可以携带合成孔径雷达(SAR)、高光谱相机等高性能载荷。

任务管理计算机是任务系统的控制中心,其主要功能有任务载荷管理和控制、火控计算、任务导航、载荷控制方式的切换管理和通信管理等。

任务数据记录器完成任务载荷获取的侦察视频、CCD 图像、武器发射信号等任务数据的记录与存储功能,并可根据地面站指令进行 CCD 图像的实时下传。

身份识别与航管应答系统用于无人机对外的身份识别与航管应答,通常,大中型无人机上都装载有航管应答机。

电源系统为任务系统提供所需的各种电源。

其他独立功能子系统是指不同无人机所具备的、不包括在上述功能中的一些独立功能的子系统,如军用无人机通常要配置加密装置,而民用无人机则不必要。

5.2 无人机任务载荷的类型

20 世纪 60 年代以来,无人机已被广泛应用于照相侦察、情报收集、侦察监视、毁伤效果评估、人员搜救、对地攻击等任务,未来,无人机还将参加空战。支持无人机完成这些任务的任务载荷主要有光学相机、电视摄像机、红外热像仪、激光测距机、合成孔径雷达、通信设备、电子干扰设备、武器弹药等。根据任务载荷的功用,可以将其分为侦察监视、通信中继、电子对抗、武器弹药和靶标设备等五大类载荷。

5.2.1 侦察监视类载荷

1. 光学相机

光学相机是最早在无人机上使用的侦察设备,目前主要有两类,一类是胶片光学相机,另一类是光学 CCD 相机。早期使用的都是胶片光学相机,其获得的侦察照片需要无人机被回收后冲洗胶卷才能得到,侦察的实时性差,相机的信息容量也有限,使用局限性大。光学 CCD 相机属于数码相机,相机容量大,获得的侦察照片可以通过数据链路实时下传,侦察的时效性好。光学相机只能白天使用,且对天气条件要求高。

2. 电视摄像机

电视摄像机可以对任务区域形成连续动态的视频流情报,对于提高侦察监视的效能和搜索跟踪目标非常有益,已成为无人机侦察设备的基本配置。目前,无人机上使用的电视摄像机已经都是 CCD 电视摄像机,具有体积小、重量轻、功效低、灵敏度高、寿命长等优点。电视摄像机在昼间图像侦察设备中占统治地位,常和前视红外热像仪、激光测距机等组成多功能转塔,满足全天候实时图像情报侦察的需要。

3. 红外热像仪

红外热像仪是一种通过光学系统把景物红外辐射成像在红外敏感元件阵列上,并变换成视频电信号的热成像探测装置,能够仅依靠物体自然放射的红外辐射获得可见的热图像,并通过数据链路实时地回传到地面指控站。红外热像仪最大的优势就是能够在夜间没有光线的情况下不需依靠其他辅助设备或光源即可获得关于被探测物体的清晰图像,不仅自身隐蔽性好,而且一般不会被目视伪装或假目标欺骗。红外热像仪的这一优势,弥补了可见光侦察设备的不足,所以两者结合,可以完美地实现昼夜 24 小时的连续图像侦察。目前,高性能昼夜全天候无人侦察机都实现了这两类侦察载荷的互补使用。

4. 激光测距机/激光目标指示器

激光测距机是一种通过激光发射、接收原理来测量无人机至地面目标距离的距离测量设备,主要由激光发射装置、激光接收装置和信号处理部分组成。激光目标指示器是通过发射激光束为激光制导导弹指示目标的一类任务设备。

5. 光电侦察稳定平台

光电侦察设备在进行目标图像获取,或是激光目标指示时,总是希望侦察设备或指示器能够稳定地对准目标,从而获得稳定的、高分辨率的图像,或是实现对目标的稳定指示。但是,由于无人机平台的扰动,要想使侦察载荷自身稳定是很难的。为此,研制了光电稳定平台。通过对无人机运动扰动的补偿,实现了对无人机运动干扰的隔离,从而保证了载荷设备光轴的稳定,并可通过控制光轴的扫描获得更大范围的稳定的侦察图像,或是实现对目标的稳定跟踪和指示。

为了充分发挥光电稳定平台的作用和多种光电载荷的取长补短,人们通常将电视摄像机、红外热像仪和激光测距机/目标指示器等两种或三种光电探测设备共轴安装于稳定平台上,从而得到如图 5-1 所示的光电转塔,也被称为光电监视/瞄准装置(EO/IR),这就是我们在许多大中型无人机的机头下方看到的球柱状设备。光电转塔可以大大提高无人机的昼夜侦察和目标指示能力,已成为先进无人机侦察机系统的重要配置。

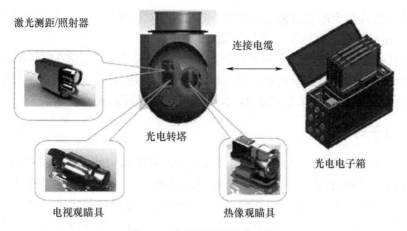

图 5-1　光电转塔及组成结构

6. 合成孔径雷达(SAR)

合成孔径雷达利用合成孔径天线和先进的信号处理技术，通过分析飞行器平台的一系列雷达扫描的多普勒频移能产生数百米宽的虚拟天线，从而可以获得远高于传统雷达分辨率的侦察图像。合成孔径雷达的最大优势在于远程、高精度、低重量、全天候。合成孔径雷达通过发射雷达扫描波获得侦察图像，能够穿透云层、雨雾和烟尘遮蔽，可在夜间和恶劣气候时有效工作，进而可以做到全天候远程侦察，分辨率远高于传统的机载雷达。相比于要获得同样分辨率的真实孔径雷达，合成孔径雷达的重量和体积将大大减小，因此，才使得合成孔径雷达能够成为机载侦察设备的一种。合成孔径雷达是一种侧视成像设备，即雷达波的发射方向与机载平台的飞行方向必须是垂直的，所以使用 SAR 雷达进行侦察时，飞行平台必须沿侦察区域的侧向飞向。由于 SAR 雷达能够实现远程高精度侦察，为防区外远距侦察提供了有效设备和手段。

7. 激光雷达

长期以来，传统的侦察设备对于被叶簇等物体遮挡的目标难以实现很好的侦察和识别，激光雷达则较好地解决了这一问题。激光雷达的波长短，不但可以探测到簇叶下的目标，还可以对目标进行分类，提供目标的精确信息。利用 6ns 长发射机脉宽进行的激光雷达观测实验证明，被簇叶遮蔽的坦克类目标的距离分辨率为 25mm，未遮蔽目标的距离精度为 7mm。美国国防预研计划局研制了一种被称为"线锯"的小型激光雷达，让携带该型激光雷达的无人机在预先确定的非常小的区域内进行目标侦察，利用树冠或伪装中随机出现的空隙采集对目标的侦察数据。激光雷达可以有效地通过这些空隙观测目标的暴露部分，获得场景的三维影像。无人机运动时，新的空隙暴露目标的其他部分。把多个角度的观测融合成一个影像时，就可以显现目标的形状。

5.2.2　通信类载荷

对于通信中继型无人机，需要携带中继通信设备，实现对 VHF/UHF 频段的无线电通信信号的中继，提供语音和数据通信等服务。中继通信是中小型无人机战术运用的一种常见模式。美国国防部曾提出将无人机作为一种机载通信节点(ACN)，以弥补卫星通信能力对于战术运用的不足和局限，主要特点是：

(1) 无人机载通信节点能够比通信卫星更有效地满足各类战术通信的要求。

(2) 卫星虽然具有全球通信覆盖的优势，但在复杂对抗环境下，无人机载通信节点更具机动和灵活性，在局部范围将比卫星通信有优势。

(3) 在战时对抗条件下，无人机载通信节点能够有效地补充卫星通信在容量和链接上的不足。

(4) 长航时无人机载通信节点通过联网组成空中机动通信网，可以更好地保证大范围区域内超大容量、高实时性的指挥通信需求，大大降低通信保障的成本。

5.2.3 电子对抗类载荷

从美国、以色列等国的无人机运用实践看，无人机所承担的电子对抗任务主要有电子侦察、电子干扰和反辐射打击三大类。电子侦察就是通过电子侦察载荷侦收空中电子信号，并对收到的信号进行识别、追踪和解码，或对信号源进行测向和定位。电子干扰就是通过发射干扰电磁波，对非己方电子设备的工作信号进行干扰，使其丧失工作效能，或大大抑制其工作性能。电子侦察和电子干扰都属于软杀伤性对抗方式，而反辐射打击则是硬杀伤性对抗方式。

按照任务属性，电子对抗载荷主要有以下几类：

(1) 通信侦察载荷。主要用于对语音通信电台的搜索识别与跟踪。

(2) 通信干扰载荷。主要用于对语音通信信号进行干扰，干扰方式主要有点频干扰、阻塞干扰或欺骗干扰。

(3) 雷达侦察载荷。主要用于对雷达信号进行搜索识别与跟踪。

(4) 雷达干扰载荷。主要用于对雷达信号进行干扰，干扰方式也主要是点频干扰、阻塞干扰或欺骗干扰。

(5) 导航干扰载荷。主要用于对基于电子信号的导航设备进行干扰。

(6) 反辐射导弹/无人机。主要用于对雷达或具有电磁辐射源的建筑物和设备等进行反辐射攻击。反辐射无人机是一种自杀式攻击无人机。

5.2.4 靶标设备类载荷

靶标类载荷主要是用于靶机，为靶机的飞行、目标显示和回收等服务的任务载荷，主要有脱靶量指示器、雷达增强器、红外增强器、目视增强器和拖曳靶标等。

(1) 脱靶量指示器。用于测量指示地空导弹或高射炮弹打击脱靶量的设备。这种指示器一般要与地面接收站共同使用，对导弹射击靶标时的脱靶量参数进行实时的测量和指示。

(2) 雷达增强器。用于增强靶机的雷达反射信号的强度，使其与真实空中目标的回波强度相近，从而使靶机更逼近于真实目标。

(3) 红外增强器。用于增强靶机的红外辐射特性，使其与真实空中目标的红外辐射特性基本一致，目的也是使靶机更逼近于真实目标。

(4) 目视增强器。是一种用于使低空射靶人员更容易发现靶标的发烟装置。

(5) 拖曳靶标。用于靶机外拖曳或吊挂的靶标，目的是让打击武器直接打击靶标而保存无人机，使无人机可以反复使用。

5.2.5 武器弹药类载荷

无人作战飞机除了具有常规的侦察载荷之外，更彰显其特点和作用的是用于执行攻击任务的武器类载荷。从目前美国等发达国家对无人机武器弹药类载荷的发展情况看，主要有以下五类武器载荷：

(1) 空地制导导弹。这是目前使用和研制最多的一类武器载荷。最出名的是激光制导的"海尔法"空地反坦克导弹，不仅是美军装载在无人机上的第一型攻击武器，而且利用装载该型弹的"捕食者"无人机打击了基地组织，首开了无人机对地打击的先河。"海尔法"空地导弹由洛克希德·马丁公司生产，AGM-114K型"海尔法"导弹的导引头视野较窄，只有8°，只能直接瞄准发射，发射高度约3000m，使无人机被击毁的概率增大。AGM-114P型"海尔法"导弹视野增大至90°，可以进行离轴发射，攻击范围明显增大，发射高度提高到8000m。图5-2为"捕食者"无人机携带弹药的图片。

图5-2 "捕食者"无人机配备的部分弹药载荷

(2) 小型制导炸弹。美军为无人机研制了一种小口径炸弹(SDB)，也称小型灵巧弹，是波音公司研制的一种小型制导炸弹，采用硬目标灵巧引信，可以保证炸弹在完成穿透过程后爆炸。小口径炸弹采用双锥型弹头，在接近目标时，为增加炸弹的末速度，活动尾翼套件可抛放。该弹长细比为12∶1，使其能够穿透1.8m厚的混凝土。在12000m高度投放时，飞行距离可达45km。

(3) 反辐射导弹。反辐射导弹是用于对重要辐射源进行攻击的一类制导导弹。其末制导方式是被动雷达制导。导弹导引头捕获到特定的频率信号后，就会在制导控制系统的控制下，对辐射源进行攻击。

(4) 低成本自主攻击系统。该系统是洛克希德·马丁公司为美国空军和陆军研制的一种小型、有翼的灵巧子弹药，可在战场上空待机飞行。其携带的激光雷达导引头可对目标进行探测和测距，并进行自动识别和攻击。该系统具有成本低、可攻击移动目标及可由隐身飞机内置武器舱携带等特点。

(5) 新概念武器。新概念武器是指运用声、光、电等新概念技术原理研制的可使作战力量或设备暂时或永久丧失作战功能的武器。未来无人机上可能使用的新概念武器主要有激光武器和高功率微波武器。激光武器是使用激光直接照射武器或人员使其丧失作战能力的一类定向能武器。美国国防部于2002年曾表示，美军有可能将激光武器用于无人作战飞机等作战平台。高功率微波武器是把高功率微波源产生的微波经过高增益天线定向发射出去，将微波能量聚集在狭窄的波束内，以极高的强度照射目标以产生杀伤和破坏效果的一类武器。其优点是波束较激光波束宽，对目标跟踪的精度要求较低；杀伤效果与作用距离有关，具有远距离干扰、近距离摧毁等多种杀伤效应。据报道，美国用于无人作战飞机的高功率微波武器技术已经发展到成熟状态。

5.3 任务系统构型与作战运用

通过上一节的介绍，我们知道无人机可以携带的载荷有很多种类。事实上，无人机仅仅是一个任务平台，通过携带不同的任务载荷，就可以成为能够完成不同任务、具备不同功用的无人机。但是，无人机的有效载荷重量也是有限的，不可能一次携带很多的任务载荷，对于中小型无人机尤其如此。所以，对于一种多用途无人机来说，它可以携带的载荷可能有多种，但每次任务所能携带的任务载荷要根据任务的需求及载荷的重量来确定。不同配置的任务载荷，就构成了无人机任务系统的不同构型。不同的任务构型所对应的任务系统的工作原理也是有所差别的。

5.3.1 任务系统的典型构型

本节以侦察打击一体化的无人机系统为例来说明无人机的任务构型，其典型代表为美国的"捕食者"无人机。对于具有侦察打击一体化功能的无人机系统来说，其所能够携带的任务载荷可以有 CCD 光学相机、光电监视/瞄准装置(EO/IR，光电转塔)和对地攻击导弹，可以执行的任务主要是两类，一类是单纯的侦察监视任务，另一类是目标搜索与打击任务。这两类任务所需要的载荷配置也是不同的，所以，这类无人机通常有两种典型的任务构型，即侦察监视构型和搜索打击构型。

1. 侦察监视构型

在侦察监视任务构型中，无人机通常配置的任务载荷包括光电监视/瞄准装置和可见光 CCD 相机。光电监视/瞄准装置是把电视摄像机、红外热像仪和激光指示/测距器等三个部件以共光轴形式安装在光电稳定平台上构成的光电转塔。其中，电视摄像机的功能是提供目标的可见光图像信息，白天可用；红外热像仪提供目标的红外图像信息，夜晚可用。这两种载荷的主要功能是提供侦察区域的可见光和红外图像，获得关于目标的方向信息。激光指示/测距器则提供目标的距离信息，原理很简单，就是激光测距器统计激光发射、接收的时间，再乘以光速除以 2 就是目标的距离信息。

2. 搜索打击构型

在目标搜索打击任务构型中，无人机通常配置的任务载荷包括光电监视/瞄准装置、可见光 CCD 相机和空地制导导弹。其中，光电监视/瞄准装置和可见光 CCD 相机的作用与侦察监视构型相同，空地制导导弹用于对目标的攻击。在这一构型中，光电监视/瞄准装置提供对目标的激光指示，为激光制导导弹提供制导信息源。

3. 任务系统的原理架构

对于不同的任务构型，任务系统的原理架构是相似的，不同的仅是任务管理计算机中的功能逻辑有所差别。图 5-3 说明了任务系统的原理架构。任务计算机是任务系统的核心，负责整个任务系统的功能管理、信息处理、指令生成，以及与外系统的交联。根据任务计算机的指令，可见光 CCD 相机、光电监视/瞄准装置等侦察类载荷的工作状态可以被调整，并将获得的图像或视频信息传送给任务数据记录系统，由该系统将这些信息发送给信息传输系统的机载终端，并通过下行链路传送到地面指挥控制站。另外，任务计算机还将根据任务要求和操控员的指令，生成武器系统的工作指令，完成弹药的投放。任务计算机在工作过程中，需要交联的外部系统主要有信息传输系统的机载终端、飞行控制系统和电源系统。电源系统为任务计算机提供所需的各类工作电源；信息传输系统机载终端一方面向任务计算机发送指令和数据，另一方面接收任务计算机发送的系统状态数据、载荷状态数据、侦察图像和视频数据等；飞行控制系统既要向任务计算机提供飞行参数、无人机姿态位置参数以及大气参数等数据，还需要任务计算机提供的飞行导引参数。

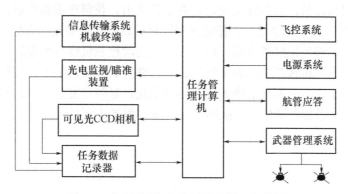

图 5-3　典型无人机任务系统的原理架构图

5.3.2　任务系统的作战运用原理

无人机任务系统的作战运用可以分为两种模式，一种是人工操控模式，即地面站中的载荷操控员通过载荷操控设备操控任务载荷工作；另一种是自动控制或半自动控制，也即指令控制，除了指令生成与自动控制不同外，其他工作原理与自动控制方式相同。所以，本节重点以自动控制方式为例，说明任务系统的运用原理。事实上，任务系统的作战运用与任务特点是密切关联的，也就是说，不同的任务构型所对应的任务流程是有所差别的。

对于典型的侦察监视任务来说，无人机到达任务区域后，任务计算机按预先规划数据或指令生成侦察载荷的工作指令，包括开关指令、工作参数等。可见光 CCD 相机对预定区域进行侦察，光电监视／瞄准装置进行监视，并将侦察信息通过信息传输系统回传至地面站。根据下传的视频信息或图像信息，由地面人员进行侦察任务评估，决定是否再次进行侦察监视。任务结束后，无人机按预定航线返航、下降、着陆。在执行侦察监视任务过程中，为了获得更好的侦察监视效果，载荷操控员可以要求飞行操控员控制无人机下降到适当高度，任务结束后，再爬升到巡航高度。在人工操控侦察时，载荷操控员要通过操控侦察载荷的转动、变焦、调焦等，尽可能地获得清晰的图像照片，使目标窗口尽可能地与图像中心窗口保持重合，从而更有利于对目标的发现和跟踪，如图 5-4 所示。

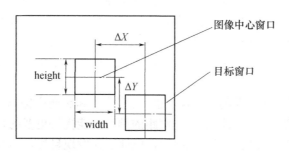

图 5-4　图像中心窗口与目标窗口偏差示意图

对于执行空对地攻击任务来说，无人机到达任务区域后，任务计算机按预先规划数据或指令生成侦察载荷的工作指令，控制侦察载荷搜索目标，同时将视频图像实时传回地面站。载荷操控员发现可疑目标后，任务计算机可以根据操作员的指令计算导引参数，控制飞控系统引导无人机围绕目标进行盘旋飞行，以便操作员更好地进行目标识别和确认。载荷操控员可将可疑目标上报指挥员，由指挥员决定是否实施攻击。获得攻击指令后，载荷操控员操控光电监视/瞄准装置跟踪、锁定目标，任务管理计算机计算导引参数，飞控系统控制无人机调整飞行姿态和高度。满足发射条件后，即可人工或自动控制机载导弹发射，完成对目标的攻击。攻击完成后，无人机转弯进入识别盘旋机动，评估目标毁伤效果，等待是否再次攻击。需要说明的是，对于由本机制导的激光制导导弹来说，导弹发射后，载荷操控员还要操纵激光指示器为导弹指示目标，确保导弹能够击中目标。图 5-5 说明了典型的无人机对地打击过程中的载荷运用过程。

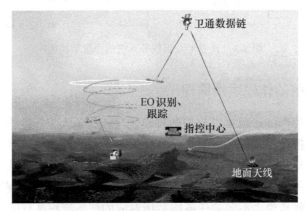

图 5-5 无人机对地打击的载荷运用示意图

5.3.3 无人机任务载荷的发展趋势

无人机任务载荷的发展势头之强劲是史无前例的。基于新材料、新技术和新概念的任务载荷研究方向众多，使无人机任务载荷正朝着多功能、高性能和综合性的方向发展。随着微电子技术、通信技术、计算机技术的进步，无人机任务载荷的技术发展将主要聚焦以下方面：

(1) 提高红外传感器性能。一是发展第四代前视红外系统。第四代前视红外技术又称灵巧焦平面阵列技术，采用碲镉汞传感器和先进的信号处理技术，可以覆盖整个可见光波段和近、中、远红外波段，可为载机提供 100 多千米的红外搜索跟踪能力。二是发展非制冷红外凝视焦平面阵列探测器件。红外探测器一般分为光探测器和热探测器两大类。热探测器一般可以工作在室温下，不需要昂贵的深冷制冷器，所以也被称为非制冷红外探测器。非制冷红外探测器与凝视焦平面阵列结合在一起，具有成本低、重量轻、精度高的优势，很适合小型战术无人机，特别是微型无人机任务载荷的使用需求，可能成为近距、低成本红外成像侦察设备的首选。

(2) 增强多光谱和超光谱探测器的探测能力。多光谱和超光谱探测技术可以探测不同的红外带宽、光谱甚至混合光和射频以及激光测距的频谱，能提供更多的目标信息。中、低分辨率超光谱成像器件具有超强的目标探测能力，能够迅速发现目标，而且得到的数据量大大小于普通光电成像器件，降低了数据处理负担，如果采用中、低光谱分辨率的超光谱成像系统并结合适当的探测算法，即可快速进行大面积的区域目标搜索，但目标识别能力不足。为此，需要研究与具有高分辨率目标识别能力的普通光电成像器件相结合的方法，提高整体系统的搜索、识别和跟踪能力。

(3) 任务载荷模块化和通用化。随着无人机所要承担的任务越来越多，无人机系统的结构日趋复杂，全寿命使用成本也在不断增高。如何使无人机具有执行多种不同任务的能力，同时又不会大幅提高无人机结构的复杂性和成本，一个可行的技术途径就是使任务载荷模块化和通用化。如果各种任务载荷能够实现模块化和接口通用化，而且不同载荷的数据处理、控制等功能可由机载公共设备完成，并能提供通用的任务载荷接口，那么，无人机就可以成为通用的任务载荷平台。通过快速换装不同的任务载荷，无人机即可灵活地具备不同的任务能力，既降低了成本，又提高了无人机平台的多任务能力。当前，模块式任务载荷的概念正在受到越来越多的关注和研究。

第6章 无人机的信息传输系统

信息传输系统是无人机系统中负责在无人机和地面指挥控制系统间传输遥控指令、遥测数据和任务数据的通信通道及设备的总称。信息传输系统是连接无人机飞行平台和地面控制站与地面指控人员的信息桥梁,对于无人机安全飞行和完成任务必不可少。本章对无人机信息传输系统的组成功用、工作原理、使用要求等进行概要介绍。

6.1 信息传输系统的功用与组成

6.1.1 信息传输系统的功用

信息传输系统是无人机系统的重要组成部分,其主要任务是建立一个空—地双向数据传输链路,完成对无人机的遥控、遥测和侦察信息的传输,图6-1是"捕食者"无人机的信息传输系统。无人机信息传输系统在功能上包括用于传输地面控制站对飞行器及机上设备控制指令的上行数据链路和用于接收无人机下传数据的下行数据链路。具体地说,信息传输系统具有以下功能:

(1) 通过上行数据链路向无人机传送遥控指令。
(2) 通过下行数据链路向地面控制站传送无人机和机载设备的状态数据。
(3) 通过下行数据链路向地面控制站传送无人机任务载荷的侦察数据。

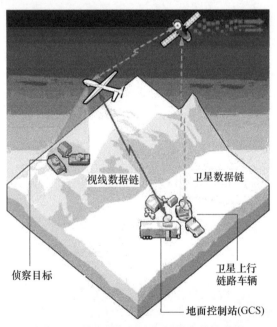

图6-1 "捕食者"无人机的信息传输系统

(4) 传输测距码，实现对无人机的测距。

(5) 实时传输无人机的位置信息，对无人机进行跟踪定位和导航。

信息传输系统的上行数据链路一般带宽较小，需要传送的上行信息包括飞控指令、任务控制指令和链路控制指令等。对于上行信息来说，发送的实时性要求很高，无论何时地面控制站请求发送命令，上行链路必须保证随时能够传送。上行信息通过信息传输系统的地面数据终端发送至无人机，无人机机载数据终端接收、解调出上行信息后，分别送飞控计算机和任控计算机执行。

下行数据链路通常会提供两类传输通道，一个是用于向地面控制站传递当前的飞行速度、发动机转速以及机上设备工作状态等信息的遥测通道。遥测信道需要的带宽较小，但实时性比较高。另一个是用于向地面控制站传输任务载荷获得的侦察信息，也可称为遥感通道，该通道需要传送的数据量大，往往包括大量的视频数据流，所以需要的带宽较高，但实时性要求较低。由于任务数据量通常较大，所以原始的任务载荷数据一般先要经过压缩，再与无人机的遥测数据复接，形成下行侦察和遥测数据，通过机载数据终端发送给地面数据终端。地面数据终端对接收到的下行信号进行解调，并将解调出的下行侦察和遥测信息送指挥控制站处理计算机进行处理、显示和记录。

信息传输系统通过连续实时地传送无人机位置信息，可用于测量地面天线相对于无人机的距离和方位，用于无人机的辅助导航，提高机载传感器对目标位置的测量精度。

6.1.2 信息传输系统的组成

为了保证远程无人机的通信传输的需要，无人机的信息传输系统通常具有视距和卫星中继超视距两条链路。视距链路一般采用C波段和UHF波段链路，完成视距范围内对无人机的测控与侦察信息的传输。卫星中继超视距链路简称卫通链路，通常采用Ku波段通信卫星链路，完成超视距范围对无人机的测控与侦察信息的传输。视距链路分系统包括视距链路地面数据终端和视距链路机载数据终端，卫星中继超视距链路分系统包括卫通链路地面数据终端和卫通链路机载数据终端。系统组成如图6-2所示。

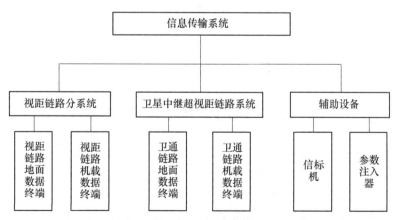

图6-2 无人机信息传输系统的组成图

机载数据终端设备(ADT)主要包括信号接收机、发射机、调制调解器和天线，具体有机顶天线、机腹天线、机载收发组合、机载射频前端。机载收发组合包括了上行变频器、下行变频器、收发终端、编码接口单元和组合电源。天线包括了全向天线和有向天线两类。主要功能是接收上行遥控数据，输出遥控指令给飞控计算机、任务计算机和载荷设备；接收机上遥测数据和任务载荷图像，对图像进行压缩并与遥测数据复合编码，下行发射；机载数据终端利用接收到的上行遥控帧启动帧内同步测距计数器，实现测距。

地面数据终端设备包括地面数据终端(GDT)和一副或几副天线。GDT 包含 RF 接收机和发射机以及调制调解器。地面数据终端的主要功能是接收下行遥测数据，输出到地面站的显示设备上，供地面人员及时了解无人机的状态；接收机上下传的任务载荷数据，对任务数据进行解压、解调，进行显示和分发；对地面遥控指令进行编码、调制，通过上行链路发送到无人机。通常，地面数据终端设备的规模是与无人机系统的规模一致的，对于大型无人机系统来说，地面数据终端设备的数量和体积一般都比较庞大，可以包括视距链路天线车、视距链路设备车、卫通链路天线车和卫通链路设备车，以及电源车、其他辅助车辆和地面控制站中的若干处理器和接口。对于微小型无人机系统来说，地面数据终端可以是与地面指控系统结合在一起的一个模块。例如，"全球鹰"无人机系统的地面设备是很庞大的，空运时需要 3 架 C-141B 或 2 架 C-17 或 1 架 C-15 运输机运输，图 6-3 就是"全球鹰"无人机系统地面设备通过 C-17 空运的装载方案，其中大量设备都属于"全球鹰"无人机系统的地面数据终端设备。

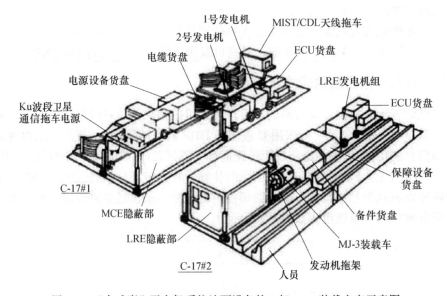

图 6-3 "全球鹰"无人机系统地面设备的 2 架 C-17 装载方案示意图

6.2 无人机通信链路的基本原理

无人机的信息传输系统实际上是一个空—地双向数据传输链路，其基本工作原理就是双向数据通信的原理，通过机载终端和地面终端的接收、发送设备，形成信息通信的闭环。不同的只是对于无人机来说，在视距范围内的通信要通过视距链路设备，超过视距链路的通信则要通过卫通链路设备来完成。本节简要介绍无人机通信链路的基本构成与工作原理。

6.2.1 无人机通信链路的信息关系

无人机系统的通信链路是一个空—地双向的数据传输链路，通过机载数据终端设备和地面数据终端设备的构成可进行双向数据传输的闭环信息链路。对于大型无人机系统来说，为了保证远程信息传输的需要，加装了卫星通信设备，卫通链路也成为无人机信息传输链路的组成部分。图 6-4 说明了无人机系统通信链路的类型与关系。其中，卫星通信系统主要包括同步轨道(GEO)卫星通信系统和低轨道(LEO)卫星通信系统。机载卫星通信一般采用窄带传输，地面与卫星间的通信一般使用宽带传输。国际上常用的卫星通信信道主要有 L 频段(1.5GHz 左右)用于机载移动通信，Ku 频段(10.7~12.75GHz)主要用于地面通信。视距通信信道主要有 C 频段(3.4~3.8GHz)和 UHF 频段(3.4~3.8GHz)。

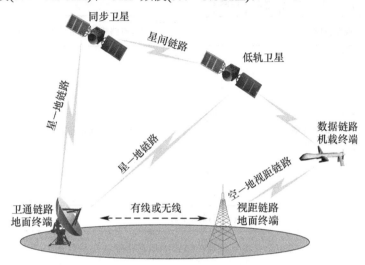

图 6-4　无人机系统通信链路的类型与关系示意图

在无人机系统的信息传输链路中，需要传输的信息主要是三类，即指挥控制站发至无人机的遥控信息、无人机发至指挥控制站的遥测信息和任务数据。这些数据分别来自于无人机系统的飞行控制计算机、任务管理计算机和任务载荷设备，以及无人机的指挥控制站。当无人机与地面站的距离处于视距链路作用范围内时，即可通过 C 波段或 UHF 波段的视距通信链路传输遥控遥测和任务数据。而当无人机处于视距链路有效作用范围之外时，就要通过卫星链路来传送这些数据和信息了。图 6-5 说明了无人机系统通信链路的信息传输关系。

从通信链路的构成来看，无人机系统通信链路主要包括链路的机载终端和地面终端，通过这两部分的终端设备构成了空地双向通信的信息闭环。下面，分别阐述链路地面终端和链路机载终端的工作原理。

6.2.2　数据链路地面终端的工作原理

数据链路的地面终端包括视距链路的地面终端和卫通链路的地面终端。每类终端均包括射频信号接收机、发射机、地面天线和其他辅助设备。数据链路地面终端的作用是分别通过视距链路或卫通链路发送对无人机的遥控指令信号，同时，接收无人机飞控计算机和任控计算机下传的遥测信息、任务图像和视频信息，经解调译码后送到地面指控站的相关监视显示设备上进行显示，供地面操控员监控无人机及其任务状态，也可用于数据记录、实时规划和辅助决策等用途。无人机系统数据链路地面终端的基本构成和信息流原理如图 6-6 所示。对于实际装备的无人机系统来说，地面数据终端通常会分成若干个部分，可以包括视距链路地面设备车、视距链路天线车、卫通链路地面设备车和卫通链路天线车，以及相关的地面辅助设备，其中天线车和设备车可以分开距离部署。

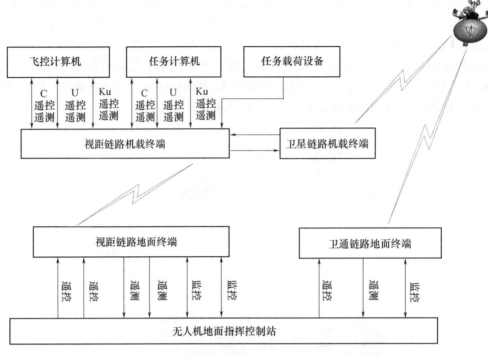

图 6-5　无人机系统通信链路的信息传输关系示意图

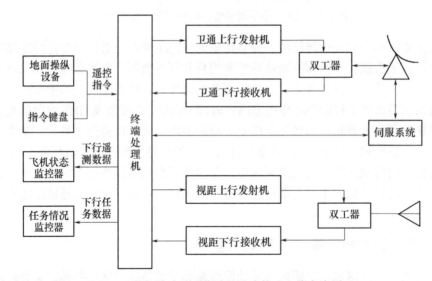

图 6-6　数据链路地面终端的基本构成和信息流原理

地面数据终端发送和接收数据的过程和原理可用图 6-7 来简要说明。无人机操作员通过地面站中的操纵设备或是指令键盘发出对无人机的操控指令。这些指令信号在信源编码器中进行指令编码，然后进行加密运算，加密后的数据同伪码产生器产生的伪码进行相加完成扩频，扩频后的信号对载波信号进行调制，生成载波调制信号，并送至功率放大器进行功率放大，经过放大的射频信号通过馈线送到地面天线向外发射。如果通信范围在视距范围内，则选择视距链路天线发送；如果超过视距通信范围，则选择卫通链路天线发送。当接收数据时，无人机下行的遥测与视频流信息通过卫通链路或者视距链路传输回地面数据链路终端，首先通过天线接收后，经馈线送至前端放大器，放大后的信号同本地振荡器进行混频，得到第一中频信号。该信号一路送给测向误差产生与处理电路，用于天线伺服系统对天线的跟踪控制；另一路送至第二混频器同本地振荡器产生的信号进行混频和滤波，再通过鉴频器分离成两路信号，一路通过低通滤波器滤波出视频信号，送至地面指控站的监视器进行显示；另一路经过带通滤波器滤波，再经过鉴频和分离电路恢复出遥测基带信号和伪码数据流信号，得到无人机下传的遥测数据，由监视记录设备进行显示与记录，用于地面操控员掌握无人机的飞行和任务状态。

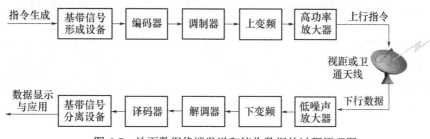

图 6-7 地面数据终端发送和接收数据的过程原理图

6.2.3 数据链路机载终端的工作原理

数据链路的机载终端包括视距链路的机载终端和卫通链路的机载终端。每一类终端均包括射频信号接收机、发射机、机载天线和必要的辅助设备。数据链路机载终端的作用是分别通过视距链路和卫通链路接收地面数据终端发送的遥控指令信号，解调输出遥控数据送给飞控计算机和任务控制计算机；同时，接收飞控计算机和任控计算机的遥测信息、任务图像和视频信息，经编码和调制后通过视距链路或卫通链路发送给地面数据终端。机载终端的基本构成和信息流原理如图 6-8 所示。

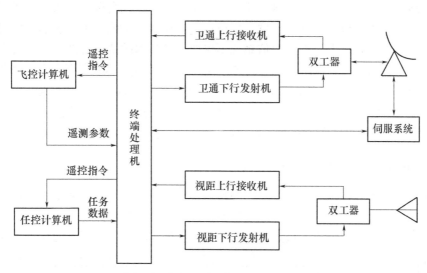

图 6-8 数据链路机载终端的基本构成和信息流原理图

数据链路机载终端的通信分为接收和发送两部分。对于从机载天线接收到的地面站来的遥控信号，经过上行接收机的放大和一次混频后，由射频信号变换为中频信号，再经过二次混频、放大和滤波、整形后，由终端处理机解调出遥控指令数据，分送给飞控计算机和任务控制计算机,实现对无人机的飞行控制和任务载荷工作状态的控制。对于需要下传的无人机遥测信息和任务数据,包括无人机飞行状态数据、任务载荷获得的侦察图像和视频图像,以及无人机前视摄像机拍摄的视频流数据等,经过终端处理机的调频、混频、调制后得到射频信号,射频信号经过功率放大后送至卫通链路或者视距链路的下行发射机。对于视距范围内的下行数据,直接通过机载视距天线向无人机的地面站发送。对于超过视距范围的下行通信,则是通过机载卫通天线向中继通信卫星发送数据,再由卫星向无人机的地面站转发。图6-9简要说明了包括数据链路地面终端、机载终端和通信卫星在内的无人机系统信息传输的原理过程。

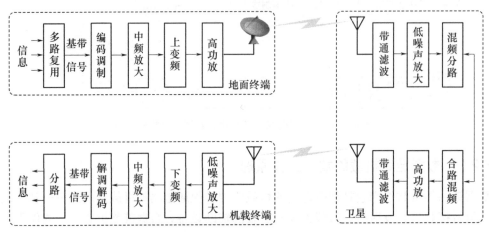

图6-9 无人机系统信息传输过程的原理示意图

6.3 通信链路的作战使用要求

现代作战环境,充满着各种电磁干扰。这些干扰的存在,会极大地影响电子设备,特别是数据通信设备的工作效能。因此,抗干扰设计是现代通信系统必须考虑的基本问题。尤其是在充满对抗的作战环境中,军用通信系统不仅要具备基本的抗干扰能力,而且还必须考虑对手通过电子对抗作战压制和削弱己方装备效能的问题。军用无人机系统的数据通信链路是连接无人机和指挥中心的信息动脉,一旦失效,就会使无人机难以正常完成任务,甚至失控。所以在链路系统的作战使用方面,除了系统设计中已经考虑的基本抗干扰能力外,还必须要考虑使链路系统能够应对恶意电子对抗攻击,否则,就难以使无人机系统发挥出应有的作战效能。

6.3.1 通信链路面临的主要威胁

对于现代电子干扰技术来说,干扰频率覆盖几十兆赫兹到几十吉赫兹,干扰功率可从几十瓦到几千瓦,干扰手段既有跟踪干扰、阻塞干扰等常规手段,还有硬杀伤、欺骗反制等先进的电子对抗手段。为了使无人机系统能在复杂的电磁环境中发挥正常的作战效能,在通信链路的设计中已经考虑了各种基本的通信抗干扰措施。而对于链路系统的作战使用来说,更重要的是要考虑三类恶意的电子对抗攻击,即电子干扰、反辐射打击和欺骗反制。

电子干扰包括对上行指控信号的干扰和对导航信号的干扰。对于上行指控信号的干扰,除了常规的跟踪干扰、阻塞干扰、压制干扰等方式外,还会遇到远程超大功率多信道干扰和分布式干扰。远程超大功率多信道干扰技术利用空间功率合成技术、相控阵技术和智能天线技术,能对通信链路的关键节点进行强干扰。这种干扰方式具备使用频段宽、可防区外实施等优点。分布式干扰是使用多个干扰源，按照一定的控制程序，自动地对指定电子设备进行干扰的方式。分布式干扰源散布在不同的地域、空域，可以形成多方向的干扰扇面，形成大区域的压制性干扰。当干扰方向数目大于或等于自适应调零天线阵的阵元数目时，就会使自适应调零控制失效，所以分布式干扰的效率很高。对于导航信号的干扰，由于GPS卫星导航信号的功率较低，所以产生功率足够大的干扰信号以抵消GPS接收机的扩频增益是比较容易实现的，最常用的导航干扰是转发瞄准、宽带阻塞和离散拦阻式干扰等。

反辐射打击是利用反辐射导弹或反辐射无人机对无人机系统的地面链路终端进行毁灭性打击，使其瘫痪且不可修复，从而切断无人机系统的信息动脉，使无人机失控；或者是对无人机系统的地面链路终端进行长时间压制，使其在较长时间内无法开机，瘫痪对无人机的操控。所以反辐射打击对于无人机系统来说，是一种非常严峻的电子攻击手段。

欺骗反制是指通过电子信号的欺骗手段，获得对无人机的控制权，从而实现对非己方无人机的反制控制。从理论上讲，通过对上行遥控指令的欺骗可获得对非己方无人机的控制权，从而引导无人机坠毁、改变飞行方向或将其回收。这是一种最为严重的对抗攻击，它不仅会造成己方无人机及其机载设备的损失，甚至可能造成己方重要机密和先进技术的泄露。2011年12月8日，伊朗"俘获"了美军最先进的隐身无人侦察机RQ-170"哨兵"，使得美军的高度机密技术、装备和情报面临极大风险，就是典型的例子。

6.3.2 对通信链路的抗攻击使用要求

如前所述，在战场复杂电磁环境下，无人机系统的通信链路会受到多种电子对抗的攻击威胁，不仅会严重影响无人机系统的作战使用效能，还可能引起无人机失控，甚至是被反制。因此，从作战使用的要求来说，除了在无人机的信息传输系统设计时即考虑通信加密、扩频调制等抗干扰技术措施，以提高链路系统的抗干扰容限，增大干扰压制距离外，还需要在使用过程中加强以下三方面的要求：

(1) 采用多种抗干扰措施，提高综合抗干扰能力。对于无人机系统的遥控遥测链路，一方面，要采用多种先进的抗干扰措施，包括跳频、跳时、扩跳结合等方法，并对信源编码采用保密性强的多种加密方式；另一方面，在使用过程中，尽量减小地面遥控指令发射机的发射功率，通过功率管理、频率捷变、优化操控等进一步降低通信链路的低截获概率。

(2) 系统展开和使用时加强规划，提高抗反辐射打击的能力。一方面，在系统展开时，采取预先措施消弱可能的反辐射打击的毁伤程度。如将地面数据终端的天线与其他设备、操纵人员等分开部署，设置防反辐射攻击的伪装设施和反辐射诱饵。另一方面，在系统使用过程中要加强使用管理，降低无人机通信链路的电磁能量辐射。如在不影响数据通信性能的前提下，设法减低数据链路的电磁辐射能量；当发现反辐射无人机来袭时，要立即关机，降低雷达的电磁辐射强度，或大幅度甩摆天线，使反辐射无人机失去制导方向等。

(3) 综合运用防骗技术和应急处置措施，提高抗欺骗反制的能力。无人机系统具有"天—地—链"闭环控制特性，因此，在无人机系统作战使用过程中，可以通过运用抗干扰加密、防诱骗控制等技术手段，辅以完善的地面应急处置方案来综合提高无人机系统的抗欺骗反制能力。如可利用天线阵列，采用自适应加权方法，在卫星信号方向上形成高增益天线波束，在减小干扰影响的同时，提高接收卫星信号的能力；采用高精度的时空综合检测技术识别导航信息的欺骗干扰；运用认知控制技术主动识别当前的安全状态等。同时，充分发挥地面操控人员的监控和应急处置能力，尽早发现无人机的异常状态，及时做出应急处理，确保无人机的安全受控。

第7章 无人机的发射与回收

发射和回收解决的是无人机的升空和着陆问题。无人机由于形式多样，大小重量差别巨大，使用方式和需求也千差万别，导致其发射和回收的方式也是丰富多彩。表7-1列举了部分无人机的发射与回收方式，本节对无人机的发射和回收技术作一简介。

表7-1 部分无人机的发射与回收方式

型 号	机 长	翼 展	发射方式	回收方式
RQ-4"全球鹰"	13.5m	35.5m	滑跑起飞	跑道降落
MQ-1"捕食者"	8.1m	14.9m	滑跑起飞	跑道降落
X-37B 空天无人机	8.9m	4.5m	火箭发射	跑道降落
HTV-2 临近空间高超声速无人机	—	—	空中发射	—
"秃鹫"临近空间太阳能无人机	6m	60m	牵引滑翔起飞	—
RQ-2B"先锋"	4.3m	5.15m	火箭助推弹射起飞	拦网回收
RQ-5A"猎人"	6.9m	8.9m	滑跑起飞	跑道降落 拦网回收
RQ-7A"影子"200	3.4m	3.9m	弹射起飞	拦网回收
RQ-8A/B"火力侦察兵"	6.98m	8.38m	垂直起飞	悬停着陆
X-50 鸭式旋翼机	5.4m	3.66m	垂直起飞	悬停着陆
"鸬鹚"潜射无人机	5.79m	4.9m	水下发射 火箭助推	海中溅落
DP-5X 无人直升机	3.35m	3.2m	垂直起飞	悬停着陆
CQ-10"雪雁"	2.9m	2.1m	空投/车载发射	伞降回收
"缟玛瑙"(Onyx)	13.7m	11.6m	空中发射	伞降回收
"猛犬"Ⅲ	3.3m	4.25m	滑跑起飞	拦网回收

7.1 无人机的发射技术

已有的无人机发射方式可归纳为滑跑起飞、弹射起飞、火箭助推、火箭发射、容器发射、空中发射、车载发射、垂直起飞、水下潜射、手抛射等10种方式。

1. 滑跑起飞

滑跑起飞就是无人机依靠起落架，在发动机的推进下通过地面滑跑获得足够的离地速度而起飞的。这种方式与有人飞机的滑跑起飞方式是类似的，所不同的是，有人驾驶飞机相比于无人机，一般重量都比较大，所以都是依托专门的机场跑道进行滑跑起降。对于像"全球鹰"、"捕食者"一类的大型无人机,也需要依托专门的机场跑道进行起降,而对于一些小型的使用起落架的无人机,则完全不需要专门的机场,只要有一块适当长度的平坦地形即可滑跑起飞。无人机上使用的起落架有收放式、非收放式和可弃式三种类型,一般大型无人机,如"全球鹰"无人机、X-47B无人机等使用的是收放式起落架,起飞后起落架收起,需要着陆时起落架再放下。"捕食者"等大多数采用起落架的无人机使用的是固定的非收放式起落架,起飞后起落架不收起。美国的"秃鹰"、巴西的BQM-IBR则采用可弃式起落架,无人机滑跑起飞后起落架便被扔下,回收无人机时采用别的方式。采用滑跑起飞方式的无人机,离地速度和滑跑距离是两个重要的参数。

2. 弹射起飞

弹射起飞是指无人机安装在轨道式发射装置上,通过弹射装置将无人机弹入空中并使其获得起飞速度,飞离发射装置后,无人机在主发动机作用下完成飞行任务,如图7-1所示。弹射装置一般有弹力式、液压式和气动式三种。例如,英国的"不死鸟"无人机在液压弹射器作用下通过车载斜轨发射;法国的"玛尔特"无人机在弹簧索弹射装置作用下从斜轨上发射;比利时的"食雀鹰"无人机在M3型助推火箭的作用下由2.5m的短轨上发射。弹射起飞方式可用于在地面、车载、舰载等条件下发射无人机。

图 7-1　无人机的弹射式起飞

3. 火箭助推

火箭助推发射是指无人机安装在发射装置上,在一台或两台助推火箭的作用下飞离发射装置,起飞后抛掉助推火箭,由机上航空发动机保证无人机完成飞行的发射方式,如图7-2所示。例如,加拿大的CL-289无人机在机身尾部装1台涡喷发动机,在其后通过推力杆连接一台

图 7-2　无人机的火箭助推发射

助推火箭发动机。起飞前,无人机被安装在车载发射装置上,首先是助推火箭点火将无人机推离发射架并使其获得起飞速度,助推火箭燃烧完成后被自动抛离,无人机在涡喷发动机推进下完成飞行任务。英国的"小鹰"无人机在机身下部两侧各装一台可弃式助推火箭。火箭助推发射可以用于在地面、车载、舰载等条件下发射无人机。

4. 火箭发射

火箭发射就是由运载火箭携带升空,到达预定空间后再投放无人机的发射方式。火箭发射的方式一般是用于向太空发射卫星的,但对于空天无人机,也采用了这种发射方式。2010年美国发射了世界上第一架空天无人机X-37B,就是将X-37B装在"宇宙神"-5火箭的发射罩内发射的,如图7-3所示。

图 7-3 空天无人机采用了火箭发射方式

5. 容器发射

所谓容器发射,是指静态的无人机被装载在发射容器中,实际也是一种储存容器,需要发射时,通过火箭助推直接从容器中发射。著名的反辐射无人机"HAPPY"(哈比)采用的就是容器发射,美国的"勇士"200、德国的DAR等无人机也都采用的是车载容器发射方式,如图7-4所示。通常,容器发射装置含有多个发射/储存箱,每个箱内储存一架无人机,安置在发射轨道上。需要发射时,由控制系统控制发射口打开,将无人机推出轨道,调整发射角度后,控制助推火箭点火,把无人机按次序或成组发射出去。

图 7-4 无人机的容器发射方式

6. 车载发射

车载发射是指无人机安装在发射车顶端,发射时,首先由发射车带着无人机加速奔跑,同时无人机的发动机开始工作，当加速到无人机起飞速度时释放无人机。澳大利亚的"金迪维克"无人机和英国的"天眼"无人机都采用这种发射方式。

7. 空中发射

空中发射是指无人机由有人驾驶的固定翼飞机或直升机携带到空中，在要求的飞行高度和速度下投放无人机，投放后由无人机自身的航空发动机保证无人机完成飞行。空中发射既可用于普通无人机的发射，也可用于一些高端先进无人机的发射。如美国的154型无人机就是由DC-130"大力神"母机携带空中发射的。美军研发的低成本自主攻击系统LOCASS也采用了空中发射方式。目前，采用空中发射方式的最先进无人机是美国的"X-51"临近空间无人机，2010年5月26日，在众人期待的目光中，B-52轰炸机携带世界第一型临近空间高超声速无人机"X-51"爬升到预定高度后在0.8马赫的飞行速度投放了X-51，完成了一次划时代的飞行，如图7-5所示。固定翼飞机携带无人机，一般采用翼下悬挂或机腹半隐蔽式携带方式，直升机一般由机身两侧携带无人机。

图 7-5　X-51A 由 B-52 轰炸机携带在空中发射

8. 垂直起飞

垂直起飞是指依靠自身动力垂直升空的起飞方式，这是无人直升机独特的起飞方式，如图7-6所示。

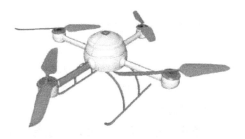

图 7-6　无人直升机的垂直起飞

9. 水下潜射

水下潜射是指从水下发射无人机的方式。第一型水下发射的无人机是美国研制的"鸬鹚"无人机。该机可由潜艇在水下从鱼雷发射管中发射，穿出水面后，无人机自身的发动机点火，保证无人机后续的飞行，如图7-7所示。

图 7-7 无人机的水下潜射方式

10. 手抛射

手抛射方式最简单，由一人或两人把握，靠无人机自身动力起飞。手抛射的无人机通常尺寸较小，发射重量只有几千克。美国的FQM-151A"短毛猎犬"是单人携带的手抛射式无人机，翼展2.74m，机长1.83m，最大发射重量3.6kg；美国"指针"无人机也采用手抛发射，如图7-8所示。

图 7-8 无人机的手抛射方式

7.2 无人机的回收技术

在无人机整个飞行过程中，回收过程是一个非常重要并且容易出现事故的阶段。回收成功的关键主要在于三个方面：一是高精度回收导航系统，二是高可靠性的飞行控制系统，三是可靠安全的缓冲回收系统。无人机目前主要的回收方式有：跑道降落、伞降回收、拦阻网回收、空中回收、气垫回收和垂直着陆等方式。

1. 跑道降落

跑道降落就是无人机依靠地面引导设备向跑道降落，并依靠起落架在跑道上滑跑制动减速的着陆方式。与有人驾驶飞机的跑道降落不同的是：一是对于中小型无人机来说，由于重量较轻、着陆速度较小，所以对跑道的要求不如有人飞机苛求；二是有些无人机的起落架局部被设计成较脆弱的，允许着陆时撞地损坏，目的是为了吸收能量，保护无人机及其机载设备。如英国的"大鸦"Ⅰ型无人机，重15kg，翼展2.7m，机长2.1m，机身下有着陆滑橇，机翼有翼尖滑橇，翼尖滑橇较脆弱，回收时允许折断，以吸收撞击力；三是为缩短着陆滑跑距离，有些无人机如以色列的"先锋"、"猛犬"、"侦察兵"等在机尾装尾钩，着陆滑跑时尾钩钩住地面拦截绳，以缩短着陆滑跑距离。

2. 伞降回收

伞降回收就是无人机在接近着陆的高度和空域内，打开携带的降落伞，像跳伞运动员一样缓缓地飘落到地面的回收方式。降落伞由主伞和减速伞组成。当无人机完成任务后，地面站发遥控指令给无人机，使发动机慢车，无人机开始减速、降高。达到预定高度和飞行速度时，无人机的发动机关车，打开减速伞，使无人机急剧减速。当无人机继续下落到要求的飞行高度和速度时，回收控制系统发信号打开主伞，无人机在主伞阻力的作用下慢慢着陆。为减少无人机回收后的损伤，特别是为了保护机载设备，伞降回收的降落区一般要选择较为柔软的地面，如草地或沙漠。有些无人机还会在机体触地部位安装诸如充气袋一类的减震装置，并使机体着地部位尽可能远离任务设备舱。加拿大CL-89无人机回收时，使无人机翻转180°，机背朝下机腹朝上，且机背安装有着陆气包，能够有效吸收着地撞击能量，保护机内任务载荷设备，如图7-9所示。

图 7-9　无人机的伞降回收方式

回收伞可选择的结构形式有方形伞、平面圆顶伞、底边延伸伞、十字形伞等。方形伞的优点是阻力系数较大，稳定性比圆形伞好，缺点是伞衣受力不均匀，结构布局不合理，伞衣四角底边向内收缩，容易造成伞衣被伞绳打伤的现象。平面圆形伞工作可靠，开伞快，伞衣受力均匀，包装方便。缺点是稳定性差，制造工艺较复杂。底边延伸伞开伞动载小，稳定性好，适于用作回收伞，缺点是阻力系数稍小，工艺性稍差。十字形伞稳定性好，制造工艺简单，开伞动载较小，但阻力系数较小，重量和体积略大。

为了保证无人机着地时尽量少受损伤，必须考虑无人机的接地速度与主伞面积的关系，进而选择合适大小的降落伞。伞降无人机的接地速度通常与机体强度、着陆缓冲装置的设计及伞的大小、重量等有关，如果主伞面积设计得较小，则无人机的下降速度就比较大。一般要根据无人机着地时的速度和安全要求来设计和选择合适的主伞。国外对伞降回收无人机的接地速度一般要求为$6\sim7m/s$，国内一般要求为$6\sim9m/s$。

3. 拦阻网回收

拦阻网回收也称为撞网回收，是指无人机降落到一定的速度和高度后，直接撞到拦阻网上再被回收的方式，有些像飞虫扑向蜘蛛网的方式，是很多小型无人机普遍采用的回收方式。拦阻网回收方式简单易行，适合于回收地域狭小的场合，在地面和海面舰艇上常被使用，如图7-10所示。

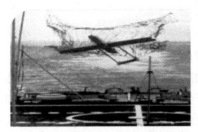
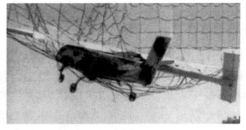

图 7-10 无人机的拦阻网回收方式

拦阻网系统通常由拦阻网、能量吸收装置和自动引导设备组成。能量吸收装置与拦阻网相连,其作用是吸收无人机撞网的能量,使无人机触网后不会在网上弹跳。自动引导设备一般是置于网后的电视摄像机,或是装在拦阻网架上的红外接收机。在无人机返航着陆时,地面操作员控制无人机减速,以小角度慢速下滑,并通过显示器监视无人机飞行,根据引导摄像机拍摄的图像或红外接收机接收到的无人机信号,控制无人机的返航路线偏差,通过不断修正飞行路线使其对准拦阻网飞行,并最终触撞到网上。撞网过载不能大于$6g$,以免拦阻网遭到较大损坏。以色列的"侦察兵"无人机、美国的"苍鹰"无人机等采用的都是拦阻网回收方式。

4. 空中回收

所谓空中回收是指用有人驾驶飞机在空中把无人机"接住"并回收的方式。回收过程一般是这样的,无人机完成任务后,首先按照地面站遥控指令发动机关车,并打开自身携带的减速伞,使无人机下降到一定的高度和速度。之后,回收控制系统控制无人机的主伞打开,同时打开钩挂伞,钩挂伞高于主伞,钩挂伞下面的吊索上安装有指示方向的风向旗,便于有人驾驶飞机辨认和钩住钩挂伞。主伞和钩挂伞打开后,在无人机继续下降的过程中,用于回收的有人驾驶飞机从较高处逐渐靠近无人机,并设法钩挂无人机钩挂伞与吊索。一旦无人机被"接住"后,无人机的主伞会自动脱离无人机,有人飞机用绞盘绞起无人机从空中将其接走,如图7-11所示。空中回收方式不会损伤无人机,也不会使任务载荷设备受损,在无人机

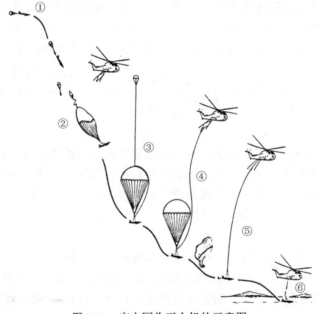

图 7-11 空中回收无人机的示意图

自主降落技术尚不具备的时候,是一种比较安全的回收方式。但回收过程组织复杂,整体成本较高,对回收飞机的驾驶员操作技能要求高,受天气,特别是风速等因素的影响较大,回收可靠性低。美国的"火蜂Ⅱ"无人机曾经使用过空中回收方式。另外,有些无人机采用非整机回收,通常是空中回收任务设备舱,飞机其他部分不回收。如美国的D-21无人机在完成飞行任务后,其任务设备舱被弹射出机体,由C-130飞机空中回收。

5. **垂直着陆**

垂直着陆是指无人机依靠自身动力垂直降落着陆的方式,这是无人旋翼直升机的独特回收方式。

6. **气垫回收**

无人机气垫回收实际是指无人机以气垫方式着陆。其基本原理是在无人机机腹周边安装"橡胶裙边",中间是带孔的气囊。无人机降落着地前,发动机把空气压入气囊,压缩空气从囊孔喷出,在机腹下方形成气垫。在气垫效应的作用下无人机贴近地面而不会与地面发生猛烈撞击,保证了无人机着陆的安全。20世纪70年代中期美国用"金迪维克"无人机作气垫着陆试验,取得了较好的效果。气垫着陆的最大优点是无人机能在未经平整的地面、泥地、冰雪地或水上着陆,不受着陆地地形条件的限制。其次,不受无人机大小、重量的限制。与空中回收相比,其回收效率较高。

第8章 无人机系统的作战运用

近年来的局部战争实践表明，无人机已被广泛应用于侦察监视、对地打击、通信中继、电子对抗、火力指引、战效评估、干扰欺骗等，以其特有的作战方式和作战效能在战争中发挥了十分重要的作用，促使世界各国掀起了研制和使用无人机的高潮。随着临近空间无人机、空天无人机、无人作战飞机等先进无人机技术的快速发展，未来的空天战场将成为各类无人机大展风采的舞台。除了上述已有的传统运用方式外，太空作战、水下奇袭、空中鏖战、临空突防、集群攻击、凝视侦察等新的作战使用样式将会逐渐呈现在人们面前。图 8-1 简要图示了无人机系统的主要应用方式。

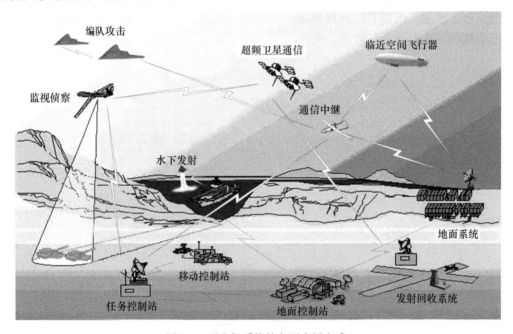

图 8-1 无人机系统的主要应用方式

8.1 无人机的实战运用与问题分析

8.1.1 无人机实战运用情况概览

无人机第一次运用于实战是 20 世纪 60 年代美国对越南的越南战争。越战初期，北越人民军严密的防空火力造成了美军飞机的重创，美军先后损失作战飞机 2500 余架，飞行员死伤和被俘 5000 多人。巨大的损失促使美军不得不寻找更加有效的作战能力和方法。很快，美军以"火蜂"-147 无人靶机为基础，经过加装照相侦察和红外探测设备，将其改装成为"火蜂"-147D 无人侦察机。该机尺寸较小，雷达难以发现，防空导弹也较难击中它，即使无人机被击落，其百万美元左右的价格相比于 3000 多万美元的有人侦察机以及机组人员来说，其损失几乎可以不必考虑。据文献数据，越战期间，"火蜂"无人侦察机先后出动 3400 多架次，获取了近 80%的侦察情报，而战损率仅为 16%，相当于挽救了 1000 多名飞行员和 500 多架有人侦察飞机的损失。

越战之后，无人机在中东战争中又开始频频现身，并大放异彩。为了突破叙利亚等国利用萨姆防空导弹构筑的严密的防空火力网，以色列创新性地发挥了无人机不怕牺牲的特质，在有效保护本国有人作战飞机不被击落的前提下，一举摧毁了叙利亚的防空导弹阵地。通过加装电子欺骗设备，以色列将喷气式无人靶机改装为能够模拟喷气式战斗机的诱饵无人机，再配合"侦察兵"、"猛犬"等电子侦察和光电侦察无人机，构成了前出的用作诱饵和侦察的无人机群。在 1982 年的中东贝卡谷地作战中，以色列首先使用诱饵无人机群给叙利亚防空雷达造成假象，使叙军认为是以色列的战斗机群在大举进攻，诱使叙军制导雷达开机并发射导弹。就在以色列的首批"突击机群"被击中的同时，紧随其后的以色列的电子侦察无人机迅即捕获了叙军制导雷达的频率和导弹阵地的位置等信息，并将其迅速传至以军指挥中心。紧接着，以军战斗机携带的反辐射导弹就对叙军的防空制导雷达等进行了精确打击，炮弹和炸弹也准确地落到了叙军防空导弹阵地上。这一仗，以色列空军以战斗机"零"战损的成绩，顷刻间即将叙利亚耗资 20 多亿美元建立的 19 个防空导弹阵地变成废墟。通过中东战争，也将无人机的作战运用推向了新的阶段。

中东战争之后，无人机在 20 世纪 90 年代开始的海湾战争、伊拉克、科索沃、阿富汗等高技术局部战争中更是被大量使用，任务领域包括了战术侦察、电子侦察、目标指示、通信中继、对地打击等更加宽广的范围。相比于战术侦察卫星来说，无人机可以有效弥补卫星侦察能力的不足。比如，在科索沃战争中，南联盟地区由于经常受云雾遮蔽，卫星难以提供清晰的图像，使得对南联盟地面目标的精确定位、跟踪难以实施。而无人机可以在云层下长时间地在一个区域内持续侦察，获取连续清晰的侦察情报，有效弥补了卫星侦察能力的短板。所以在这些高技术战争中，无人机的实战运用已经非常广泛，据统计，海湾战争美军无人机总计飞行 1700h，而在科索沃战争中则达到 4000h。特别是在阿富汗战争中，"捕食者"无人机首开了携带导弹直接遂行对地打击任务的先河，使无人机开始跻身于"空中战斗员"的角色，大大拓展了无人机的作战运用空间，也推动了世界范围内无人机的快速发展。表 8-1 简要统计了无人机在历次战争中所承担的主要任务情况。

表 8-1 无人机实战运用的任务情况统计

战争名称 \ 无人机的任务	侦察	欺骗	干扰	监视	通信中继	对地攻击
越南战争	√					
第四次中东战争	√	√				
贝卡谷地战斗	√	√	√			
海湾战争	√	√	√	√	√	
科索沃战争	√	√	√	√		
俄罗斯车臣反恐战争				√		
阿富汗战争	√			√	√	√
伊拉克战争	√		√	√	√	√

8.1.2 无人机的应用优势与问题

从越南战争无人机开始参战,到阿富汗战争、伊拉克战争,再到当前世界各国无人机的蓬勃发展,从中可以看出无人机的巨大应用优势,同时,也暴露出无人机技术和应用中的一些问题和不足。

1. 无人机的任务领域不断扩大

从所涉及的任务领域看,无人机可以承担的任务实际上已经非常广泛。美军对无人机的任务定位是承担"枯燥、危害、危险"等人类飞行员无能力、或不适合实施的各种任务。在这一思想的指导下,美军及国土安全等部门已经实施或在研的无人机作战运用方式主要有:侦察监视、指挥控制与通信、信号情报、大规模杀伤武器核查、战区导弹防御预警、防空火力压制、搜索救援、气象水文调查、缉毒、心理战、对地打击、反潜和导航等,如表 8-2 所示。今后,随着无人机技术的不断发展,其任务领域还将不断扩展。事实上,目前除了大型运输和空战外,无人机基本上已能承担原来仅由有人机承担的全部任务。

表 8-2 无人机已有的任务领域

任务领域	无人机的适用特点			无人机的实际运用情况
	枯燥	危害	危险	
侦察监视	√		√	"先锋"、"指针"无人机/海湾战争 "捕食者"、"先锋"无人机/波斯尼亚 "猎人"、"捕食者"等无人机/科索沃 "全球鹰"、"捕食者"/阿富汗伊拉克战争 "猎人"、"先锋"、"影子"/伊拉克战争
指挥控制与通信	√			"猎人"无人机/CRP/1996 "捕食者"无人机/ACN/2000
信号情报	√		√	"先锋"无人机/SMART/1995 "猎人"无人机/LR-100/COMINT/1996 "全球鹰"无人机/伊拉克,2004 至今
大规模杀伤性武器核查		√	√	"先锋"无人机/RADIAC/LSCAD/1995 "指针"无人机/CADDIE/1998 "猎人"无人机/SAFEGUARD/1999
战区导弹防御预警	√		√	Israeli HA-10 开发计划(取消) "全球鹰"无人机/1997
防空火力压制			√	"猎人"/SMART-V/1996 "猎人"/LR-100/IDM/1998 "联合无人空战系统"/待确定
搜索救援			√	Exdrone 无人机/WOODLAND COUGAR 演习/1997 Exdrone 无人机/SPUD/2000
气象水文调查	√	√	√	Aerosonde 无人机/Visala/1995 "捕食者"/T-Drop/1997 "捕食者"/BENVINT ACTD/2002

(续)

任务领域	无人机的适用特点			无人机的实际运用情况
	枯燥	危害	危险	
缉毒	√		√	"先锋"无人机/加州/1999 "猎人"、"影子"无人机/Huachuca，2003
心理战			√	"燕鸥"无人机/Leaflet Dispening2004
对地打击			√	"捕食者"无人机/阿富汗、伊拉克/2001以来
反潜战	√			"冲锋"无人机/1960
导航	√			"猎人"无人机/GPS伪卫星，2000

2. 无人机的能力优势明显

(1) 从作战时效性看，无人机为时敏目标的打击提供了最佳的手段。所谓时敏目标，是指非固定的、可以迅速离开当前所在位置的目标。对于打击者来说，必须能够在发现目标的同时，或者是很短的时间内实施打击，否则目标有可能稍纵即逝。在现代战争中，时敏目标往往是一些高价值的、重要的目标，所以对时敏目标的打击是现代战争的重要需求。无人机可以长时间持续对指定区域进行侦察、搜索和监视，使目标基本上难以遁形，自身又可携带对地攻击武器，一旦发现目标即可实施攻击，这一能力使得对时敏目标实施即时打击成为可能。

(2) 从任务特性看，无人机可以长时间在空中飞行和执行任务，没有飞行员陪伴其中，其空中状态就不需考虑人的各种羁绊，因此，无人机特别适合于执行那些超出人的生理与心理极限、威胁人的生命健康或会引起其他风险的任务，按照美军的观点，就是无人机适合于承担不适宜于人类飞行员去完成的"枯燥、危害、危险"的各种任务。所以说，无人机大大拓宽了飞行器的任务领域，未来的空天将是无人机一展风采的舞台。

(3) 从侦察能力看，无人机可以有效弥补侦察卫星的不足。卫星尽管也具备长时间的侦察能力，但卫星必须绕轨飞行的特点使得它容易产生侦察间隙，而且卫星高度高，侦察效果容易受到云层、大气等的干扰，对侦察载荷的性能要求也高。无人机飞行高度低，可以在云层下抵近侦察，从而有效弥补卫星侦察能力的不足。

无人机的能力优势可从一组实战数据来反映：在伊拉克战争中，"全球鹰"无人机仅承担了3%的空中侦察任务，却提供了55%的时敏目标数据，支持美军摧毁了伊拉克13个地导连、50个导弹发射架、70辆导弹运输车和300多辆坦克。

3. 实战中暴露出的突出问题

(1) 无人机的作战使用安全性问题。2011年12月8日，伊朗电视台公开展示了"被俘获"的美军最先进的隐身无人侦察机RQ-170"哨兵"，世界舆论为之哗然。RQ-170属美军高度敏感的绝密级装备，以几乎无损的方式落于伊朗境内，使得美军的高度机密技术、装备和情报面临极大风险。而伊朗宣称以"攻击"方式俘获这架无人机的说法则更让美军不安。这次事件，使军用无人机的作战使用安全性问题突出地显示了出来。据美国空军安全调查局统计，美国平均每年会发生4~6起无人机坠毁事故，从20世纪90年代以来，已有多达60架"捕食者"系列无人机坠毁；据媒体报道，伊朗在"俘获"RQ-170隐身无人机后，又如法炮制地"抓获"了多架美军的"扫描鹰"无人机。总的来看，在无人机的作战使用实践中频频出现的撞损、坠毁、失控等安全性事件，已使得无人机的发展与运用面临巨大挑战。引发无人机安全事故的具体因素很多,归纳起来,主要有五大类,一是机载关键设备失效引起的事故,二是人为因素引起的事故,三是由于测控链路失效引起的事故,四是由于空中相撞引起的事故,五是恶劣环境原因引起的事故。

(2) 面向任务的抗干扰问题。无人机在执行侦察任务时,通常使用的光电/红外侦察载荷不仅会受到大气、云雾等自然条件的干扰,也容易被伪装、沙尘、浓烟等反侦察手段干扰;反辐射无人机尽管为辐射源的打击提供了有效手段,但也容易受到伪信号、假目标的欺骗,达不到需要的毁伤效果;对于攻击无人机来说,其攻击效果也取决于对目标的准确识别、跟踪和定位,也同样受到伪装、欺骗和干扰,从而使作战效能大打折扣。总之,不论对无人机的使用者来说,还是对无人机的防御者来说,提高作战效能和消弱作战效能是一对永恒的矛盾,实质是对无人机任务能力的干扰与反干扰。

(3) 航空管制难度增大。无人机"机上无人"的特点增加了交通管制的难度。早期无人机的运行是采用"隔离空域"的方式,但随着无人机的增多和应用领域的扩大,特别是无人机在民事领域的应用,无人机进入公共空域将是必然的趋势。在这种情况下,如何对无人机进行交通管制,保证飞行安全,将是一个重要的问题。根据公开的新闻报道,德国的一架小型无人机曾经与阿富汗的一架客机近距离地擦肩而过。幸运的是,没有发生真实的空中相撞,但这种危险带给航空管制的问题是极其迫切的。

(4) 后方海量数据处理相对滞后。无人机的大量运用,产生了海量的侦察数据,包括图像、视频和电子数据,由于数据处理技术还不能很好地适应海量数据的处理要求,如何快速、高效地从海量数据中提取、整理有用的情报信息,也是制约无人机作战应用效果的重要因素。

8.2 空天时代的无人机作战运用

随着临近空间无人机、空天无人机技术的快速发展,无人机正在进入空天融合的时代。在这样的背景下,无人机的作战运用空间也将突破传统的航空空间,结合日臻丰富和强大的网络信息技术,将会产生许多新的作战运用方式。归纳起来,在信息化的空天时代,无人机将会呈现一些新的作战运用方式,包括空天一体侦察监视、有人无人机协同空战、协同对地打击、协同搜索跟踪、集群制空作战、轨道操控作业、太空对地打击、高超声速突防打击、空间轨道作业、水下奇袭,另外,一些传统的战术运用方式,比如目标指示、侦察搜索、通信中继、反辐射打击、担当靶机等仍将会被广泛应用。

1. 空天一体侦察监视

侦察监视为现代战场提供"千里眼"和"顺风耳",无人机和卫星是最有能力担当好这些角色的装备。卫星身处太空,站得高、看得远,能够对地球的任何角落实施侦察;无人机可以长航时定点侦察监视某一区域,有效弥补卫星侦察监视能力的不足。通过信息系统,将身处太空的、临近空间的和航空空间的卫星与无人机连接成一体化的侦察监视系统,理论上就可以实现对重要区域的持续的凝视侦察与监视,使战场形成全天时、全天候的完全透明。

2. 有人无人机协同空战

以美国海军大力发展的 X-47B 无人作战飞机为引领,俄罗斯、英国、法国和日本等发达国家都制定了自己的无人作战飞机研发计划,在信息化的空天时代,无人作战飞机将得到迅猛发展,并将成为变革空战方式的新兴力量。从当前的技术发展看,无人作战飞机的智能化、自主化水平将会达到较高的程度,但仍然不能完全离开人的管控。因此,在未来的空战战场上,有人机与无人机协同作战将会成为一个主要的作战模式,主要的方式可能是有人作战飞机指挥无人作战飞机进行空战,利用无人作战飞机不惧牺牲的特点,可以深入到前方实施强力突击、波次拦截、集群制空或诱敌开火等任务,如图8-2所示。从当前技术发展的趋势看,美军已经在开展利用有人飞机指挥无人飞机的飞行试验。

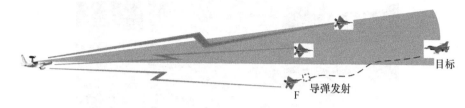

图 8-2 有人无人机协同空战示意图

3. 无人机协同对地打击

在未来高烈度的战场上,在实施对地打击任务时首先需要考虑的是如何应对严密的防空火力,无人机将是担当这类任务的最佳空中力量。但是,仅凭单架无人机是不可能突破严密防空体系的,为此,就需要多架无人机构成空中打击机群,以协同对地打击的形式完成任务,如图8-3所示。

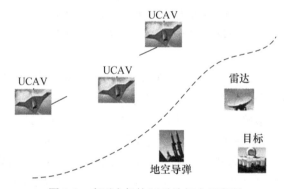

图 8-3 多无人机协同对地打击示意图

4. 无人机协同搜索跟踪

搜索是现代作战和民事救援的一项重要任务。以"捕食者"、"全球鹰"等为代表的现代军用无人机在阿富汗、伊拉克等高技术战场上的出色表现,彰显了无人机在侦察搜索方面的独特优势:能昼夜持续飞行,不必考虑飞行员的疲劳和伤亡,敢于进入敌防空严密的重要地域或核生化污染的危险区域。这些优势使得无人机在目标搜索跟踪领域有着广阔的应用前景。为了突破单架无人机搜索跟踪效率低的问题,人们开始研究利用多架无人机协同执行搜索跟踪任务,即多架无人机携带相同或不同的任务载荷,通过机间的协同机制,对目标区域进行搜索,并可对确定的目标进行跟踪和打击,如图8-4所示。

5. 空天无人机轨道操控作业

美国已经试验的空天无人机 X-37B 的飞行过程表明,其主要的任务阶段都是和卫星一样,在太空绕轨飞行。在这一过程中,空天无人机可以利用其携带的机械臂对其他轨道飞行器进行操作和控制,包括为卫星更换损坏的部件或装置等。美国的"轨道快车"计划已经进行了相关技术的验证。

图 8-4 多无人机协同搜索跟踪与打击示意图

6. 太空对地打击

"快"一直是作战行动的主旋律。近年来,美军在大力构建其全球快速打击体系,希望能够实现 2h,甚至是 1h 的全球对地打击,空天无人机可以为这一体系贡献重要力量。空天无人机虽然身处太空,但在需要的时候也可以通过变轨控制再入大气层,并进而进入航空空间自由飞行。这样,空天无人机就可能实现从太空轨道对地面的火力投送。而由于空天无人机是从太空直接实施对地打击,从而可以大大缩短打击任务的实施时间。在美国的"星球大战"计划中,曾经提出过类似的天地打击设想,或许空天无人机会将这一设想变为现实。

7. 高超声速突防

"以快制胜"一直是重要的战争法则。在现代战争中,防空是维护国家安全的重要保证。为了应对远程精确空中打击武器的突袭,现代防空系统已经越来越完善,特别是一些发达国家积极发展和推广的导弹预警和防御系统,使得传统的空中打击武器的作战效能已被大大抑制,因此,如何有效地突破严密的防空体系是现代作战非常关心的一个问题。2010 年美军在世界上首次试验试飞的临近空间高超声速飞行器 X-51A 和 HTV-2,可以以 5 倍声速以上的速度实现高超声速飞行。如果空袭武器以这种高超声速飞行,再配以末段精确制导技术,不仅会大大压缩防空系统的预警反应时间,使拦截系统难以有效捕获目标,而且能够实现对反导系统的高效突防。因此,随着临近空间高超声速的无人飞行器的发展,以高超声速为基础的突防和打击将会成为一种新的战略威慑和打击手段。

8. 水下潜航奇袭

据《简氏防务周刊》的报道,2013 年 12 月美国海军又一次在世界上率先试验了潜射型 XFC 无人机。该无人机被装载在导弹发射装置中,从美军核潜艇的鱼雷发射管中发射至水面待命,再根据进一步的指令从导弹发射装置中自动发射升空。在飞行试验中,XFC 无人机执行了空中侦察监视任务,并将侦察信息实时传送到潜艇、水面舰艇和岸上指挥中心。实际上,美军对潜射无人机的研究从 1990 年代已经展开,先后研发试验了"海上搜索者"、"鸬鹚"等潜射无人机。潜射无人机的成功发展,不仅扩展了无人机的运用空间,更重要的是它将使潜艇的水下奇袭变得更加诡秘和精准,也使得空天一体的作战网络更加广泛和强大。

9. 侦察搜索与效果评估

无人机可以长航时飞行,隐蔽性强,不惧牺牲和疲劳,非常适合于执行侦察监视和目标搜索任务。也正因为如此，无人机在越南战争中首次进入战场执行的就是战场侦察和目标搜索任务。直到现在，无人机最广泛的任务就是侦察监视和目标搜索，以及与此相关的火力引导与校射、毁伤效果评估等。在这种运用方式中，无人机主要携带侦察载荷，通过获取战场实时的图片和视频信息，实现对目标的侦察和战场评估。在海湾战争中美军使用"先锋"无人机进行对岸火力引导，由于无人机可以抵近侦察，有效克服了云层以及烟雾的影响，在一次火力打击完成后即可将着弹点数据发回，用于毁伤效果的评估和再次打击的决策。据统计，"先锋"无人机先后引导炮兵摧毁了6个火箭炮连、120余门火炮，7个弹药囤积点和一个机步连等目标。

10. 低烈度对地打击与目标指示

低烈度对地打击是指在地面防空力量非常薄弱、甚至是没有地面防空威胁的情况下，由空中无人机实施的对地面目的打击。这种运用方式主要见于已取得战场制空权、反恐作战、缉毒缉私、边境巡逻等任务环境或任务模式，无人机只需要携带必要的侦察载荷和轻型空地攻击武器即可，如轻型空地反坦克导弹、灵巧炸药等，对无人机的作战能力要求也比较低，根据任务需要无人机可以单机出动也可多机使用。低烈度条件下的对地打击是现代作战的一种重要模式，美国的"捕食者B"无人机在阿富汗战场首创了这种对地打击模式，为时敏目标的打击提供了侦察打击一体化的新手段。从世界各国的无人机发展趋势看，由于反恐作战、缉毒缉私、边境巡逻等任务的需要，发展低烈度条件下的对地攻击无人机仍然是一个主要方向。与对地打击密切相关的一种运用方式就是目标指示，无人机通过携带激光测距/指示装置为激光半主动制导的对地打击武器，主要是激光半主动制导导弹，提供连续的目标照射和指示，引导导弹实现对目标的准确攻击。图8-5是无人机对地打击与目标指示过程的示意图。

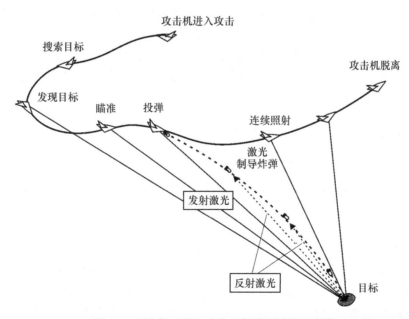

图 8-5　无人机对地打击与目标指示过程示意图

11. 诱饵欺骗

诱饵欺骗是指无人机携带能够模拟其他类型飞机电子特征的任务载荷在空中飞行，给对方的探测造成迷惑或假象的一种运用方式。如无人机携带能够模拟战斗机雷达反射特征的电子设备，就可使警戒雷达看到有战斗机在空中飞行。这一方式的作战目的主要是两方面，一是作为诱饵飞机，在敌方的防空前沿飞行，模拟战斗机的威胁，从而诱使防空雷达开机，使己方迅速掌握敌方的雷达频率和阵地位置，为后续的反辐射打击提供目标参数。这种任务模式在第四次中东战争的贝卡谷地战斗中，以色列空军进行了开创性的成功运用。二是作为欺骗飞机，先期对防空系统进行佯攻突击，用以迷惑和消耗敌防空火力，使防空探测系统把大量时间消耗在截获、搜索、识别、跟踪这些假目标上，从而为己方后续的战斗机形成安全有效的火力间隙，达到掩护己方后续战斗机实施有效突击的目的。这一任务模式的典型代表是美军为确保B-52轰炸机顺利突防研制的"鹌鹑"无人机，每架B-52飞机可装3架"鹌鹑"，到达任务区外围上空后投放。"鹌鹑"无人机上携带的电子装备使它在地面探测雷达上的影像看上去像一架轰炸机，诱使敌方攻击这些"B-52"，从而达到掩护真正的B-52机群突防轰炸的目的。

12. 电子干扰

现代作战一个重要的任务是争夺制电子权。无人机以其长航时、低成本、无人驾驶的优势为获得制电子权提供了有效手段。电子干扰无人机通常携带机载电子对抗设备，主要有阻塞式杂波干扰吊舱、噪声干扰/欺骗吊舱、无源干扰器材、设备等，用于干扰敌方空中、地面的电子探测设备，淹没并瘫痪正常电子信号的接收，压制指挥控制信号的发射，以及进行电子欺骗。与有人驾驶干扰飞机相比，无人机可以抵近前沿实施干扰，以小的发射功率获得更好的干扰效果。典型的电子干扰无人机有美国的"天眼"无人机、英国的"幽灵"ASR-4电子战无人机、法国的"狐"TX无人机等。

13. 通信中继

利用无人机进行中继通信就是在无人机上安装无线电通信设备，使其成为一个机动的通信中继站，在当前条件达不到要求通信距离的情况下，通过无人机通信节点的中继，确保通信的畅通。这种运用方式通常用于战术条件下的通信，如高山地区的远距离通信、卫星通信失效条件下的远距离通信，也可用于武器制导信号传输控制。所谓制导信号的传输控制是指无人机为它机发射的攻击武器提供对目标的导引控制信号，确保对目标的准确攻击。

14. 反辐射打击

反辐射打击的目的是要摧毁地面、海面和空中的电子探测设备，或带有电子探测设备的平台和设施，使目标探测系统瘫痪，从而使对手的防御和攻击武器系统变成聋子和瞎子，进而保证己方的安全和己方后续攻击的有效实施。无人机实施反辐射打击以自杀式的反辐射无人机和挂载反辐射导弹的无人机为主。

15. 担当靶机

靶机与防空武器系统相伴而生、伴随发展。无人靶机的主要功用是模拟飞机、导弹的飞行，用于试验检测、鉴定相关的防空、航空兵器的性能，以及航空、防空部队的实弹训练。最早的无人靶机以活塞式螺旋桨发动机为动力，飞行速度相对较慢，技术也很简单。随着现代防空武器系统的技术越来越先进，靶机也从最初的低空低速型向高空高速、高机动、隐身方向发展，已成为高科技的集合体。在有飞机和防空的条件下，靶机永远是无人机的一个永恒话题。

16. 空中投送

空中投送是无人机用于特种作战的一种方式，比如向敌方投送传单等。美军曾经使用过 C-130 运输机投送传单。但这项任务需要 C-130 运输机以较低的高度在敌方前沿或纵深地带飞行，以保证投放效果，这样做又大大威胁着机组人员的人身安全。为此，美军研制了 CQ-10 "雪鹅"心理战无人机，是一种有动力的可控飞行滑翔机，能够运送 575 磅的传单持续飞行 3h，2005 年已开始投入使用。另外，利用无人机进行高危环境中的物资运送和补给，也是无人机用于作战后勤保障的一种可能方式，美国陆军和海军已在实验研究这种任务方式的可靠性。

此外，无人机的应用领域还非常宽广，在军、民用领域，无人机还可用于试验验证、地理测量、气象观测、大气环境检测、资源勘探、核生化取样和森林防火监控等。可以预见，未来的空天将是无人机一展风采的舞台。

8.3 察打一体无人机作战运用原理

从无人机常见的作战运用模式看，侦察和打击是无人机最常见和最复杂的任务，察打一体无人机兼具了侦察和打击两种任务能力。因此，本节以察打一体无人机为例，深入介绍无人机的作战运用原理。

8.3.1 察打一体无人机的任务构型

察打一体无人机是兼具侦察监视和对地打击两种任务能力的无人机，所以通常需要携带两大类任务载荷，一类是侦察载荷，另一类是武器载荷。

侦察载荷一般包括 CCD 相机和电视摄像机，对于需要进行昼夜侦察的无人机来说，还需要配备用于夜间侦察的红外侦察设备。另外，为了给红外制导导弹指示目标，无人机需要配备红外目标指示器。对于比较先进的无人机来说，通常是安装集电视摄像机、前视红外装置和激光测距/目标指示器于一体的多功能光电侦察/瞄准吊舱，简称为 EO/IR，可在昼间(电视摄像机)或昼夜(前视红外传感器)及良好气象条件下，在小范围内搜索、探测、识别、跟踪地面固定或移动目标，跟踪情况下可通过激光测距测量与目标之间的斜距，并使用激光照射器进行目标指示，引导激光制导导弹攻击目标。另外，为了提高防区外的远距离侦察能力和战场生存性，还可能配置合成孔径雷达(SAR)。SAR 利用被侦察区域的微波反射特性，在全天时、全天候条件下，承担对地(海)面静止以及低速运动目标的成像侦察任务，获取被侦察区域的数字雷达可视图像，或在动目标指示模式下，探测地面慢速运动目标，通常用于对各类战场目标的侦察及战场动态监视任务。

弹药载荷通常包括灵巧炸弹和空地制导导弹，从现役无人机已配备的武器载荷看，主要是激光制导的空地导弹。

对于察打一体无人机来说，尽管可以配备多种任务载荷，但每次执行任务时携带的任务载荷需要根据任务要求选配，这一方面是要适应无人机载荷能力的限制，另一方面也是为了获得更好的任务效能。所以，无人机所携带的任务载荷需要根据任务按照一定的方式配备，我们称之为任务构型。通常情况下，察打一体无人机可以有三种任务构型：第一种是近距离的目标侦察搜索模式，任务载荷配置通常是 CCD 相机和光电侦察吊舱 EO/IR，用于在较近距离上对目标区域进行侦察和搜索，获得目标区域的光学照片和视频流；第二种任务构型是热点区域的侦察监视模式，任务载荷配置通常是 SAR 雷达，用于在较远距离上对目标区域进行侦察和监视，获得目标区域的数字雷达可视图像；第三种任务构型是单机对地打击模式，任务载荷配置通常是光电侦察/瞄准吊舱 EO/IR 和机载空地导弹，用于对地/海面的固定或慢速移动目标进行搜索、识别、跟踪和打击。

8.3.2 无人机光电侦察监视的运用原理

无人机进行光电侦察，使用的是光电侦察设备，即 CCD 相机和光电侦察吊舱 EO/IR。对于一般的战术侦察无人机来说，通常不会配备 EO/IR。无人机执行光电侦察任务的一般流程如图 8-6 所示。

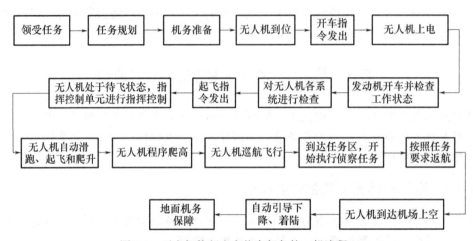

图 8-6 无人机执行光电侦察任务的一般流程

无人机单位接收到出动任务后，首先根据任务要求和已有的情报信息、气象信息等，为无人机进行任务规划，包括制定无人机的侦察飞行航路、任务载荷工作规划和通信链路工作规划，制定出的任务规划数据通过人工或自动的方式装订到无人机上，在此过程中，无人机同时完成出动前的检查保障。然后，根据指挥命令，无人机依次完成滑跑、起飞、爬升、巡航后，进入任务区域。进入任务区域后，无人机将按照规划的航路进行侦察搜索，此时任务载荷按照规划设定开始工作，获取目标区域的侦察图像信息，并通过遥测链路通道将获得的侦察信息实时地传送到地面指挥控制站，供地面人员对目标区域情况进行分析、整理和判读，形成相关的数据文档。对于无人机侦察航路的设计，需要考虑侦察任务的特点，对于重要的目标或较小区域，通常采取在上空盘旋监视的航路。对于较大的目标区域，通常以半径数百米至数千米，采取折返、8字、方形等航路机动飞行，使无人机能实施长时间连续侦察监视。如果在侦察过程中临时发现疑似目标，可由无人机地面指控站中的飞行操控员和载荷操作员操控无人机按8字折返或盘旋等方式实施机动跟踪。图8-7是无人机执行侦察任务的航路示意图，其中左图为一条实际的完整的飞行航路，右图为在任务区中的折返侦察航路。

对于性能先进的 EO 传感器，可以设置多种工作模式，这需要在无人机执行任务的过程中，由任务控制站中的载荷操作员根据任务需要进行切换。例如，"全球鹰"无人机的光电/红外传感器就具有三种扫描模式，即聚束扫描(也称点模式)、广域扫描(也称宽度扫描模式)和和区域扫描三种模式，如图 8-8 所示。

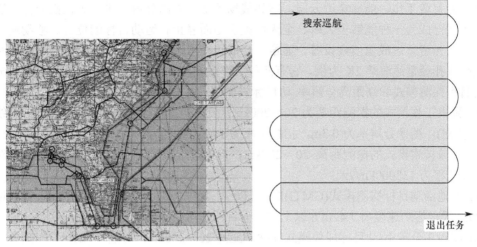

图 8-7 无人机执行侦察任务的折返航路示意图

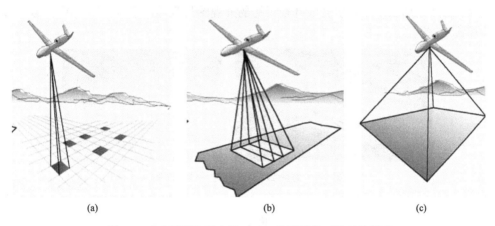

图 8-8 "全球鹰"无人机 EO/IR 传感器的三种工作模式

(a) 点扫描模式；(b) 宽度扫描模式；(c) 区域扫描模式。

8.3.3 无人机 SAR 侦察监视的运用原理

合成孔径雷达(Synthetic Aperture Radar，SAR)是利用合成孔径原理和信号处理方法，以真实的小孔径天线获得距离向和方位向高分辨率的侦察图像的雷达成像系统。合成孔径雷达由真实孔径雷达发展而来。真实孔径雷达的成像原理简单，但成像分辨率与天线的孔径成正比。对于机载雷达来说，由于受平台尺寸的限制，难以大幅提高雷达的天线尺寸，所以也难以提高成像分辨率。基于多普勒频移原理、脉冲压缩技术和信号处理方法获得的合成孔径技术为解决这一难题提供了全新的天地。合成孔径雷达的成像原理就是利用目标与雷达的相对运动，通过单阵元在不同相对空间位置上所接收到的回波时间采样序列取代由阵列天线获取的波前空间采样集合，形成目标的像。利用目标—雷达相对运动形成的合成孔径代替巨大的真实孔径阵列天线，从而以小的真实天线孔径获得极高分辨率的雷达图像。

合成孔径雷达在使用上有三个重要特点，一是方位向分辨率与雷达的波长和斜距无关，二是成像分辨率与真实孔径成反比，三是 SAR 雷达是一种侧视成像雷达，即当雷达波的扫描方向与雷达载机的运动方向保持垂直时，可以获得最大的分辨率。合成孔径雷达在夜间和恶劣气候时能有效工作，能够穿透云层、雾和战场遮蔽，以高分辨率进行大范围成像。所以合成孔径雷达已成为一种能够全天时、全天候提供地面静止和运动目标的位置、移动速度和方位等信息的先进雷达成像侦察设备。通常，合成孔径雷达有多种工作模式，以"全球鹰"无人机的合成孔径雷达海萨 2K 为例，它有四种工作模式，即聚束工作模式、广域搜索模式、对地活动目标探测模式和高距离分辨率/动目标成像模式。其中：

(1) 聚束工作模式的探测距离为 20～200km，扫描的点目标面积为 2km×2km，天线视角 ±45°(侧向)，图像分辨率为 0.3m，扫描速率为 1900 点/天。

(2) 广域搜索模式的探测距离 20～200km，扫描条带宽度 10km，分辨率为 1m，对目标扫描覆盖速率为 138000km²/天。

(3) 对地活动目标探测模式(GMTI)的探测距离 20～200km，分辨率为 10m，扫描速度为 15000km²/天，运动速度为 7.4km/h 以上的地面目标都可被探测到。

(4) 高距离分辨率/动目标成像模式的探测距离 20～200km，分辨率 0.3m，扫描条带宽度为 800m，可探测的目标最小速度为 22km/h。

图 8-9 为"全球鹰"无人机合成孔径雷达的外观图与侧视侦察示意图，图 8-10 为该雷达的工作模式示意图。

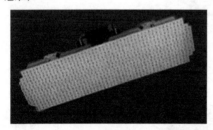 

图 8-9 海萨 2K SAR 雷达天线外观图

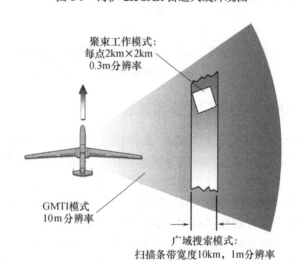

图 8-10 "全球鹰"无人机 SAR 雷达的工作模式示意图

根据 SAR 雷达的使用原理，无人机装载 SAR 雷达进行远距离侦察时，其飞行航路的设计应按侧向原理设计，即无人机的飞行方向与雷达照射方向保持垂直。图 8-11 说明了对执行 SAR 雷达侦察任务的无人机按照侧向原理设计航路的示意图，图 8-12 为"全球鹰"无人机 SAR 雷达获得的雷达侦察图像，可以看出其成像分辨率是相当高的。

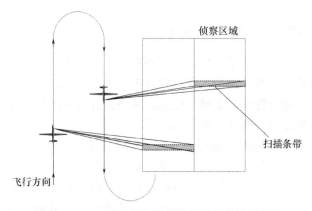

图 8-11 SAR 雷达侦察无人机的飞行航路示意图

图 8-12 "全球鹰"无人机获得的 SAR 雷达图像

执行 SAR 雷达侦察任务，无人机的整个任务过程和飞行阶段与无人机执行光电侦察监视任务是相似的，这里不再累述。需要补充的是，无人机完成任务后，即可按照地面指控的指令，或根据预先规划要求，退出任务区域，并返航着陆，地面人员完成对无人机的飞行后检查保障，为下次出动做好准备。图 8-13 以"全球鹰"无人机的侦察任务过程为例，说明了无人机进行侦察的整个飞行过程。

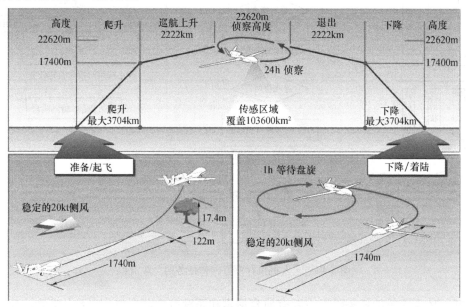

图 8-13 "全球鹰"无人机执行侦察任务的飞行过程示意图

8.3.4 无人机察打一体的运用原理

人们常说的"察打一体"是指一体化的侦察打击。无人机执行一体化侦察打击任务的过程就是由同一个平台连续实施侦察监视和搜索打击任务的过程。正是由于其连续和一体化的特点，实现了侦察和打击过程的"无缝"衔接，从而为打击时敏目标提供了有效手段。为叙述方便起见，文中仍然使用"察打一体"的表述。

一般来说，无人机执行察打一体任务的完整过程包括任务准备、滑行起飞、任务执行、返航着陆等过程。在任务准备阶段，无人机单位接收指挥中心下发的任务计划，主要是相关的任务要求和情报数据，包括目标位置、种类、图像、防空火力等。并根据这些数据和其他信息进行任务规划，制定侦察打击方案，包括使用武器种类、数量、侦察打击航路、载荷工作规划、武器投放方式等。这些任务计划经过核准后，在起飞前装订到无人机上。如果在飞行过程中地面操作员发现突发情况，应当根据情况为无人机制定新的任务数据或指令，并通过上行数据链传输给无人机。装订完预先的任务规划数据后，无人机即可根据地面指令，在飞行操控员的操作下，自动或人工完成滑行、起飞和巡航，按照规划的航路到达任务区。无人机到达任务区后，控制权被转交给无人机的任务控制单元，在地面人员的监控下，无人机开始按照预先规划的航路执行任务，如果发现随遇目标，则可转入人工操作执行任务。完成任务后，无人机即可根据指令返航着陆。图 8-14 以"捕食者"无人机为例，说明了无人机执行察打一体任务的一般工作流程。

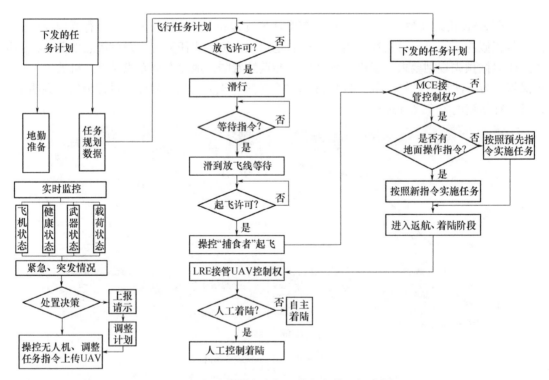

图 8-14 无人机执行察打一体任务的一般流程

察打一体无人机的任务阶段主要有侦察搜索和跟踪打击两个过程。无人机到达任务区后，首先是打开光电侦察载荷，包括 CCD 相机和 EO，按照侦察航路对任务区进行广域的侦察搜索，无人机按既定的规划数据或指令，用可见光载荷完成对预定区域的侦察并将图像信息传输至地面站。地面人员对侦察信息进行处理、判读，找出可疑目标。一旦发现可疑目标，即要引导无人机转入监视航路，对目标实施定点的监视评估。无人机围绕目标盘旋飞行，地面人员操控光电监视/瞄准装置 EO 对目标进行持久的定点侦察监视，获得多方位、不同视场的视频图像情报，由地面人员判明其性质、数量、运动方向、坐标及周边地形地貌等，形成情报文档上报指挥中心确认。待指挥中心下达目标攻击命令后，即可转入跟踪打击过程，无人机的操控员控制无人机进入攻击程序。无人机可能首先要从巡航高度下降到攻击高度，调整位置和姿态，进入攻击位置。无人机火控系统解算目标参数并判断武器发射条件。火控计算机解算出来的飞行指令和飞机瞄准指向等信息输出给机载飞行控制系统，由该系统控制飞机改变飞行状态和飞机姿态，满足武器发射要求。满足武器发射条件后，控制系统可以给出自动投放信号或地面给出武器发射信号，控制机载武器投放。通常，察打一体无人机投放的是激光制导导弹，需要有对目标的激光照射以引导导弹准确击中目标，这种照射可以由本机的机载激光目标指示器完成。也可由其他照射源协助完成。如果是本机照射，无人机在发射导弹后，还需要控制无人机保持一定的飞行状态，以确保激光目标指示器对目标的照射。图 8-15 说明了无人机实施侦察打击的航路情况和简要过程。击中目标后，无人机还要拍摄毁伤情况的图像，提供给地面人员判断打击效果，以决定无人机是返航或是再次攻击。如果未命中目标，无人机可采取 8 字或折返航线对目标实施再次打击。无人机完成任务后，即可按照地面指挥指令返航着陆。

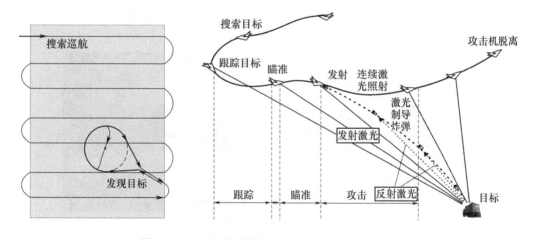

图 8-15　无人机实施侦察打击的航路和过程示意图

需要说明的是，对于预定固定目标的打击过程通常是飞行自动控制系统按照预先规划要求控制飞机和载荷设备自动完成，地面操控员基本可以不参与。但对于随遇目标的打击，则需要飞行操控员操控无人机以合适的角度进入攻击区，确保载荷操控员能够快速地捕获目标，同时，飞行操控员要注意调整飞机的姿态，确保满足导弹发射条件。另外，在无人机飞往任务区的过程中，地面人员还要实时监控外界环境的变化，分析战场态势。根据战场变化，实时进行战术决策，包括进行规避威胁的航路重规划，以最大限度地保证无人机的使用安全。

8.3.5　"捕食者"无人机的作战运用

在 2001 年的阿富汗反恐战争中，美军为了能使无人机对地面目标直接实施打击，首次为

"捕食者"无人机挂载了 2 枚"海尔法"导弹,使"捕食者"无人机成为首型察打一体的无人机,并在阿富汗战争中开创了无人机直接遂行对地打击任务的先河。2001 年 11 月 15 日,"捕食者"无人机侦察到一支车队趁着夜幕进入了小镇上的一栋大楼。经过指挥中心对"捕食者"无人机传回的侦察图像的分析,认定是基地组织的重要人员在会议。随即命令"捕食者"无人机将其携带的 2 枚"海尔法"导弹准确地射向了大楼,同时,还调来 F-15 战斗机加强攻击。这场奇袭使"基地"二号人物穆罕默德·阿提夫及其随行人员全部毙命。自此,察打一体成为先进无人机的新型运用方式,也开创了无人机作战运用的新纪元。

一个完整的"捕食者"无人机系统由 4 架无人机、1 套地面控制站、1 套任务载荷和 1 套视距与卫星通信链路设备及相关保障设备组成,续航时间 24h,属于中空长航时侦察打击无人机系列。"捕食者"无人机系统的任务载荷主要有光学/红外侦察载荷、合成孔径雷达和多光谱瞄准系统。光学/红外侦察载荷为 Versatron 公司研制的"天球"14TS 多传感器监视系统,包括索尼公司高分辨率的 10 倍变焦 XC-999 型日光电视摄像机和分辨率为 512×512 的 5 位置多视场热成像器。此外,在"捕食者"的机鼻处还安装有全彩机鼻摄像机,主要用于为飞机导航。"捕食者"无人机的 SAR 侦察载荷为 AN/ZPQ-1 战术长航时合成孔径雷达(TESAR)。TESAR 是一型重量轻、性能先进的 J 波段雷达,能在各种地形和恶劣气候条件下提供连续的、全聚焦、高分辨率、近实时的飞机两侧带状地图图像。"捕食者"无人机的多光谱瞄准系统,简称 MTS,包含光电红外系统和激光指示器。MTS 安装于球型转塔内,用于发射一束激光或红外线,一方面机载计算机利用该光束进行弹道和距离计算,另一方面用于为"海尔法"导弹指示目标。MTS 系统中还包含用于计算风速、风向以及其他环境变量的传感器,根据它们探测的所有数据,确定导弹的发射方案。如图 8-16 所示。

 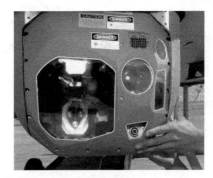

图 8-16 "捕食者"无人机的球型光电侦察瞄准系统

"捕食者"无人机系统的通信链路地面终端是 L-3 通信公司提供的 C 波段数据链系统终端和 Ku 波段卫星数据链系统通信终端,机载终端为 UHF 和 VHF 无线电台。主卫星链路称为"特洛伊精神"Ⅱ卫星通信系统,是美国陆军卫星通信终端,提供对情报分发和处理的能力。设备由两辆带拖车的多功能轮式车、两架安装在拖车上的卫星通信天线和两台柴油机动力发电机组成。直径 5.5m 的较大的卫星天线用于传输来自无人机的视频图像,并作为对无人机的遥控链路,直径 2.4m 的小型卫星天线用于将选择的图像从地面控制站传送到联合情报支援系统。

对"捕食者"无人机的指挥控制通过"捕食者"无人机系统的地面控制站(Ground Control Station,GCS)实现。通过地面控制站对无人机的任务载荷和飞机进行操控,飞机上的光电(EO)和红外(IR)视频数据通过视距或 UHF/Ku 频段卫星数据链路传送给地面控制站;合成孔径雷达图像通过 Ku 频段卫星链路传送给地面控制站。无人机系统的图像分析人员将收集到的数据作进一步整理、分发。"捕食者"无人机系统的地面控制站是一个 9.14m×2.44m×2.44m 的三轴拖车，内有对无人机的飞行和载荷操控台，以及任务计划开发控制台、合成孔径雷达控制台和卫星通信、视距通信数据终端，还包括飞行操控员、载荷操控员等人员的操控席位。"捕食者"无人机系统的地面控制站及其内部结构如图 8-17 所示。"捕食者"的地面操控人员在地面控制站内借助 C 频段视距内数据链路或 Ku 频段视距外卫星数据链路操纵无人机飞行。在实战使用过程中，对"捕食者"无人机的远距离操控通信主要有 4 种方式：一是通过 C 波段数据链对无人机进行视距遥控，其遥控范围可达 280km，主要适用于无人机的起飞和降落阶段的近距离通信；二是以一架无人机作为通信中继机对战场前沿的另一架无人机进行远程遥控；三是以一架无人机和一个地面控制系统分别作为通信中继机和中继站对战场前沿的无人机进行远程遥控；四是通过 Ku 波段的卫星数据链中继对远在万里之外的无人机进行遥控和遥测。无人机下传的视频图像信息传到地面控制站后，经过地面情报人员的分析、整编和处理，可以通过专用的卫星通信通道转送全球各地的指挥部门，也可直接通过商业广播系统发送给指挥用户。

图 8-17　"捕食者"无人机系统的地面控制站及其内部结构

"捕食者"无人机系统的地面操控人员包括飞行员(PPO-1)和传感器操作员(PPO-2)，飞行员负责操纵无人机的飞行，传感器操作员负责控制各种机载传感器和武器系统。操作员的控制台界面由 4 个液晶显示器组成：最上方的显示器为 43cm 主视频显示监视器，显示无人机航路规划和数字地图叠加信息；中间的显示器为 43cm 主视频显示监视器，实时显示无人机头部的彩色摄像机拍摄到的画面，其作用相当于战斗机上的平视显示器；最下方的两个显示器为 23cm 的显示监视器，显示各种传感器采集到的信息、图像、战术信息、飞机状态和飞行仪表等内容，相当于战斗机上的多功能下视显示器。无人机的操控台包括了油门、襟翼、起落架、跟踪球键盘和驾驶杆等控制功能，以及安装在地板上的无人机刹车/方向舵的控制脚蹬等。操控台的右侧安装操纵杆，左侧安装油门杆，十分符合美军战斗机飞行员的操纵习惯。GCS 系统可安装在车辆、舰船甚至大型飞机上，使操作人员能在远离战场的千里之外的任意地点对"捕食者"无人机进行遥控。对"捕食者"无人机起飞、着陆阶段的人工操控由安装在机头上的摄像机提供基本视觉信息。飞行员根据显示在主显示器上的起飞、着陆视频进行操控。

总结美军"捕食者"无人机的实战运用情况，归纳起来，主要有 5 个方面的运用方式：一是用于对地面时敏目标的实时打击。"捕食者"无人机挂载空地导弹后，即具备了精确的对地攻击能力，已多次取得了辉煌的对地打击战果。这一点在前文已作过充分阐述，此处不再赘述。二是用于电子战。为无人机配备电子战载荷，即可使"捕食者"无人机能够执行"全天时、全天候"的电子战任务,包括搜集电子情报,为指挥员制定作战方案提供可靠的电子情报支援。在科索沃战争中,"捕食者"无人机通过释放假电子信号,诱使南联盟大量的防空雷达开机,从而侦察到南联盟防空雷达阵地的位置,为美军摧毁南军的防空导弹阵地立下汗马功劳。北约对波黑战争中,美军使用多架"捕食者"无人机对预定地域进行电子侦察,并把侦测的信息迅速传送到指挥控制基地,为指挥员确定打击目标提供了实时情报,使巡航导弹的打击精度得到进一步提升。三是进行战略战术侦察。"捕食者"无人机续航时间长,在中高空飞行,任务载荷丰富,可用于对热点地区的经常性战略战术侦察,为美国的各类政策制定提供相关情报支撑。四是充当诱饵。伊拉克战争中美军在对巴格达空袭两周后,为试探伊拉克防空系统的残余火力,美空军派出 2 架超期服役的"捕食者"执行"自杀式"试探任务,拆除了所有的机载传感器和武器系统,无人机的主要任务就是尽量长时间地在空中滞留,吸引伊军打击以暴露其防空火力。在燃油耗尽后由地面操作人员引导无人机在无人居住区自行坠毁。这些诱饵"捕食者"留空时间长达 36h,期间充分吸引了伊拉克残存的防空系统火力,美军也得以对伊拉克的防空系统进行了深入全面的摧毁。五是进行通信中继。利用几架"捕食者"无人机进行通信接力传递,可起到通信中继站的作用。

从"捕食者"无人机执行察打一体任务的飞行剖面看,主要包括数据装订与飞行前准备、起飞前滑跑、起飞爬升、进入巡航、盘旋搜索、退出盘旋、转入攻击、机动占位、武器投放、完成攻击、转弯退出、巡航返回、返场盘旋、下滑着陆等过程,图 8-18 简要图示了"捕食者"无人机执行察打一体任务的飞行剖面。

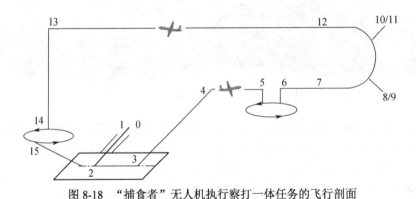

图 8-18 "捕食者"无人机执行察打一体任务的飞行剖面

0—数据装订与飞行前准备;1—起飞前滑跑;2—开始起飞;3—开始爬升;4—进入巡航;5—盘旋搜索;
6—退出盘旋;7—转入攻击;8—机动占位;9—武器投放;10—转弯;11—启动退出;12—巡航返回;
13—开始下降;14—盘旋保持;15—下滑着陆。

"捕食者"无人机在实战使用过程中,也发现了早期设计的许多不足之处,所以也在不断进行改进和升级。一是飞行控制系统和导航系统不断提高自主能力,早期的"捕食者"无人机尚不能完成全过程的自动飞行,现在已能实现从起飞到着陆的全过程自动飞行;二是改进地面指挥控制系统的设计和操控性能。美军的统计表明,从 2003 年参加伊拉克战争迄今,投入实战的 90 多架"捕食者"系列无人机已有一半以上坠毁。造成无人机损失的原因除了敌方对空火力、恶劣自然环境和空中相撞事故等原因外,另一个重要原因就是"人为因素",即由于地面操纵人员的失误而引发坠毁事故。"捕食者"无人机早期的地面指控系统设计欠合理,操作复杂,容易造成失误。例如,操作员命令"捕食者"无人机发射导弹,必须在下拉式菜单中进行多达 17 次的繁杂操作，在紧张的任务过程中，极易造成鼠标的误击或错击。另外，发射导弹和关闭发动机两个按钮靠的很近，很容易造成误操作。针对这些问题，美国空军已经启动了"捕食者"和"死神"无人机的下一代先进地面控制系统的研发计划。

8.4 无人机系统的人员配置与培训

无人机尽管是无人驾驶，但它的飞行和作战运用却离不开人的作用，无人机的起降、飞行、作战等过程都需要地面指挥和操控人员的实时指令和监视控制。因此，无人机系统的人员配置是无人机系统构成与运用的重要方面。

8.4.1 无人机系统的人员构成

无人机系统所配备的人员主要是负责无人机系统的操控使用和维护保障。从无人机系统的实际组成看，按照美国"全球鹰"无人机系统和"捕食者"无人机系统的构成方式，一套实际使用的无人机系统通常包括 4 架无人机、一套数据链路系统、一套任务载荷设备和相关的地面辅助设备，无人机系统配备的各类人员就负责使用和维护这些设备。如图 8-19 所示。

图 8-19　"捕食者"无人机系统及其人员配备

按照无人机实际使用过程中的需要和人员职责来分，无人机系统的作战使用一般需要三大类人员，即无人机单位的指挥军官、无人机的操作人员和维护保障人员。具体地说，指挥军官包括了各级的军事指挥与管理干部。无人机操控使用人员包括四部分人员，一是无人机的飞行操控员，负责操控无人机飞行，并完成无人机的任务规划，如果需要，也可为无人机的任务规划设置独立的岗位和人员；二是无人机的载荷操控员，负责对无人机任务载荷的操控；三是无人机链路监控人员，负责监控无人机系统通信链路的工作状态；四是无人机系统的情报处理人员，负责无人机获得的侦察情报的判读整编、信息处理等。无人机的维护保障人员负责无人机及其机载设备、地面设备的维修和保障，按照工作专业，通常包括机械维修、航电维修、飞控设备维修、军械维修、任务载荷维修、地面站系统维修、测控系统维修等各类人员，以及对无人机系统地面车辆的驾驶与维修人员。

对于不同类型和规模的无人机系统，其人员的配备通常有所差别。例如，对于小型战术无人机系统来说，无人机系统的操作使用人员或许只需要 1～2 个人即可完成全部的任务规划、飞行操控、载荷操控等任务，而无人机系统维修保障人员的专业划分也不需要过细，几个人即可完成全套无人机系统的保障工作。但对于诸如"全球鹰"、"捕食者"等大中型无人机系统来说，却需要专业划分更细、人员数量更多的作战使用人员。考虑到无人机系统类型众多，规模各异，所以本节不对无人机系统人员配置的这种差异性进行讨论，仅以典型的美军"捕食者"无人机系统为例，说明无人机系统的人员配置特点和培训模式。

8.4.2 "捕食者"无人机系统的人员配置

美军装备无人机系统的战斗单位一般分为使用和维修两个部分。以位于美国内华达州内利斯空军基地的第 57 联队为例，它隶属于美国空军战斗司令部空军作战中心，下辖 2 个"捕食者"无人机中队。无人机中队是"捕食者"无人机系统的基层单位，每个无人机中队装备一套"捕食者"无人机系统，包括 4 架无人机、1 套地面控制站、1 套数据链路设备、任务载荷和有关的地面保障设备。无人机中队又分为操作使用分队和维修保障分队。操作使用分队主要负责对无人机系统的操作使用，具体包括作战指挥、飞行操控、载荷操控、链路管理、情报分析等人员。维修保障分队主要负责对无人机系统的维修保障，包括无人机维修、任务载荷维修、地面站维修、数据链维修等人员。图 8-20 说明了"捕食者"无人机中队的岗位设置情况。

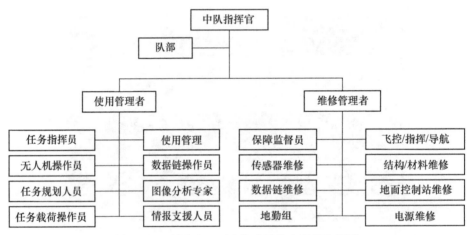

图 8-20 "捕食者"无人机中队的人员岗位设置

在具体的人力配备方面，要考虑"捕食者"无人机需要 24h 飞行和执行任务，部分人员至少需要"三班倒"等情况。为此，美国空军司令部给出了确定长航时无人机系统初始人力配备需求的基本考虑和要求如下。美军按照这些规则，为每个"捕食者"无人机中队总计配备了 65 名人员，具体构成如表 8-3 所示。

(1) 人力需求按照持续作战 30 天以上确定。
(2) 基层级机构应设在具有使用、维修、行政管理和保障飞行的中队级。
(3) 人力结构应遵守现有军官和士兵分类指南。
(4) 持续战时人时可用性系数应为每月 247 人时。
(5) 在持久战期间，维修工作中心应每天 24h、每周 7 天连续工作，人员每天应工作 10h，每周工作 6 天。
(6) 在持久战期间，中队应能够保障两场重大局部性冲突。
(7) 局部性冲突时，应将"捕食者"无人机在多个前方作战地点部署。

(8) 无人机中队应能够支持每场局部冲突中多个飞行器同时在站执行任务。

(9) 每个非主作战基地要求有一套发射和回收单元(LRE)。

(10) 每套 LRE 应有 2 个人的位置。

(11) 所有专业的航空器维修人员数最少应有 2 名。

(12) 应在最大程度上跨专业使用维修人员。

(13) 航空器、相关系统合保障单元应属于 C 类保密资产。

(14) 部署的发射/控制区域的保安要求应由非主作战基地司令官决定，具体人力分配根据当地现有保安人员情况而定。

(15) 主作战基地和非主作战基地的正常使用保障应由当地提供。

(16) 在人力估算中应包括 UAV 专用的基地使用保障。

(17) 飞行使用在白天或夜晚进行，每天最长 24h。

(18) 不考虑战斗损伤和磨损。应根据需要更换飞行器，以保持计划的出动数。

表 8-3 "捕食者"无人机中队的人员配置表

职能与岗位人员		配备数量
地面控制站操作	使用管理者	1
	无人机操作员	6
	图像分析专家	3
	数据开发/任务规划/通信操作人员	9
	任务载荷操作员	9
无人机作战	任务指挥员	1
	情报支援人员	3
无人机维修	维修管理者	1
	保障监督员	1
	传感器维修	5
	地勤组	5
	AGCS	6
	飞控/指挥/导航	4
	电源(AGE)	2
地面站维修	数据链操作员	6
	SATCOM MX	3
总人数		65

8.4.3 美军无人机的人员培训

对于无人机操作使用人员的专业培训，美军是非常重视的，设有专门的培训机构，培训内容包括理论课程和基于模拟器的操作使用练习。目前，美国空军无人机的训练方案由美国空军战斗司令部制定，具体由其下属的无人机培训机构负责完成操作人员和保障人员的培训工作。以"捕食者"无人机为例，其飞行操作人员主要从有人驾驶飞机飞行员和其他军官中遴选，遴选出的学员首先在小型民用飞机上完成 25 学时的入门飞行课程，通过者转至克里奇空军基地的无人机学校,在随后的 2~3 个月里学习无人机驾驶及相关基础知识,如通信技术、气象环境等。通过正规培训并获得飞行资质的学员再分派至作战分队,在实际任务中锻炼提高。任务载荷操作员的训练也包括学校理论学习、在职训练和继续培训等几个阶段。随着无人机数量的增多,针对无人机使用人员的强烈需求,美国空军教育和训练司令部开始介入,重新评估了飞行员在无人机系统中所担当的角色,一种新的观点是将"无人机操作"作为独立培养专业,与"飞行本科专业"区别开来,以此扩大操作员的选拔范围。下面,以美国空军"捕食者"无人机的人员培训为例,从 3 个方面具体介绍美军无人机系统的人员培训情况。

1. 美空军无人机人员的培养机构

为了适应无人机数量急剧增加而引起的对无人机操作使用人员需求剧增的局面,美国陆、海、空军都设立了多个专门的无人机培训学校,开始大规模培训无人机人才。以美国陆军为例,建立了专门的无人机培训机构,位于亚利桑那州华楚卡堡的无人机训练司令部就是规模最大的无人机专业培训机构,专门培养战术无人机的操作和维修人员。从 2001 年开始,特别是在新一代"影子"战术无人机通过初始作战、试验评估后,该机构的规模急速扩张。从 2001 年—2006 年的 5 年间,每年毕业的学员人数以 300%的速度递增。

美国空军对无人机人员的培训主要由 5 个基地承担,一是拉客兰德空军基地,隶属于空军教育和训练司令部,主要负责无人机操作员的空勤人员基础课程,熟悉空勤文化传统。二是伦道夫空军基地,隶属空军教育和训练司令部,主要为无人机操作员提供无人机系统理论教学、机载激光探测和设备操作资格考核课程。三是克里奇空军基地,负责空军"捕食者"机组人员的作战使用训练。四是霍洛曼空军基地,负责提供飞行员和无人机操作员训练,是全世界最大的无人机操控训练基地,同时也帮助训练盟国的无人机飞行员。五是比尔空军基地,隶属于空军空中作战司令部,主要维护以美国本土为基地的空军 RQ-4 机群,同时承担 RQ-4 无人机操作员的培训工作。

2. 美军培训的无人机人员类别

美军培训的无人机人员主要分为三类,即无人机飞行员、传感器操作员和维修保障人员。

对于早期的美空军"捕食者"无人机飞行员,主要从军队空勤人员中选拔。随着无人机部队的壮大,对无人机飞行员的需求量剧增,美军开始拓宽无人机飞行员的选拔渠道,目前主要有三类来源:现役空勤人员、无飞行经验的军队人员和大学本科生。一是现役空勤人员,美国空军要求操纵大中型的、价格昂贵无人机的操控人员必须是有着丰富飞行经验的驾驶员、领航员、武器控制等空勤人员。这些飞行员主要从航空兵部队调配,稍加培训即可上岗。二是无飞行经验的军队人员,美军积极探索从无飞行经验的军官中选拔训练无人机飞行员。美军的测试实验证明,这类无人机飞行员与从飞行员中选用的无人机飞行员的执行能力基本接近。三是大学本科学员,2011 年美军设立了名为无人机本科人才培训(URT)计划,直接从大学毕业学员中选拔培训无人机飞行员,授予 18X 专业代码。

无人机的传感器操作员主要由士兵担任,少部分为军官,士兵主要来源于空军情报学校的毕业生,军官则是从情报部门和空军国民警卫队选拔出来的现役初级军官。

美国空军的无人机系统维护保障人员由军方人员和承包商的合同后勤支持人员共同组成。

3. 美军无人机人才的培训方式

美军对无人机人才的培训分为操作使用和维护保障两大类,重点在于培训无人机系统的操作使用人员。这两类学员都要学习无人机系统的基本原理,以及如何快速展开、撤收无人机系统等基础课程。对无人机操作使用人员的培训分为学校培养和部队训练两个阶段。学校培养阶段为分配到部队前的形成初步操作能力的阶段，训练阶段为分配到部队后的能力固化与提升阶段。

无人机操作员的学校培养又可细分为三个阶段。第一阶段是飞行基础和传感器基础训练。飞行基础训练专门针对没有飞行经验的无人机飞行员，包括筛选飞行和仪表资格训练，学员在 DA-20 教练机上完成基本的飞行训练。传感器基础训练包括机组基础知识和传感器基础课程。通过机组基础训练筛选掉不适合的学员。第二阶段为无人机基础知识学习。学习传感器、战术空中任务指令的实施方法以及无人机传送指令的方法。这个阶段的后期开始无人机飞行员和传感器操作员的共同训练。第三阶段为标准训练课程培训，按不同机种在克里奇、霍洛曼等空军基地分开训练。无人机飞行员完成正规训练课程需要 9~12 个月，传感器操作员需要 7~10 个月。标准训练课程完成后，学员即被分配到无人机部队。

无人机操作员的部队训练主要是对新操作员的带教。新分配到无人机部队的飞行员和传感器操作员只能在"有经验"操作员的监控下操作无人机，基本需要 2~4 个月。只有积累够一定的飞行时间并完成特定的任务，才能被称为"有经验"的人员。

在维修保障人员的学校培养方面，美军比较注重维修保障人员的专业技能和素养的融合。如将电子类的机电类课程与机械类的相关课程的维护培训融合为一门课程，美军认为采用这种培训方式，可使维修人员具备更强的环境适应能力。另外，美军实行军民融合的保障方式，合同承包商提供了大量的维修保障服务。特别对于美国空军来说，维修保障人员大多是从航空兵部队抽调，对维修保障工作较为熟悉，通过承包商带教即可很快满足对无人机系统的维护保障。所以，总体来说，美军对无人机维修保障人员的培养训练投入相对较少。

需要强调的是，美军在培训无人机系统操作使用人员的过程中，特别强调实践性。针对无人机系统的使用特点，各类人员除了接受院校的理论知识学习和专业技能培训之外，突出了模拟训练和作战演练两个环节。从教学方式来看，只有 30％的教学内容是在教室中完成的，剩余的内容都是在真实系统或模拟训练系统上进行实际操作。美军强调在演习和实战条件下展开任务训练，鼓励在各种地理和气候条件下使用无人机系统，使各类人员尽可能快地进入角色，胜任岗位工作。为了使学员尽可能多地参与各种实际操作，无人机培训学校会不断添加各种训练设备和训练教室。以"影子"无人机的模拟教学为例，2005 年美国陆军建立了"影子"无人机的模拟训练教室，"影子"无人机的模拟训练系统与作战分队使用的装备完全相同。在每年 10000 飞行小时的训练中，模拟飞行时间占到了 80％。为了保证尽可能多的模拟飞行训练时间，除正常的设备检修外，模拟训练系统经常是人歇、机器不歇，学员两班甚至三班轮流上机进行训练。为了适应多种战术无人机的培训需要，提高模拟训练效益，美军还计划研制通用化的模拟训练系统，可用于"猎人"、"影子"以及新型的"勇士"无人机的模拟训练。另外，为了保证教学质量，美军无人机培训学校中配有大量的经验丰富的各类教员。其中既有长期从事无人机操作维护、有着丰富履历和实战经验的军职人员，也有合同商提供的非军职技术人员。这些教职人员除了完成教学工作外，还会及时修改、调整教学内容，确保教学质量的不断提高。

8.5 无人机系统的模拟训练

模拟训练是利用计算机仿真技术和模拟设备实现装备使用训练和作战训练的一种有效手段，是培训装备操作使用人员的操作技能、提高装备使用水平和战术素养的重要途径。无人机系统的使用特点与模拟训练有着很多的相似之处。所以，模拟训练对于无人机系统具有更好的适应性。本节对无人机系统的模拟训练问题及基本技术原理进行简要介绍。

8.5.1 无人机系统模拟训练概述

模拟训练不受环境、天气和场地条件限制，既能进行常规操作训练，又能进行特情处置训练，可任意重复训练过程和情景状态，从而可以在保证训练质量的前提下，大大减少实际装备的使用耗损，具有安全性好、使用方便、训练功能丰富、训练效益高等独特优势，一直受到各国军方的高度重视。

无人机虽然机上无人，但其飞行和完成任务离不开人的参与，需要由地面控制站的操作人员通过监视器来掌握其飞行状况，并对其飞行过程实施干预，是一种"人在回路"的系统。对无人机的操纵也是一个比较复杂的过程，对操作人员要求比较高。地面人员对空中飞行的无人机的干预和操控包括了制定和调整无人机的飞行航路、操控无人机的飞行状态、调整无人机任务载荷的工作状态、监控无人机通信链路的工作状态、对无人机的空中特情进行处置，以及处理无人机下传的视频图像信息等，可见，地面操作使用人员的能力素质对于无人机系统发挥作战效能是非常关键的。无人机系统的模拟训练技术利用计算机仿真技术和模拟设备实现对无人机系统操作使用过程的模拟，既可以开展无人机系统的常规操作训练，也可以模拟各种情况下的特情处置训练，可任意重复训练过程和情景状态。模拟训练可为无人机的操作、指挥人员提供逼真、准确、科学的仿真训练环境，既可以节省费用，又可以避免由于操纵不熟练而造成无人机的不必要的损失。而且，无人机系统的使用特点与模拟训练有着很多的相似之处，所以说，模拟训练是提高无人机系统操作使用人员操作技能和技战术素养的有效途径，在发挥无人机系统作战优势中扮演着非常重要的角色。

训练是使无人机成功投入作战使用的关键，而模拟训练则是无人机日常训练的重要环节。对于无人机系统的模拟训练，美军一直高度重视。美军认为无人机将在未来作战系统中占据相当重要的地位。但无人机能否在未来战争中发挥更大的作用，不仅取决于无人机平台及载荷的技术性能，也依赖于无人机操作使用和维修人员的技战术素养和操作使用能力。所以美军特别重视对无人机系统模拟训练技术的开发和应用。设有专门的培训机构，培训内容除了理论课程外，重点就是基于模拟训练系统的操作使用训练。以美国陆军为例，2005年建立了"影子"无人机的模拟训练教室，配备了22套"影子"无人机的模拟训练系统，在每年10000飞行小时的训练中，模拟飞行时间占到了80%。为满足部队的模拟训练要求，美军在接装无人机系统装备时，同时还要求生产商提供少量的训练型无人机，并要求单独配备一套以计算机软件为主的地面模拟训练设备，或提供动画演示形式的操作演示光盘，以满足部队的训练需要。

英国也非常重视无人机系统模拟训练技术的开发，已经研制了高性能的"守望者"无人机系统的模拟训练设备。"守望者"无人机系统是英国的一种战术无人机系统，具备情报、监视和侦察能力，能昼夜在任何天气状况下工作。为了能使"守望者"无人机系统快速投入使用，英国国防部投资研制了"守望者"无人机系统的模拟训练系统，制定了基于模拟训练系统的无人机操作人员和维修人员的培训方案。该系统采用实时桌面仿真和图像生成技术，包括可拆分的物理模型、一台外场训练器以及地面控制站实体模型，配备有"守望者"无人机系统的各类使用软件。

外军无人机训练研究及有关统计数据表明，通过改进人机交互水平和模式，可以实现最佳的人与无人机系统设备之间的功能分配。通过使用高保真的无人机模拟训练系统，可快速提高无人机系统操作使用人员的操作水平，最大程度地减少无人机系统使用中的人为差错，显著提高无人机系统的作战使用安全性和持续作战能力。同时，可以显著缩短训练时间和风险，在无人机系统的初始操作训练中效果更加明显。

8.5.2 无人机模拟训练系统原理

1. 模拟训练系统的原理架构

模拟训练系统的架构是指模拟系统中各组成分系统/设备的组织结构方式和交互关系。在设计模拟训练系统时，首先需要根据训练系统的总体需求确定模拟训练系统的体系架构，图 8-21 给出了一种无人机模拟训练系统的典型技术架构，包括了无人机运动仿真子系统、机载飞行控制与任务管理子系统、地面指挥控制站子系统、数据链路仿真子系统和模拟训练控制台子系统等组成部分。其中的子系统在实现时，既可以采用数字仿真形式，也可以采用实物形式。确定了系统的架构后，就需要建立相关子系统的仿真模型，包括无人机运动学/动力学仿真模型、无人机飞行控制律模型、机载任务管理模型、地面指挥控制模型、机载传感器综合模型、舵机系统模型、环境与目标模型、数据链路模型、任务载荷模型等。完成模型构建和校验后，既可通过软件仿真、硬件模拟的方式来实现各个子系统，也可用装备实物代替模拟系统参与仿真。在建设模拟训练系统时，应根据模拟训练系统的建设目标和应用需求，合理确定相关子系统模型的仿真粒度，这对于优化模拟训练系统的成本和结构，保证模拟训练系统的使用效果是非常关键的。

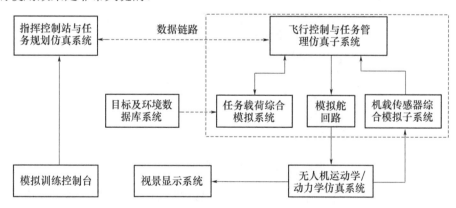

图 8-21 无人机模拟训练系统的原理架构

2. 模拟训练系统的仿真体制

模拟训练系统就是应用模拟仿真技术和设备构建的与真实系统一致的模拟系统。根据实现模拟仿真的技术方法，模拟训练系统一般有三种仿真体制，即数字仿真、半实物仿真和人在回路的仿真。

数字仿真就是以计算机程序的方式建立被仿真对象的数学模型，以单纯的计算机"软"仿真的形式构建模拟设备的仿真方式。这种仿真无需昂贵的硬件系统，也无需模拟生成真实环境的各种物理效应设备，而是用计算机来再现真实世界的物理特性，所以对于被仿真对象的数学模型的建模精度要求较高，特别对于无人机这样的高动态系统，必须具有高精度的全量运动方程，才可能实现对无人机飞行运动的高逼真度的模拟。另外，计算机仿真实现时，还需要设定合适的仿真步长，以保证系统运行的实时性。数字仿真系统主要适用于研究开发、方案论证和设计阶段的系统模拟与实验，以及无人机系统的程序操作训练阶段的模拟训练。

半实物仿真是指含有实物仿真设备的无人机模拟仿真技术。它是将无人机系统的部分实物，如控制系统的传感器、控制计算机、伺服机构等，接入仿真系统，与其他的数字仿真部件一同构成完整的模拟训练系统。例如，在图 8-21 中，无人机机载传感器、任务载荷、地面指挥控制站等均可以替换为实际的设备，或是用物理实体实现的模拟系统，从而构成半物理仿真系统。由于接入了实物仿真模块，半物理仿真系统必须实时运行。如图 8-22 所示就是一种无人机系统飞行操作和任务模拟的半物理仿真系统，其中地面指挥控制站采用了实物模拟的地面控制站。

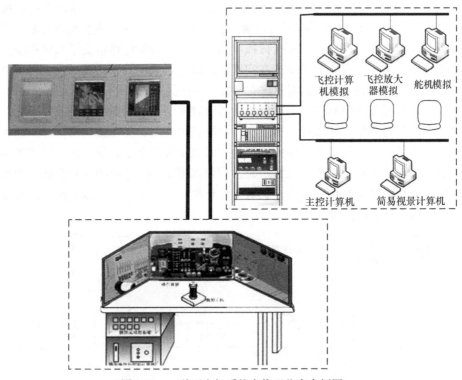

图 8-22　一种无人机系统半物理仿真实例图

人在回路的仿真是一种将操作人员包含在模拟系统中进行系统的一体化模拟运行与测试的仿真技术，其目的是把人对真实物理环境的感觉、反应等因素包含在仿真系统内，通过真实的人在回路的仿真模拟，以获得人对实际环境的真实反应状态的实验数据，或是训练操作员在实际的恶劣或危险环境下的操作能力和心理素质。对于一些特殊的环境场，如失重环境、强噪声环境、强对抗环境等，特别需要这种仿真技术的支持。人在回路的仿真需要有相应的形成人感觉环境的各种物理效应设备，如数据手套、虚拟现实环境、可模拟物体在空间运动的三轴转台系统、声光模拟设备、爆炸模拟设备等。对于无人机系统的人在回路的仿真来说，通过这种仿真实验或基于这种仿真的模拟训练，可以对无人机系统中操作人员的技能、素质及对整个人—机系统的效能做出评价。人在回路的仿真技术相比于相同层次的数字仿真和半物理仿真来说，成本是比较高的。所以，构建人在回路的仿真系统需要根据系统的建设目的和可用费用等对系统的体系结构进行优化设计，突出"人在回路"的仿真重点，合理确定系统的有关仿真设备，以使系统能够获得较好的效费比。人在回路中的仿真必须实时进行。

8.5.3 无人机模拟训练的组织形式

对于无人机系统模拟训练的组织,根据其作战使用的特点,可以采用单兵训练、协同训练与作战演练等组织方式。针对不同的训练目的和训练阶段,确定一种或多种训练组织方式,既能满足各岗位的专业训练,又能实现多岗位的协同训练,并可开展面向实战的全过程作战演练。

单兵训练是面向无人机系统各岗位操作人员的个人专业训练。其目的是训练各岗位操作人员的操作使用程序和单兵的技战术素养,可由分队级的基层单位组织,也可由个人自行实施。单兵训练需要使用具备单兵训练功能的模拟训练系统,主要内容是巩固深化专业理论,熟练专业工作流程及操控或维护技能。

协同训练是面向无人机系统多个岗位操作人员的共同进行的专业训练。其目的是训练无人机系统各个岗位人员面向任务要求的互相协同配合的工作流程和协同作战能力。我们已经知道,无人机系统在执行任务过程中,需要地面控制站中的多名操作人员紧密配合才能有效完成任务。所以说,对于无人机系统的指挥与操作人员来说,面向任务的协同配合能力与操作流程是保证无人机系统顺利完成任务的关键。协同训练就是要训练无人机系统操作人员的这种能力。协同训练通常需要基层以上的单位统一组织。图 8-23 是协同训练的组织过程示意图。

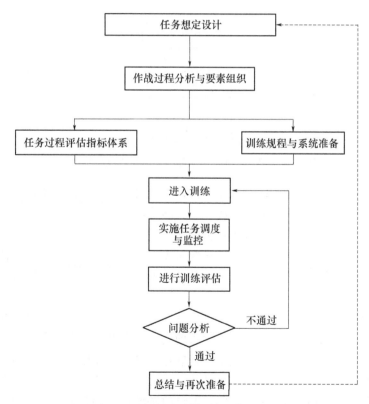

图 8-23 无人机系统协同训练组织过程示意图

无人机系统的作战演练是面向完整任务过程和无人机系统全要素参与的系统性模拟训练与任务演练,目的是使无人机系统的各类人员熟悉无人机系统作战使用的全过程、全要素,锻炼运用无人机系统完成作战任务的技战术能力和素养。作战演练需要由一定层次的单位进行组织和实施。对于无人机系统的作战演练,既可以进行单套无人机系统的独立作战演练,也可以进行无人机系统与其他作战力量的协同作战演练,即单一力量的作战演练和联合作战演练。单一无人机力量的演练可由单独的无人机单位或是相关的实验室来完成,主要包括拟制作战想定、设计交战过程与评估体系、过程实施与调度、任务分析与评估等过程,如图8-24所示是面向单套无人机系统的作战演练的基本组织过程示意图。

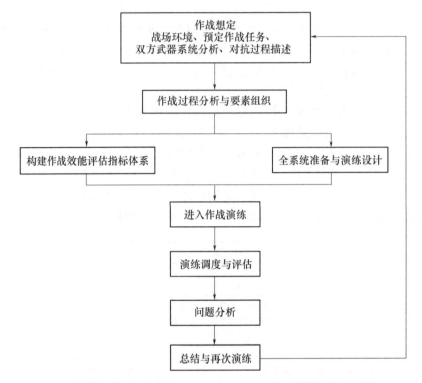

图8-24 单套无人机系统作战演练组织过程示意图

对于面向无人机系统训练的联合作战演练,主要目的在于训练无人机单位整体参与作战任务、与相关作战力量协同的能力和流程。这类演练需要由联合演练指挥部制定总体演练计划,向参与单位分解演练任务,明确各单位的演练职责,组织和协调各参演单位实施演练任务,并对演练结果进行分析、总结,特别是要对无人机单位在作战演练中暴露出的问题进行全面、深入的分析,提出改进措施和建议。具体地说,联合作战演练的实施可分为以下四个阶段:

首先是方案设计与作战建模阶段。根据作战演练任务的目的,联合演练指挥部组织有关人员就任务态势、任务目标、力量组成、兵力使用、武器系统、作战过程等问题进行对抗式研讨,完成演练方案的设计,并在此基础上开展作战过程的建模与仿真分析。之后是作战实验与策略优化阶段。此阶段是在可能的条件下,通过作战实验系统对演练任务与过程进行推演性评估,发现策略设计中的不足或缺陷,通过改进设计完善演练任务的组织流程和预设问题的规划。第三个阶段是演练实施与实时导调阶段。在前期充分准备的基础上,由联合演练指挥部组织相关参演力量和单位开展作战演练的具体实施,在此过程中,演练指挥部应当根据训练需要对演练过程实时进行临机导调,加强联合作战演练的真实性和训练效果。最后的阶段是演练过程评估与总结提高阶段。在联合演练结束之后,联合演练指挥部需要对收集到的演练过程数据进行分析，对演练过程及演练效果进行评估，并对演练过程中暴露出的问题进行总结和分析，向有关方面提出建议。通过面向无人机系统训练的联合作战演练，一方面，可以对无人机在体系作战中的全过程全要素进行分析演练和效果评估，可为指挥部策划作战方案，制定和优选无人机战术战法提供技术手段。另一方面，可用于检验作战效能，为无人机系统的作战运用和提高，以及无人机装备技术的改进创新等提供数据支撑。

8.5.4 模拟训练系统的关键技术与要求

模拟训练的技术基础是系统仿真，也是系统仿真技术应用最早、最具活力的领域之一。系统仿真技术又是以控制论、计算机技术和相似原理为基础，以计算机和各种物理效应设备为工具，借助系统模型对真实的或设想的系统进行模拟研究的一种综合性技术。因此，无人机模拟训练系统的关键技术一般包括体系结构设计、模型开发和校验、实时任务管理与通信、视景系统开发等。具体来说，通常有以下关键技术及要求：

(1) 仿真系统的体系结构设计。仿真系统的体系结构规定了系统的功能组件及其相互间的逻辑和信息交互关系。对于大型的模拟训练系统来说，系统的功能与组成单元较多，信息交互关系复杂，组件之间往往采用分布式结构。这时，为了保证全系统仿真的实时性和顺畅性，就需要建立适合于大型分布式仿真的体系结构。针对大型军用仿真系统的建设需要，美国国防部先后推出了3种面向分布式交互仿真的体系结构：分布式交互仿真(Distributed Interactive Simulation，DIS)、聚合级仿真协议(Aggregate Level Simulation Protocol，ALSP)和高层仿真体系结构(High Level Architecture，HLA)。其中 HLA 已成为被广泛应用的大型仿真系统的体系结构框架。HLA 的所有仿真应用都采用客户/服务器机制通过 RTI(Run Time Infrastructure)进行通信，仿真应用只负责仿真功能的实现，所有的通信、管理功能由 RTI 来实现，提高了各种仿真实体之间、仿真实体与 C^4ISR 系统之间的交互效率，也提高了相关仿真模型和仿真组件的可重用度，使系统的开发和规模扩展更为方便，确保了系统运行的可靠性。

(2) 高精度仿真模型的建立。包括建立无人机运动模型、传感器模型、发动机模型、任务载荷模型、目标模型、战场环境模型等。为了实现高精度的仿真，获得逼真的模拟训练效果，建立高精度的仿真模型是基础和关键。建立模型后，还需要运用模型校验技术对模型的可信度进行验证，目的是获得高可信度、高精度的仿真模型。另外，针对不同要求的模型，应注意模型的高效性。模型的高效性是指在建模过程中模型应在满足真实感的同时，尽可能采用精简模型解算需要的计算量。模型的高效性与逼真性是相互矛盾的两个方面，一般来讲，高效性要求模型尽可能采用较少的多边形进行描述，而逼真性则需要较多的多边形来保证。

(3) 在线任务分配与航路重规划。飞行仿真过程中战场环境态势发生改变时，需要及时调整无人机的航路，并在必要时进行目标的实时分配，要求在线任务分配与航路应满足实时性需求。对于无人机的任务分配和航路规划，目前已有较多的理论算法。对于模拟训练系统来说，需要训练系统的构建要求，选择合适的算法进行仿真，满足无人机系统模拟训练的目的要求即可。

(4) 战场态势与动态环境的实时管理。对于复杂作战环境下的无人机任务仿真，需要对战场力量、防空威胁、空中威胁、禁飞区等进行实时的动态管理，要考虑动态环境设计的合理性、态势变化的实时性，以及任务策略的有效性等问题。仿真环境各组件之间进行数据通信的过程中，无人机状态数据回传、地面指令上传都必须达到一定的实时性要求。一般来讲，指令数据上传时间应该在视景系统的帧数据处理周期内完成，以使无人机及时根据环境态势及时改变自身的飞行状态,确保满足在环境态势多变的条件下满足任务需求。

(5) 大地形仿真场景的连续性渲染。多机视景仿真属大地形仿真的范畴,地形模型数据量大,通常需要解决在有限的硬件平台条件下尽可能满足大场景仿真需求的问题。逼真性是对视景仿真的基本要求,主要由建模阶段的工作来保证,但与视景系统也有一定的关系。充分利用建模阶段提供的各种驱动接口,如自由度控制、动态纹理加载等技术,可以有效提高视景的逼真程度。

(6) 实时可靠的数据通信技术。多无人机协同仿真系统需要多无人机之间进行数据通信,遥测过程中,多无人机的数据需要可靠地达到地面指控仿真系统,以便操控人员及时做出相应决策;遥控过程中,地面指控仿真系统必须向所有或部分无人机传输可靠的数据信息,以保证无人机的安全飞行。因此,通信数据的可靠性对多机协同系统的任务效能非常关键,这也要求通信过程中必须进行多方面的数据校验。

在构建无人机模拟训练系统的时候,除了要重点考虑上述关键技术外,还需要考虑系统的可扩展性,主要包括三个方面的可扩展性需求:模型的可扩展性、算法组件的可扩展性和任务的可扩展性。模型的可扩展性是要考虑执行任务的多架无人机具有不同的功能划分,而且协同训练与联合演练系统,不仅需要不同功能的无人机,也需要相同功能的任务模块,为了便于系统的扩展,首先需要考虑模型的可扩展性。算法组件的可扩展性是要考虑所设计的各类仿真算法、控制算法、管理调度算法等需要在日后扩展系统时能方便地移植、更换算法组件,满足不同算法组件验证的可扩展性需求。任务的可扩展性是指目前的无人机任务过程仿真主要是基于无人机达到预先指定的目标位置执行侦察任务而设计的,在系统功能设计时应考虑可扩展的任务需求,以便使其能够适应诸如搜索、侦察、打击等多种任务需求。

8.6 无人机系统的综合保障

无人机系统的综合保障是保障无人机完成任务、确保无人机作战效能发挥的重要环节,综合保障系统也是无人机系统的重要组成分系统,与无人机的其他分系统共同构成完整的无人机系统。作为无人机系统一个不可分割的组成部分,综合保障对无人机系统发挥作战效能影响很大。本节对无人机系统综合保障的主要问题予以介绍。

8.6.1 无人机系统综合保障概述

无人机系统综合保障的内容涵盖很广,它包括了保障无人机系统圆满完成任务所需的系统展开、指挥调度、综合检测、场区保障、气象保障、后勤保障、通信保障、转场运输,以及无人机系统的人员培训、作战使用训练等内容。总的来说,无人机的综合保障系统包括了场区综合保障子系统、气象通信保障子系统、设备维护保障子系统、转场运输保障子系统、人力人员保障子系统和训练演练保障子系统,如图 8-25 所示。

场区综合保障子系统包括了无人机常驻机场、野战机场、前沿机场等场区的、用于保证无人机安全停放、起飞、着陆、训练、作战等的保障内容和条件,如场地、燃油、弹药、车辆、电源、安全等方面的物资、设备和人员。由于无人机系统的规模大小不一,起降速度和起飞重量等与有人机差别较大,因此,不同类型的无人机对场区保障的要求也不尽相同,需要具体情况具体分析。场区保障涉及的保障设备大多属于固定式设备,为提高保障效率和保障效能,应尽可能地采用通用化的保障设备和保障模式。

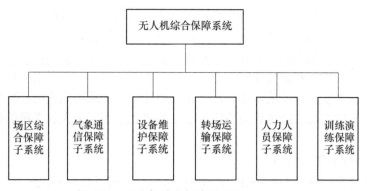

图 8-25 无人机综合保障系统的总体构成

气象通信保障子系统主要用于为无人机安全飞行和顺利完成任务提供气象信息和通信条件，包括相关的人员、设备、场地等。其中气象信息的主要来源可以是各级气象台站和气象卫星。气象通信保障除了需要使用一些固定的保障设施、设备外，通常还需要一些用于机动任务的通信、气象设备。

设备维护保障子系统包括无人机系统日常维护和战时维修所需的维修设备、维修工具和备品备件等。对于维修保障条件的建设，应结合无人机系统的维修体制进行考虑，不同级别的维修单位所需配备的维修条件是不同的。按照一般的传统，航空设备的维修通常按三个级别设置，即：基层级、中继级和基地级。具体到每种无人机系统的测试维修设备，必须与无人机系统的被检测设备的性能、功用、电气特征等相一致，这就容易造成维修保障设备类别繁多，使用管理复杂，从而降低保障效能。从提高保障效益的角度考虑，一方面，应设计适用面广的综合性维修检测设备，另一方面，应尽可能地采用通用化的维修保障设备，重点在于测试接口的通用化设计，应与无人机系统及其机载设备设计同步考虑。

转场运输保障子系统是用于无人机系统转场运输所需的各种保障设备和条件。转场运输是无人机系统作战使用的重要环节，应与无人机系统的设计同步考虑。按照目前美军的经验，无人机系统的转场运输可以采用陆运、海运和空运三种方式，考虑快速机动部署的需要，空运通常是必须保证的转场运输方式，如"捕食者"无人机系统就可使用 C-130 进行空运。为了转场运输的方面，通常将无人机系统的地面指挥控制站、地面通信终端设备、其他地面保障设备等设计成标准的方舱配置形式，既可车载，亦可便于空运装载。

人力人员保障子系统是指保证无人机系统作战使用和部队日常管理所需的人员配置、岗位设置和人力保障条件。关于无人机系统的人力人员配置在前节已经专门进行了讨论，这里需要说明的是，对于不同规模和使用要求的无人机系统，其人力人员的配置和保障应与无人机系统相适应，应能保证无人机系统的作战使用取得最佳效益。

训练演练保障子系统是指用于无人机系统作战训练和演练的各种训练设备、设施和技术条件。对于无人机系统来说，模拟训练和演练是提高无人机系统作战使用人员操作技能的重要手段，本章上一节已做专门阐述。

8.6.2 美军无人机的使用与维修保障

美军把无人机系统基层单位的工作分为使用和维修两个方面，相应的保障工作也分为使用保障与维修保障两大类。使用保障方面，无人机系统与有人机的重要区别是，对无人机系统的保障不仅要包括飞机本身，还要包括地面指挥控制站、通信链路地面终端和其他地面设备。无人机机上无人，所以不需配备乘员生命保障系统，其机载系统可以大大简化。另外，对于中小型的战术无人机来说，其起飞、回收等过程对场地要求较低，在使用保障方面相比有人机非常灵活和简单。在维修保障方面，一些攻击型无人机，特别是"自杀式"的攻击无人机，通常是储存在发射箱或战备库中，外场使用维修时间所占比重明显减少，从而可以大量节省人力、物力的消耗，降低保障费用。以下简要介绍美军无人机系统的使用与维修保障特点。

1. 无人机系统的使用保障

使用保障是指为保证无人机系统正常使用，并充分发挥其作战效能所进行的一系列活动，包括了无人机系统使用前的准备，如起飞前检查、任务装订、燃料加注、补充弹药等，无人机系统的储存和运输，以及专业人员的配备与训练、物资保障等问题。

在储存方面，根据无人机装备的特点，平时可以将很少使用的无人机储存起来，依靠模拟训练系统和小部分机群进行训练，将会节省大量使用与维修费用。例如，美军对于无人战斗机就有长期储存的要求，即在作战及演习间隔内，应能将无人机长期储存至少 1 年以上，最长可储存 10 年以上。无人机应能低费用储存、易于维修和快速重构，以满足战时部署和平时训练的要求，这应是无人机使用保障方案的一个必需组成部分。

人员配备要求是指满足无人机系统作战使用需要的使用与维修无人机装备所需的人员数量、专业及技术等级。对于不同的无人机系统，应根据无人机系统作战使用与维修保障的工作要求、内容和专业结构需求等提出人员配备要求。例如，美国空军战斗司令部对长航时无人机系统的初始人力配备的基本考虑包括：人员配备需求根据持续作战环境决定；基层级单位应设在具有使用、维修、行政、监督职能的中队级；人力结构应遵守军官和士兵的分类要求；战时人员持续可用性系数应为每月 247 小时，维修中心每天工作时间 24 小时、每周 7 天连续工作，中队应能保障两场重大局部性冲突。

训练方面，美军将长航时无人机系统的人员训练分为学校训练、继续训练和演习训练等阶段。学校训练和继续训练由空军战斗司令部负责管理，主要通过理论学习和任务训练对无人机系统指挥官、无人机操作员、载荷操作员、任务规划员、信息处理员、链路监控员及联络保障人员等进行训练，包括单兵训练和协同训练。演习训练包括参加"红旗军演"、"绿旗军演"、"空军勇士"等演习，且尽量在各种地理和气候环境下使用无人机。

2. 无人机系统的维修保障

维修保障是指为了保持和恢复装备完好的技术状况所应进行的全部技术与管理活动，以及为保证这些活动有效实施所必需的保障资源，包括装备的计划和非计划维修、战场抢修及其工具、设备、设施的配备和备件、器材的供应等。无人机系统的维修保障方案包括对于无人机系统装备需要采用的维修级别、维修策略、各维修级别的主要工作、维修场地和条件等。为了使无人机系统投入作战使用后具有较高的效费比，应当从装备立项开始，即通盘考虑无人机系统的维修保障问题，初步确定维修方案，并随着研制的深入不断修改、完善维修保障方案。

在维修体制方面，通常采用三级维修体制，即将维修级别分为基层级、中继级和基地级三级。维修级别规定了维修机构的分级设置和维修任务的分工，在无人机系统的维修保障方案中，应对维修级别做出规划，明确各级维修需承担的任务。在一些特殊情况下，也可以只设置两级维修，即基层级和基地级维修。美国空军 2002 年 10 月发布的 AFI21-101 宇航设备维修管理条例中对所有宇航设备(包括无人机系统)的维修方案进行了规定。对于无人机系统的维修,美国空军在不同的地点要求不同程度的维修能力。该能力一般包括基层级、中继级和基地级。不同种类的无人机系统根据其所属部队的编制、任务和各级维修机构的能力等方面的考虑,可采取两级或三级维修。比如,美国陆军战术无人机采用两级维修方式:基层级和基地级。美海军战术无人侦察机初始采用两级维修,经实践应用后改为三级维修体制。

在维修人员配备与培训方面,需要根据无人机系统的维修需要、维修单位的级别来确定维修专业的设置,合理配备维修人员及其人力结构。如美空军长航时无人机系统的基层级维修工作,编配有飞控工程师、无线电工程师、机电工程师、电子工程师、电气工程师、机械助工和光电技师等专业人员,并配备一定比例的高级技术人员。对于无人机系统的维修人员应加强专业训练,制定合理可行的维修训练方案,造就能力高、技术强、知识丰富的维修人员队伍。

维修设备方面,需要根据维修单位的级别和工作内容配备不同类型的维修设备。例如,美军基层级维修单位通常配备集成测试系统、原位综合检测系统、工程维修车、通用仪器工具等,基地级维修单位需要配备综合检测系统、发动机调试台,以及各分系统、设备和主要器件模块的测试设备等。另外,为保证无人机系统持续的作战使用与训练需求,确保装备维修备件的储备量也是一个必须高度重要的问题。

8.6.3 无人机系统综合保障的能力要求

(1) 机动保障能力。机动作战是无人机系统作战运用的一个显著特点,特别是对于中小型的战术无人机,往往被要求作为一个完整野外作战单元完成任务,这就需要具备快速反应能力,如紧急转场、多批架次连续出动、跟随保障、机动支援保障、快速抢修等。为此,需要具备高机动、高时效的机动保障能力,确保快速、高效、机动的立体化综合保障。

(2) 野战和随行保障能力。按照美军无人机的作战运用经验,无人机分队常常会进驻野战机场、备用机场、公路跑道等只有简易设施条件的场区进行作战,这就要求无人机的综合保障系统既要能机动,又要能在无电源、气源、水源的条件下实施保障。既能适应高原、风沙、雨雪、酷暑和严寒等野外恶劣环境,又要能在受电磁干扰及核、化、生武器的环境下实施保障,还要能在实行灯火管制的低照明度条件下实施保障。这就要求无人机的综合保障系统应具有很强的随行保障能力。

(3) 零故障升空能力。无人机属于航空装备,对飞行和任务的可靠性要求高,机上又无人驾驶,所以更加强调零故障升空要求。因此,对于无人机的维修保障,一定要更加加强地面的维护保障工作,把故障消除在地面,确保无人机零故障升空。

(4) 通用化的保障能力。美军无人机运用的实践表明,由于无人机系统装备型号众多。当在同一场区需要对多种型号的无人机装备进行保障时,往往容易造成保障困难,降低保障效率,影响无人机系统作战效能的发挥。现代战争是多种武器装备同时使用、互为支撑的体系化作战。未来的航空兵联合作战,也需要不同型号、不同性能、执行不同任务的无人机、有人机与执行保障任务的其他装备之间能密切协同,以发挥空中战斗群体的整体威力。为此,就必须提高保障效率。这就要求无人机系统具备通用化的综合保障能力,在地面设备、维修备件、保障车辆、维修设备等方面强化通用性,提高保障资源准备与保障需求处理的及时性,确保无人机系统的战备完好性和降低寿命周期费用。

第9章 临近空间与空天无人机

科技的创新与发展推动着武器装备的更新，也改变着战争形态。20世纪以前的战争形态是平面的，着重于陆地与海洋主导权的控制，20世纪的战争形态开始由平面走向立体，战争高点开始转向对天空与太空主导权的控制。临近空间作为"空"和"天"的结合部，独具战略优势。当前，世界战略格局和战争形态正在发生深刻的、革命性的变化，为了抢占军事战略制高点，世界军事强国纷纷加快了进军太空、控制空天的实际步伐。2010年3月至5月，美国先后试验试飞了三种空天型无人飞行器，即HTV-2"猎鹰"高超声速无人载机、X-37B空天无人机和X-51A临近空间高超声速巡航导弹，标志着无人机的发展也开始向空天进军。当前，临近空间无人机和空天无人机正在逐渐从实验走向实用，成为引领无人机高端发展与运用的"长机"。本章以此为背景，对临近空间无人机和空天无人机的发展与运用问题进行讨论。为叙述方便起见，文中后续将临近空间无人机与空天无人机统称为空天型无人机。

9.1 临近空间与太空的开发意义

9.1.1 地球垂直空间的划分

对于我们存在于其中的地球垂直空间，人们通常依据高度将其划分为三个部分，20km以下称为航空空间，从20～100km之间称为临近空间，而100km以上即开始进入传统的航天空间，即我们所说的天。另外，384000km以外的空间又被称为星际空间。

通常根据大气中物质组成、大气温度等因素将大气层分为对流层、平流层、中间层、暖层和散逸层五层。各个大气分层的特点如表9-1所示，具体说明如下：

(1) 对流层。平均厚度11～13km，赤道地区17～18km，中纬度地区10～12km，两极地区8～9km，其厚度因纬度、季节以及其他条件而异，夏季厚而冬季薄，质量约占大气圈质量的75%，对流层是靠地表的底层大气，对流运动显著，主要含水蒸汽、尘埃，经常有风、霜、雨、雪、雹、雾等。对流层与地表联系最密切，受地表状况影响最大，大气中的水汽大部分集中于此层。对流层的上部称为"对流层顶"，厚约几百米到1～2km。对流层的温度几乎随高度直线下降，到对流层顶时约为-50℃。

(2) 平流层(又称同温层)。高度从对流层顶到50～60km，质量几乎占大气圈质量的25%，大气运动主要是水平运动，几乎不含水蒸汽、尘埃，存在数层臭氧层，与对流层不同的是，平流层中无天气现象。层内温度随高度增加而略微上升，到约50km左右的高度处达到极大值。

(3) 中间层。高度从平流层顶到80～90km，大气的运动主要是对流运动，其中存在电离层，能够反射无线电波。中间层温度随高度增加而降低，到离地表高度86km左右的中间层顶，温度接近最小值，约为-80℃。

(4) 暖层。高度从中间层顶到 800km。温度随高度增加而上升，在离地表 500km 处达到 1100℃左右。这一层的温度因为大气大量吸收太阳紫外辐射而升高。

(5) 散逸层。高度从暖层顶到外层空间，物质多以原子、离子状态存在。散逸层是地球物质向宇宙空间扩散的部位。

表 9-1 大气分层情况简表

大气分层	高度范围	特点		与人类活动的关系
		气温垂直变化特点	其他特点	
对流层	低纬：17~18km 中纬：10~12km 高纬：8~9km	随高度的增加而递减，高度每升高 100m，气温下降 0.6℃	对流运动显著	天气现象复杂多变，与人类关系最为密切
平流层	对流层顶至 50~60km	随高度的增加而略微上升	以水平运动为主	利于高空飞行，臭氧层成为人类生存环境的天然屏障
中间层	平流层顶至离地面 80~90km	随高度增加而降低	以对流运动为主	其中电离层利于人类无线电通信
暖层	中间层顶到离地面约 800km	随高度增加急剧上升	大部分气体以离子状态存在	电离层能反射无线电波，有利于无线电短波通信
散逸层	从暖层顶到外层空间	空气十分稀薄，常有大气粒子散逸到星际空间		—

图 9-1 是对大气层温度变化情况的图示说明。如果按大气的电离程度分层，又可将大气层分为两层：中性层和电离层。中性层是指从地表到 80km 高度层，在这一层中，大气中的分子和原子都处于中性状态。电离层是指离地表 80~1000km 的高度层。在此高度层中，大气中的

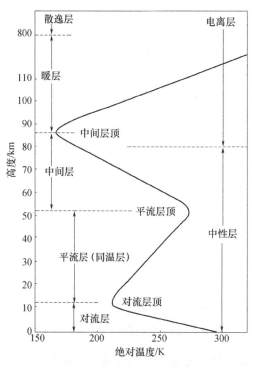

图 9-1 地球大气层温度变化情况示意图

原子在太阳辐射作用下电离，成为大量正离子和电子。其中电子密度极大处为 80～100km、100～120km、120～250km 和 250～500km 四层。而且这四层的高度和电离情况都随一天中的不同时刻、一年中的不同季节和太阳活动程度而发生变化。许多有趣的天文现象，如极光、流星等都发生在电离层中。电离层还能反射无线电短波，从而使地面上可以实现短波无线电通信。

9.1.2 临近空间的环境特点

临近空间包括平流层的大部分区域、中间层和部分暖层区域。其环境具有以下特点：

在平流层，大气以水平运动为主，平均速度为 10m/s，层内干燥，水汽、杂质很少，云雨现象少见，温度几乎不变，湿度接近于零，适合长航时飞行平台，如浮空器(高空气球、飞艇等)。对于平流层平台的能源系统和定位系统，平流层风场是个极重要参数，它直接影响平流层平台动力系统的设计。平流层风场主要包含风速、风向等特性。平流层风速可达每秒几十米，风向以东西向为主。平流层的紫外线远小于太空环境，但比地球表面大得多，它使得飞艇外皮囊体的材料容易老化。另外，地球的臭氧层恰位于平流层高度，太阳紫外线辐射的绝大部分是被臭氧吸收。

在中间层，气温随高度增加而下降，在这一层的顶部气温可低至 160～190K。中间层空气有相当强烈的垂直运动，水平方向风速相当大，在 60km 的高度，可达 140m/s，而且空气更稀薄，其空气质量约占整个大气层的三千分之一。

在热层，空气密度很小，声波也难以传播。底部空气的密度只有地面的五万分之一，而在 100km 高度上，空气的密度仅为地面的一千万分之八，由于没有足够的空气产生升力和阻力，气动舵面不再有效力。热层的一个重要特征是空气处于高度电离状态。它的不同高度空气电离的程度是不均匀的，存在着电离强度相对较强的几个层次。电离层的变化会影响飞行器的无线电通信。

图 9-2 给出了临近空间大气环境参数的变化曲线。根据上述数据可知，在临近空间所跨越的 3 个大气分层，即平流层、中间层、热层中，相比而言，平流层的环境特性更加"适宜"临近空间飞行器的巡航飞行。

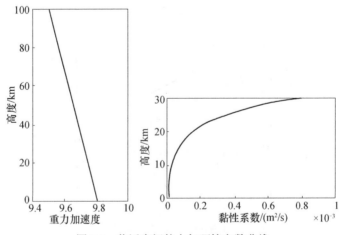

图 9-2 临近空间的大气环境参数曲线

临近空间由于大气稀薄，使得传统航空飞行器难以获得正常飞行所需的升力，而卫星轨道若降至临近空间高度，则其速度会在大气阻力的耗散作用下迅速衰减而致陨落。所以，临近空间飞行器的研制技术难度很大,这也是临近空间一直没有得到充分开发的根本原因。但临近空间在空天时代的巨大战略价值,又激发了军事强国对临近空间及其飞行器的重视。

9.1.3 临近空间与太空的战略意义

1. 临近空间的战略意义

临近空间的战略意义主要体现在临近空间飞行器在战场安全、战场监视、快速响应等方面所具有的独特优势。

(1) 战场生存能力强。目前世界上的绝大多数作战飞机难以在临近空间稳定运行,更难以在其中发挥作战效能,这使得临近空间飞行器面临很少的打击威胁。同时,临近空间高速飞行器的飞行高度高、速度快,使得目前绝大部分防空武器也难以对其构成有效威胁。从飞行器本身的设计原理来看,有些临近空间飞行器的气囊由许多氦气填充的独立的小气袋组成,且填充压力较小。即便受到炮火攻击,泄漏速度较慢,飞行器有充裕的时间返回基地。有些临近空间飞行器采用无金属骨架的软体结构,外层用防电磁波探测的复合材料和玻璃纤维制造,雷达反射面较小,几乎没有雷达回波和红外特征信号,很难被探测到。因此,临近空间飞行器具有更高的战场生存力。

(2) 侦察监视优势明显。临近空间飞行器最大优势是滞空时间长,可以在某个站驻留几个月乃至一年,能持久稳定地运行在高空,工作时间一般只受故障和例行维修的限制,可以作为稳定的高空平台。而飞机在空中的飞行时间是以小时来计算的,且受气候条件影响严重。与飞机相比,临近空间飞行器覆盖范围更为广阔。与卫星相比,临近空间飞行器能长时悬停在目标区域上空,可实现"凝视覆盖",便于连续观测。而卫星一般为周期性重访目标区域,观测周期相对较长,且探测误差相对较大。另外,临近空间飞行器飞行高度比卫星低,飞行速度比飞机慢,因此更易探测到小型目标,可以更低代价实现更高精度的目标侦察与监视。据分析,雷达等传感器在临近空间的灵敏度比在空间时高数十倍。如采用编队飞行技术,临近空间飞行器在覆盖范围等方面的优势将更加突出。

(3) 远程快速响应与打击效果好。临近空间飞行器的发射大多不需专门的发射架,可携带有效载荷随时应急升空,实现快速机动部署和响应。临近空间高超声速飞行器的巡航速度可达到5马赫以上,具备独有的远程快速机动和即时打击能力,可在很短时间内迅猛打击上万千米以外的军事目标,大大提高火力攻击的突然性和有效性,对于夺取战争的胜利,具有无可比拟的优势。据报道,美军临近空间高超声速无人飞行器"X-51"的成功发射已经创下了6.5马赫的飞行纪录,它突出的快速反应能力,使紧急情况下实现"全球到达,全球作战"成为可能。

2. 太空的战略意义

太空蕴藏着人类生存和发展取之不尽、用之不竭的战略资源,自人类进入太空以来,人们就看到了太空的重要战略价值,控制太空、占领太空资源一直是世界军事强国努力追求的目标。随着航天技术和信息技术的迅速发展和快速融合,卫星通信技术、大容量远程数据传输、全球卫星导航系统、数字地球等基于天基资源的先进技术已获得广泛应用,这不仅大大促进了人类社会文明进步的程度,也使人类社会对于太空的依赖越来越强。

太空环境的特点主要体现在:一是疆域广阔,太空浩瀚无际、无国家属性、开发潜力巨大;二是位置高远,极有利于信息获取、数据传输和全球到达;三是太空的轨道资源、频谱资源、物质资源等极为宝贵。正因为如此,自从第一颗人造卫星上天以来,人类对太空的应用和开发就一直在不断深入，其中军事应用和对抗的色彩也非常明显。到目前为止，可以说对太空的应用已经历了 4 个阶段，即早期探索阶段、初步应用阶段、作战支持阶段和空间攻防阶段。

美国空军认为，将来国家之间以及国家联盟之间大多数的主要对抗可能不是去占领领土，甚至可能不在地球表面进行，技术先进的各方面之间的冲突可能全部或主要发生在空间或信息空间。太空力量必将成为新型的作战力量，成为战略威慑体系的重要组成。有鉴于此，以美国为代表的先进军事强国，正在通过加快研发和部署先进军事力量，逐渐构建包括先进隐身战斗机、高空无人机、导弹防御系统、临近太空高超声速飞行器、各类军事卫星和可跨层飞行的空天无人机在内的"五位一体"的空天攻防体系。世界强国的空天运用实践已经表明，谁能率先进入太空，充分利用太空，以至于有效控制空天，谁就能取得政治、经济和军事上的战略优势，空天正在逐渐成为推动社会经济发展的重要增长点，支撑军事力量体系的关键着力点，维护国家安全利益的战略制高点。

9.2 空天型无人机的发展格局与关键技术

本节所讨论的空天型无人机包括临近空间无人机和空天无人机。对于临近空间无人机，是指可以持久稳定运行于临近空间、并可在临近空间执行任务的无人飞行器。空天无人机则是指既可以在太空如卫星一样绕轨飞行和按需变轨，也可以再入大气层像传统的航空飞行器一样在航空空间自由飞行的无人飞行器，如美国的 X-37B 空天无人机。在这两类空天型无人机中，临近空间无人机目前发展较为广泛，本节将以临近空间无人机为重点，介绍空天型无人机的发展格局与关键技术。

9.2.1 临近空间无人飞行器的分类

临近空间无人飞行器是能够持续、稳定运行于临近空间，执行特定任务的各种无人飞行器。通过携带不同类型的任务载荷，可用于侦察、监视、打击、运载等任务。临近空间无人飞行器的划分可以有多种方式。

一种是按照升力原理划分，可将临近空间无人飞行器分为两类：轻于空气的临近空间无人飞行器和重于空气的临近空间无人飞行器。轻于空气的临近空间无人飞行器主要是依靠空气净浮力悬浮于空中，包括气球和轻型飞艇。重于空气的临近空间无人飞行器仍然需要通过与空气的相对运动来获得足够的升力，包括有重型飞艇、临近空间太阳能无人机、高超声速无人飞行器等。由于临近空间空气稀薄，完全依靠净浮力达到临近空间，就需要飞行器具有巨大的体积和极轻的重量。2012 年 10 月 14 日，奥地利人鲍姆加特纳乘坐一个由 55 层楼高的氢气球携带的太空舱，升空到 39000 万 m 高空后跳向地球，成为世界上在临近空间飞行的第一人。

临近空间无人飞行器的另一种分类方法是按照速度划分，主要有两类：一类是低动态临近空间飞行器，包括临近空间浮空器和低速临近空间无人机；另一类是高动态的飞行器，包括临近空间超声速飞行器和临近空间高超声速飞行器。低动态临近空间飞行器在持续飞行时间、定点侦察等方面具有突出优势，表 9-2 简单列出了低动态临近空间飞行器的部分特点。对于高动态的临近空间飞行器，特别是速度大于 5 马赫的高超声速临近空间飞行器，其优势主要来自于它的高速度，使其具备了远程快速机动和即时打击能力，可以大大提高远程打击的快速性和突防效能。

表 9-2 低动态临近空间飞行器特点

类型	设计思想	主要特点	主要技术挑战
气球	具有较大的气囊，充满轻质气体(如氢气)，无动力装置，依靠空气浮力进入临近空间。	简单、成本低、易受风的影响，定点悬停和机动性能差	① 抗风 ② 抗腐蚀 ③ 防渗透材料
飞艇	具有较大气囊，充满轻质气体(如氢气)，依靠空气浮力来平衡飞行器的重力，依靠螺旋桨的推力来克服阻力。	可定点悬停或低速水平飞行，机动性能好	① 抗腐蚀 ② 能源 ③ 定点控制 ④ 操作控制
太阳能无人机	采用固定翼飞行器设计方法，利用太阳能、氢燃料电池等新型能源，轻质结构，依靠空气动力和发动机推力飞行	可快速机动	① 长航时飞行 ② 高度集成化

从技术的发展看，临近空间无人机也可以按照起飞方式划分为三类，包括火箭垂直发射、载机挂飞发射和水平起飞三种。美国的 X-51A 临近空间高超声速飞行器使用的就是载机挂飞发射方式。

9.2.2 空天型无人机的发展格局与趋势

事实上，从 20 世纪 30 年代开始，人们就已经在探索"临近空间飞行器"。1934 年前苏联的有人高空气球 Osoaviakhim-1 曾一度飞至 22km 高空；2004 年，Scaled Composite 公司研制的"天艇-1"飞艇创造了 112km 高度的临近空间飞行纪录。但是由于临近空间飞行的难度巨大，所以临近空间飞行器的进展一度非常缓慢。但由于临近空间飞行器的发展空间巨大，所以世界很多国家都投入了巨大热情研制新型的临近空间飞行器。从目前各国发展中的临近空间无人飞行器来看，主要有四类：自由飘浮的气球、飞艇、固定翼无人机和高超声速无人飞行器。对于临近空间飞行器的总体发展格局，从飞行器的类型看，特点是低速飞行器发展缓慢，高速无人飞行器发展快。目前已经在临近空间试飞的高超声速飞行器包括：高超声速验证机 X-43A、高超声速机动飞行器 HTV-2 和高超声速巡航导弹 X-51A，另外还有空天无人机 X-37B；从发展临近空间飞行器的国家情况来看，总体特点是美国发展快，其他国家发展较慢。下面对各国空天型无人机的发展状况和趋势作一简单介绍。

临近空间高速无人飞行器的发展以美国为先驱，其开发时间最长、技术积累最多，代表着世界在临近空间高速无人装备的最新技术和水平。近年来，美国国防部、陆、海、空三军，导弹防御局，NASA 等部门均在开展临近空间飞行器技术与应用研究。美国空军举行的"施里弗-3"空间战计算机模拟演习首次引入了临近空间飞行器的概念，2005 年，美国国防部公布的《2005~2030 年无人机系统路线图》首次将临近空间飞行器列入无人飞行器系统范畴；2006 年初，美国空军科学咨询委员会发布题为《在临近空间高度持久存在》的研究报告，对美国空军近、中、远期临近空间飞行器的发展提出了建议。在临近空间超声速无人机方面，最具代表性的是美国的 D-21 无人侦察机。该无人机在完成数次试飞和 4 次实战任务发射后，于 1971 年 7 月中止。D-21 无人机采用载机挂飞、火箭助推和冲压发动机巡航的方式实现临近空间高速飞行，可携带高分辨率照相机，用于执行对敌纵深目标的侦察任务。在临近空间高超声速无人飞行器方面，美国提出了多个高超声速飞行器发展计划，主要有：美国航天局的"高超声速X"计划X-43A，主要验证采用氢燃料的超燃冲压发动机、乘波体气动布局以及高超声速状态下的飞行控制等技术；高超声速机动飞行器HTV-2，它是一种火箭发射、无动力的无人高超声速机动飞行器，可以20马赫以上的速度在大气层内飞行；高超声速巡航导弹X-51A是美国空军研究实验室(AFRL)与国防高级研究计划局(DARPA)联合负责的超燃冲压发动机验证机—乘波飞行器项目。X-51A由一台JP-7碳氢燃料超燃冲压发动机推动，设计飞行在6~6.5马赫之间，将可能首先成为一种可用于全球快速摧毁的高超声速巡航导弹；HTV-3X"黑雨燕"是美国空军和国防部高级研究计划局的共同项目，计划研发飞行速度为6马赫的高超声速验证机，由组合涡轮发动机和冲压式喷气发动机提供动力。

俄罗斯早已拥有多种冲压发动机推进的高超声速导弹，它们为高超声速研究奠定了坚实的基础。据报道，俄罗斯高超声速技术已经进入飞行验证阶段，但目前尚无研制高超声速飞行器的计划，只是继续理论研究。主要有："彩虹-D2"高超声速巡航导弹计划、"鹰"有翼高超声速试验飞行器、"下一代发射技术"高超声速试验飞行器等。俄罗斯认为"是否研制高超声速飞机，取决于对此种飞机威胁程度的认识"。

对于高超声速技术，欧洲国家也在通过合作研制寻求技术的突破。主要的研究计划包括：法国的超声速技术综合演示与超燃冲压发动机计划，法、俄合作的LEA计划，德、法联合开展的针对高超声速飞行的氢燃料双模态超燃冲压发动机技术。

印度也在积极推进高超声速技术试验与研究。1998年，印度国防部启动名为"先进吸气式跨大气层飞行器计划"(AVATAR)的小型可重复使用空天飞机计划，旨在设计一种低成本、小型、可重复使用、用氢作燃料的高超声速飞机，在30km高度、7马赫巡航，执行情报、监视和侦察任务。

从空天型无人机的未来发展看，主要有两个趋势。一是各国将会重点发展高超声速飞行器。高超声速飞行器应用前景广阔，可实现对敌方空间信息平台的打击，也可对己方空间信息平台进行支援；可作为空间、空中、地面信息平台的之间信息中转站，也可搭载武器对空间和空中武器平台构成威胁。另外，对美、俄等大国而言，3马赫、飞行高度30km左右的临近空间高速飞行器技术已相对成熟，不再需要投入力量进行探索。二是高超声速飞行器将进入全面技术飞行验证阶段。就当前的技术发展状态看，今后几年高超声速飞行器将进入一个全面的技术飞行验证阶段。多项高超声速飞行试验，将逐步对高超声速飞行器的总体设计、发动机、控制、热管理和热防护技术等进行验证。

9.2.3 临近空间无人机的关键技术

对于未来临近空间高超声速无人机的技术发展，考虑水平起降等类型的临近空间无人机，主要有五个方面的关键技术。

(1) 临近空间高速飞行器总体气动布局技术。临近空间高速飞行器依靠同一个气动外形实现一定限制条件内的水平起飞和着陆以及在临近空间上能够以高马赫数飞行。气动布局要以高马赫数气动布局为基础，进行兼顾低速起降性能的优化设计。临近空间高速飞行器采用吸气式动力，布局升阻比和进气道性能紧密耦合，机体与推进系统需要高度一体化设计。

(2) 临近空间高速无人机动力技术。临近空间高速无人侦察/作战飞行器的任务使命和特点决定了其对动力系统的高要求，不管是亚燃冲压动力还是涡轮基组合循环动力，都需要在高空高速条件下长时间、高可靠地提供稳定推力,同时还必须做到可重复使用。

(3) 材料与热管理技术。临近空间高速无人飞行器的飞行速度均在 3~4 马赫以上,高超声速飞行器将达到 5 马赫以上。在以这样高的速度巡航飞行过程中,机头及机翼前缘驻点温度最高约 400℃,且持续时间长,最长超过 60min,飞行器外部热环境非常恶劣。另外,以亚燃冲压为动力的超声速无人机其发动机内壁温度也非常高,飞行器内外同时长时间加热导致全机热积累相当严重。在这种恶劣热环境下为满足高速、长航时飞行,飞行器除了要大量使用轻质防隔热材料、采用新材料新工艺外,还必须采取措施进行热平衡,系统综合难度相当高。

(4) 大空域、宽速域的导航、制导与控制技术。实时准确的导航信息是确保飞行器飞向目的地、完成任务使命的前提要素,自主飞行控制技术是飞行器在此前提下完成任务的能力保证。由于临近空间高超声速飞行器飞行高度范围大、速域宽度广,环境变化非常大,整个飞行过程对操纵效率的需求也变化很大,因此,必须要有适应大空域、大速域范围的导航、制导和自主飞行控制技术。

(5) 高温、大速压下的任务载荷应用技术。在临近空间高速飞行器上应用任务载荷的主要难点在于整体性耐热异形天线罩技术及电子侦察设备的耐热、宽频带、保相天线组件技术,需要研究既能耐高温,又能满足雷达电性能和瞄准精度要求的新技术。

9.2.4 空天无人机的机动变轨技术

空天无人机是一种未来的飞行器,它像普通飞机一样水平起飞,以每小时 1.6 万~3 万 km 的高超声速飞行,可以直接加速进入地球轨道,成为航天飞行器,返回大气层后,像飞机一样在机场着陆,成为可自由往返天地间的运输工具。空天无人机融合了航空航天技术,达到了完全重复使用和大幅度降低航天运输费用的目的,大大拓展了空天无人机的任务领域。机动变轨是空天无人机在太空执行任务过程中必须具备的一项关键能力。

从飞行过程看,空天无人机的机动变轨主要包括两种情况,一是小圆轨道 1 与椭圆轨道 3 之间的转换,二是椭圆轨道 3 与大圆轨道 2 之间的转换,如图 9-3 所示。对于变轨过程的基本原理,可以通过对变轨过程的分析来看。假设空天无人机当前运行在大圆轨道 2 上,高度为 h_2,要求变轨到高度为 h_1 的小圆轨道 1,则需要经过两个步骤完成变轨:首先从大圆轨道 2 变换到椭圆轨道 3,再从椭圆轨道 3 变换到小圆轨道 1。具体过程如下:当空天无人机运行到远地点 Q 时,启动自身的轨控发动机使无人机制动减速,这样,空天无人机就会脱离原来的大圆运行轨道 2,变为沿着椭圆轨道 3 运行。随着空天无人机高度的不断降低,其速度将会越来越大。当到达近地点 P 时,空天无人机再次启动轨控发动机使自己制动减速,当速度减小到沿小圆轨道 1 飞行所需的速度时,空天无人机就会脱离椭圆轨道 3,开始沿着小圆轨道 1 飞行。这样,就完成了从大圆轨道 2 向小圆轨道 1 的变轨。空天无人机从小圆轨道向大圆轨道的变轨过程是前述过程的逆过程,这里不再赘述。

从任务要求看,美国"星球大战"计划中规划了"上帝之杖"一类的从太空实施对地打击的项目,所以,空天无人机从太空实施对地打击也将是一种可能的任务方式。从太空轨道回到地球表面,空天无人机需要完成变轨再入的过程,如图 9-4 所示。在通常情况下,空天无人机在外层空间轨道上飞行。当接收到任务指令时,空天无人机首先进行一定的姿态调整,为变轨做好准备。当到达离轨点 B 时启动发动机制动减速,使空天无人机开始脱离原来的运行轨道,并不断降低高度。当到达再入点 C 后,空天无人机开始再入大气层,并最终到达目标点 D，实施预期的对地打击任务或是运载任务。空天无人机完成运载任务后，可以利用自身的火箭发动机加速爬升，再次回到原运行轨道待命。也可以像普通航空飞行器一样在大气层内飞行，选择合适地点降落。

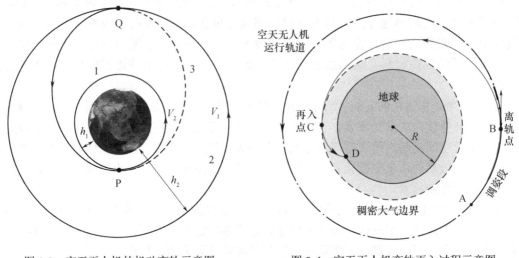

图 9-3　空天无人机的机动变轨示意图　　图 9-4　空天无人机变轨再入过程示意图

9.3　典型空天型无人机概览

9.3.1　临近空间太阳能无人机

临近空间太阳能无人机是指以太阳辐射作为推进能源的临近空间无人机。太阳能无人机的飞行高度一般设计在 20～30km 之间，具有成本低、灵活性强、续航时间长、可根据需要进行全球飞行的优点，可以作为卫星、高空无人机和预警机的有力增强和补充。除军事应用外，太阳能无人机还可在发生地震、洪灾或者森林火灾时，用作应急通信中继站，或从临近空间监控台风的发展、跟踪和监测暴风雨等。

太阳能无人机的动力装置由太阳能电池组、直流电动机、减速器、螺旋桨和控制装置组成。其原理是，将太阳辐射能量通过半导体转换成电能，白天以太阳能电池阵列获取电能，带动电机驱动螺旋桨旋转，并供给机载航电系统和任务载荷设备工作。同时，将多余能量储存在蓄电池中，供夜晚无太阳照射时使用。所以，对于太阳能无人机来说，设法获取充足的太阳能是非常关键的。为此，太阳能无人机上通常需要有较大的可以铺设太阳能电池板的上部表面积，如图 9-5 所示，这也是临近空间太阳能无人机具有较大机翼面积的重要原因。

图 9-5　太阳能无人机上部表面铺设的太阳能板

近年来，关于太阳能无人机的研究进展较快，已有多种试验样机，组建了较庞大的太阳能无人机家族，比较典型的有"太阳神"、"探路者"、"探路者+"等太阳能无人机。"太阳神"无人机翼展75m，重量590kg，可以30~50km/h的速度巡航数月之久，如图9-6左图所示。该机于2001年试飞，并在10小时17分的飞行中，达至22800m的目标高度。不幸的是，该机在2003年6月的试飞中突然空中解体。"探路者"是AeroVironment公司研制的一种太阳能无人机，在20世纪80年代由美国政府秘密发展，1994年成为NASA"环境研究飞机和传感器技术"计划的一部分。"探路者+"是"探路者"的改进型，以8个电动机为动力，翼展达到36.3m，机长4.6m，起飞总重量315kg，最大任务载荷67.5kg，升限24060m，续航时间15h，如图9-6右图所示，主要用于验证长期、高空的通信中继、对地成像和天气预报。

图9-6 "太阳神"和"探路者+"太阳能无人机

图9-7是"探路者"、"探路者+"以及两款"太阳神"号太阳能无人机的对比示意图。从图中可以发现三个特点：一是"探路者+"无人机比"探路者"无人机增大了翼展，发动机数量也从6个增加到8个，从而使"探路者+"无人机可以获得更大的推力和升力；二是"太阳神"无人机HP01和HP03在翼型翼展设计上完全相同，但HP03型"太阳神"无人机的发动机布局与HP01型"太阳神"无人机有所差别，目的在于提高太阳能无人机的动力系统效率；三是这四款太阳能无人机均采用了上反角的翼型设计，有利于无人机的飞行稳定性。

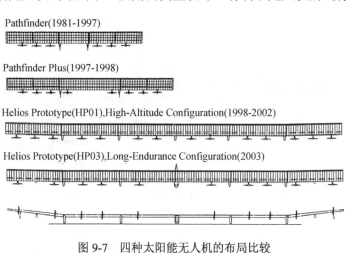

图9-7 四种太阳能无人机的布局比较

9.3.2 临近空间高超声速无人机

临近空间高超声速飞行器是航空航天技术的新制高点，是航空史上继发明飞机、突破声障飞行之后的第三个划时代里程碑，同时也将开辟进入太空的新方式。2010年是临近空间高超声速飞行器发展具有里程碑意义的一年。美国在高超声速技术领域独占鳌头，成功进行了一系列临近空间高超声速飞行器的试验，实现了相关关键技术的验证性突破，继续保持了其在高超声速研究领域的技术优势。据美国空军预测，新型高超声速攻击武器将在未来10年甚至更短的时间内进入部署，将会对未来的作战方式产生深远影响。下面简单介绍一下美国已经试验的两种临近空间高超声速飞行器X-51A和HTV-2。

1. 临近空间高超声速巡航导弹X-51A

X-51A高超声速无人机是美国空军研究实验室(AFRL)与国防高级研究计划局(DARPA)联合主持研制的超燃冲压发动机的验证机"乘波体"飞行器，由波音公司与普惠公司共同开发，弹长7.9m，空重1814kg，弹体采用标准的镍合金制造，重量和体积与联合防区外空对地导弹差不多，因此可以搭载在B-52等轰炸机和其他喷气战斗机上发射。装备一台JP-7碳氢燃料超燃冲压发动机，设计飞行在6~6.5马赫之间，终极目标是发展一种可在1h内攻击地球任意位置目标的新型武器。

X-51A被称为"乘波者"(WaveRider)，由载机挂载投放，再由助推火箭加速到超声速，然后依靠超燃冲压发动机进行高超声速巡航，图9-8即是X-51A由美国空军B-52轰炸机携带升空的照片。X-51A采用了乘波构型设计概念，头部扁平，弹身中部设有四片可以偏转的襟翼和腹部进气道，通过专门设计的尖锐头部，可以形成按精确角度分布的激波系，使激波系产生的所有压力直接作用在导弹下方，从而为导弹提供升力。同时，头部形成的激波系还能起到压缩空气的作用，有助于X-51A超燃冲压发动机的燃烧过程。超燃冲压发动机不同于普通航空发动机，它不需要叶片压缩空气，而是通过使高速气流进入进气道达到压缩空气的目的，所以超燃冲压发动机几乎没有活动的零件，其可靠性和维修性大大优于航空发动机。超燃冲压发动机从入口到出口的气流都是超声速的，因此可以使飞行器获得极高的速度，甚至可以达到20多马赫的飞行速度，但缺点是只有当飞行器的速度达到4马赫以上时才能点火成功。这也是为什么X-51A需要先由火箭发动机助推加速的原因。

图9-8　X-51A由B-52H轰炸机挂载升空和投放的照片

X-51的试验过程首先是由B-52H将它带到14km高空后投放。之后，X-51经过小角度旋转保持稳定后，由固体助推火箭发动机提供动力继续爬升至18km高度，飞行速度达到4.5马赫。然后，助推火箭发动机分离，超燃冲压发动力点火工作，使X-51飞行器继续爬升至30km，速度达到6.5马赫，并在此高度和速度下进行巡航。完成飞行任务后，X-51采用无动力方式下滑，并最终撞入海中。图9-9说明了X-51A验证机的试飞流程。

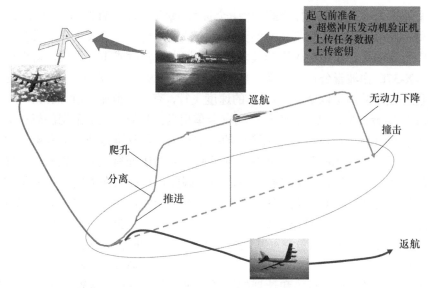

图 9-9 "X-51A"验证机试飞流程示意图

2. 临近空间高超声速机动飞行器 HTV-2

HTV-2 是一种火箭动力驱动的高超声速无人机动飞行器,可以 20 马赫以上的速度在大气层内飞行,是"猎鹰"(Falcon,原称为 FALCON < Foreece Application and Launch from Continental United States>)项目的部分。"猎鹰"是美国 DARPA 和空军的联合项目,有效地融合了美国空军在通用航空器(CAV)和 DARPA 在 Hypersoar 方面的研究工作,同时显示出美国军方对全球到达和全球打击优势的最新认识,其最终目的是对高超声速飞行的关键技术进行演示验证。

2010 年 4 月 23 日,HTV-2 的首次飞行试验如期进行,但在发射后 9 分钟失去联系,飞行试验失败。试验失败的主要原因可能是再入大气层时的角度比预计的陡,导致温度过高,损害了飞行器或仪器。试验数据初步表明,HTV-2 实现了大气层内超过 20 马赫的可控飞行。在最初的设计中,对 HTV-2 设计了三种机动动作,即能量管理机动、姿态机动和俯冲机动。能量管理机动是让飞行器以一定的倾斜角启动能量管理,释放掉多余的能量。姿态机动是使飞行器进行小俯仰、横滚和偏航机动,以测量气动控制特性。俯冲机动是控制飞行器在设定的安全区域内进行俯冲并撞击入海。HTV-2 的最初研制是想将其作为一种能够携带一定重量载荷的系统,在两个小时之内飞达全球任何地方。HTV-2 的开发引出了 HTV-3X 飞行器的开发,即"黑雨燕"项目,美国拟将其作为 2025 年投入使用的可重用高超声速巡航飞行器(HCV)的基础。HCV 为一种无人驾驶飞机,能够从常规跑道起飞,携带 5400kg 载荷在两个小时之内对 16650km 外的目标实施打击。但"黑雨燕"项目最终被取消。

9.3.3 空天无人机

空天无人机是航空航天技术有机融合的成功应用,是未来空天技术发展的真正制高点。空天无人机既可以在太空如卫星一样绕轨飞行,或是变轨机动,也可以再入大气层如航空飞行器一样自如飞行。未来的空天无人机还能够像普通飞机一样水平起降,以廉价的成本完成天地往返运输任务,从而将在空间控制和空间作战中发挥非常重要的作用。美国是迄今为止唯一成功发展空天无人机技术的国家,2010 年试飞成功的空天无人机 X-37B,成为引领先进无人机发展的里程碑,具有开创性意义。

X-37B 空天无人机是空天飞行器的一种,全称为"轨道试验飞行器"(Orbital Test Vehicle),是一种实验用、高可靠性、可重复使用的无人太空试验平台,与航天飞机非常类似,只是尺寸小得多、完全自动化、使用更先进的技术,由助推火箭发射或飞机投放、可以进入地球轨道高速飞行。X-37B 由波音公司"鬼怪工厂"建造,高 2.9m、长 8.9m、翼展 4.5m,发射重量 4990kg,能在近地轨道上以 2.5 万 km/h 的速度飞行,有效载荷舱长度 2.13m,直径 1.22m,可容纳 227kg 的实验设备,尺寸大约与一辆皮卡车相当。与航天飞机采用的氢—氧燃料单元不同,X-37B 由砷化镓太阳能板和锂离子电池提供动力,用标准运载火箭发射入轨,可在轨停留 270 天,然后像航天飞机那样再入并着陆返回。X-37B 拥有进行在轨机动、脱轨操作的推力器,但没有在空气中进行动力飞行的发动机,因此,目前它在大气中只能是作为一个滑翔机飞行。X-37B 轨道试验飞行器的系统组成如图 9-10 所示。2001 年 5 月,X-37B 的"缩小版"X-40 进行了飞行试验,创造出了高达 7 马赫的惊人速度。2010 年 4 月 22 日,美国利用"大力神"5 火箭从卡纳维拉尔角空军基地将总重 11000 磅的第一架 X-37B 空天无人机发射至近地轨道,轨道高度约为 430～450km,倾角 28°～40°。X-37B 在发射后 20 分钟同"大力神"火箭脱离,其有效载荷、试验和计划的轨道操作都没有公开。尽管 X-37B 的发射、运行和轨道参数都属于绝密,但仍然没有逃脱天文爱好者的探测。人们发现 X-37B 一直在变轨,典型轨道为 410～450km、轨道倾角 40°的近地轨道,以第一宇宙速度约 2.8 万 km/h 的高速飞行,约 90min 围绕地球飞行一圈。

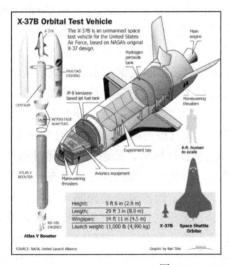 

图 9-10　X-37B 轨道试验飞行器系统组成

X-37B 轨道试验飞行器作为一种技术演示验证器和实验飞行器,很可能被用于对新型可重复使用运载火箭技术进行飞行试验,对天基遥感用的新传感器技术和卫星硬件进行在轨测试,美国空军官员就曾表示,X-37B 上的零件技术和分系统技术将可应用于未来飞行器。虽然 X-37B 具有一定的轨道核查、修理和回收在轨航天器的能力,但由于其有效载荷舱空间有限以及轨道高度范围有限,目前还难于实现这样的功能。从空天无人机可能执行的任务来猜想,它既可用作空间轨道操作平台和太空侦察监视平台,实现对小卫星的快速部署或回收卫星;也可作为太空轰炸机,执行全球打击任务。当然,关于空天无人机的这些任务方式,目前还只是猜想。但是不论怎么说,随着空天无人机技术和运用的不断成熟,必将会对航空航天领域的作战模式产生深远影响。

9.4 空天型无人机的作战运用分析

9.4.1 空间军事应用与空天一体

自从人类进入太空以来,对太空的军事应用与探索就从未间断。在太空探索的早期,卫星技术被美、苏两个大国作为战略威慑的对抗力量,最终,苏联在与美国"星球大战"计划的对抗中走向了衰落。之后,美国依托太空技术优势,大力发展基于天基资源的全球作战信息支援系统,为其陆海空三军、国内民事部门以及军事盟友提供包括侦察监视、导弹预警、卫星导航、气象服务、宽带通信、海洋监测等在内的全球信息保障和作战支援。海湾战争中,美军动用了包括侦察、预警、导航及气象卫星在内的70多颗军用卫星和民用卫星,为作战部队提供了巨大的信息和通信支援;科索沃战争中,美军动用50多颗卫星,实施了全面的战场监视,保证了精确打击武器的效能发挥;阿富汗战争中,美军借助空间军事力量,全面提升了武器系统的作战效能,强化了战场的单向透明,实现了非接触式精确打击;伊拉克战争中,美国动用卫星100多颗,构建了强大的战场信息和态势感知网络。2001年,美军为有效控制空间、确保空间优势,开始实施系列的"施里弗"空间作战模拟演习,并在2005年的"施里弗-3"太空战演习中首次将临近空间纳入空间作战范畴。至此,整个空天范围都被美军纳入空间作战的范畴。空间军事应用开始进入空天一体的攻防对抗时代。

一般来讲,空天一体指的是空天力量的一体化组织和运用,包括陆、海、空、天以及临近空间的所用资源与作战力量,交联组成全维一体化力量,进行全维一体化的作战。这既是信息时代新军事变革的重要特征,也是不可逆转的战争形态发展趋势。近年来的高技术局部战争已经表明,信息化空天时代的战争胜利越来越离不开空天力量的有效结合,强大的信息支援与多层次作战平台的一体化融合,能够发挥出更大的作战效能。顺应这一发展趋势,美军在《2020空军构想:全球警戒、全球到达和全球力量》中确定的美空军的核心发展思想,就是建设一支航空航天一体化的空军部队。俄军近年来也明确提出要建设"在空中—太空活动"的"新空军"。

空天型无人机作为航空航天技术融合发展产生的高技术装备,在空天作战体系中具有独特的应用优势和重要地位。与现役的各种飞行器相比,高超声速的空天型无人机可以达到10马赫甚至是20马赫的飞行速度,实现全球火力打击可能就是几十分钟的事情,让人"无法反应"。与现代航空武器相比,空天型无人机具有超强的突防能力,现有的防空武器系统对它基本无计可施。另外,空天型无人机具有在航空空间和航天空间跨越飞行的能力,将会在作战层面真正把空中和太空融为一体。所以,空天型无人机将可能逐渐发展成为一种常规的战略威慑力量,在空天一体作战中发挥重要作用。

为了使空天型无人机在空天体系中有效发挥作用,需要建立空天一体的决策与指挥控制系统。该系统融合处理空天信息,结合战略战役筹划实施作战决策、制定任务方案,并根据效能评估结果对方案进行优化。其工作原理如图9-11所示。

9.4.2 空天型无人机的运用方式

空天型无人机的主要优势来自于它的高、快、远,从而可以实现全球范围内的即时力量到达、快速响应和远程快速精确打击,大大改变未来战争的样式。结合空天型无人机的能力

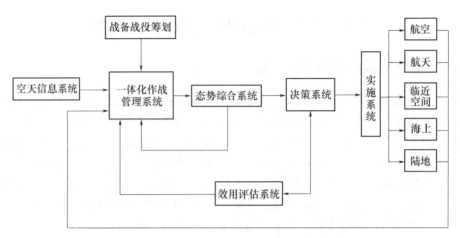

图 9-11 空天一体决策与指挥控制系统原理结构图

特点和未来空天一体作战的任务需要，我们可以从战略威慑、快速打击、天地运输、持久监视等方面设想空天型无人机的五种主要作战运用方式。

(1) 用于实战式战略威慑。传统意义的战略威慑是指核武器的威慑。在以和平发展为主题愿望的国际环境下，核武器的大规模杀伤作用极大地限制了它的实战运用，因此，对于核武器更加强调的是它的战略威慑作用而非实战意义。所以，在当今世界大国间核武平衡的背景下，美国的战略核优势并不容易发挥效能。为此，美军一直在寻找一种新的、可以实战运用的战略威慑力量，以保持其世界头号强国的战略威慑能力。正如美军高官所言，"我们今天的领导人手里需要有一种随手可得并且不跨越这条线的武器"。从现在的发展情况看，具有高超声速飞行能力的空天型无人机将成为这种新型战略威慑力量的首选。空天型无人机可以按照预定计划快速到达任务区域，不仅能对目标进行毁灭性的点穴式精确打击，而且不会造成核武式的大规模杀伤效果，也不用担心会引发世界大战。所以，空天型无人机一旦成熟，必将成为可以实战运用的战略威慑力量，其威慑效果甚至可能超越现在的核武器。

(2) 实施全球快速打击。对于现代战争来说，大规模面对面厮杀的场景可能很难出现，取而代之的将是更多地对关键核心目标的打击。通过对指挥中心、机场、油库、水电厂以及相关人员等关键目标的摧毁，以达到消弱和摧毁对方战争意志，从而赢得战争的目的。科索沃战争就是这种典型战例。但是，现代战场的高价值目标往往是时间敏感性目标，会临时突然出现，又可能快速转移和藏匿，对这类目标实施快速打击成为现代作战的重要需求。美军认为，远程精确打击的问题目前已经解决，如何实现快速打击更为重要。美军"战斧"式巡航导弹最大射程超过 3000km，可对 2000km 外的目标实施精确打击，但其最高飞行时速只有 880km，打击 2000km 外的目标需要飞行两个多小时，足以让目标有充足时间转移或藏匿。1998 年 8 月 20 日，美军"林肯"号航母根据情报向阿富汗东部的"基地"组织营地发射了"战斧"式巡航导弹，旨在消灭拉登，但当"战斧"飞临目标区时，拉登已离开近一个小时。所以，现代条件下的打击更强调快速性。空天型无人机可以达到十几马赫的飞行速度，完全可以在数十分钟内快速实施对全球任意地点的突然打击，让人防不胜防，从而成为实施全球快速打击的"尖兵利刃"。

(3) 进行天地往返运输。在空天一体的作战体系中,廉价、快捷、可靠的天地往返运输是保证持续作战能力的关键。与航天飞机相比,空天型无人机具有成本低、可快速响应、发射简便、可靠性高等突出优点,可以高超声速往返于天地之间,实现快速的远程力量投送,是实现天地往返运输的极佳工具。美国国防部在《超声速路线图》中重点关注了新的太空进入能力,"它能让美国获得以与航空器相似的运行节奏进入太空、返回地球,并重返太空的能力"。对于空天型的天地往返运输载具,美空军已经描绘了一种高超声速运输机的方案,其大小与"协和"式飞机相似,使用四台超燃冲压发动机,目的是开发出像航空器一样具备及时响应特性的太空运输能力和相应的系统。

(4) 执行空天轰炸任务。远程战略轰炸一直是大型战争的重要作战模式,美国和苏联都为此投入了巨额的财力物力,研发了多种远程战略轰炸机。当前,美军的 B-2 隐身轰炸机已成为美军远程作战的重要骨干力量。但是,面对现代技术条件下的严密的防空火力体系,B-2 隐身轰炸机也难以实现有效突防。相比之下,空天型无人机具有超强的突防能力,现有的防空武器系统对它基本无计可施。而且,空天型无人机可以从太空轨道直接实施对地打击任务,其突然性、快速性和全球性是任何远程战略轰炸机都无可比拟的。另外,使用空天型无人机实施轰炸任务,将会获得惊人的落地动能,能够有效摧毁深埋于地下的指挥中心等坚固目标。所以,未来战争中,空天型无人机将会开创空天轰炸的新型作战模式,成为新型的空天战略轰炸机。

(5) 开展广域持久监视。在信息技术、伪装技术等高新技术快速发展的今天,对非常广阔的热点区域进行长达数周甚至数月的持久的不间断侦察监视,获取充分的战场实时情报信息,是确保战略战役胜利的重要因素。就侦察监视平台来说,航空平台飞行高度低,分辨率高,但面对的防空威胁也最大,所以任务区域受限较大,不间断侦察能力较弱,战场生存能力也相对较低。卫星平台虽然可以持久运行于太空轨道实施侦察监视,但由于存在访问周期,难以独立实现对任务区域的不间断的侦察监视,需要星座的支持,加之需要更高分辨率的侦察载荷设备,所以使用卫星平台执行这类任务的成本很高、运控难度大、任务可靠性较低。相比而言,临近空间无人机平台,可以驻留运行数月乃至数年,有能力实现对指定区域的持久的不间断侦察监视,而且其可靠性、运行成本和快速响应能力都大大优于卫星平台。总的来说,临近空间无人平台将是实现持久广域监视,构建空天一体侦察监视网络的重要节点,对于态势感知、海洋监视、气象监测、打击效果评估、灾情监测、空中预警和反导拦截等都将发挥无可替代的重要作用。

第 10 章　无人机的协同作战技术研究

自"捕食者"无人机携带"海尔法"导弹实施对地火力打击以来，关于无人作战飞机及其作战运用方式的研究就成了美国等无人机发达国家的重要研究指向。由于单架无人机任务能力有限，难以适应广域、复杂、多变的任务环境，所以美国空军实验室在 2000 年初率先提出了无人机的协同作战设想，学术界随后开始广泛研究无人机的协同控制等关键技术。本章概要讨论无人机的协同作战模式及其协同控制原理等问题。

10.1　无人机协同作战的基本问题

10.1.1　无人机协同作战概述

当前，无人机的使用都是采用单机模式，也就是说，利用一架无人机独立执行任务。这种模式对于低威胁、小范围的任务环境是较为适合的。但是，当面对高对抗以及广域复杂任务环境时，单机模式的任务效能将会大大降低，而且单机预规划策略鲁棒性差，也难以应对突发事件和多变的环境与任务。另外，单机的任务成功率低，在高对抗环境中，地面往往存在强大的防空火力，会对无人机造成巨大的威胁，如果无人机被敌方火力摧毁，并且没有其他无人机及时支援，就会导致整个作战任务的失败。为此，人们开始广泛研究多无人机协同作战的理论与技术。

对于多无人机协同及其应用技术的研究，源于美国空军科学研究局在 21 世纪初提出的一个新颖概念——"使无人机像一大群蜜蜂那样飞行"。美军为此启动了若干基础理论与关键技术的研究，2007 年至今，相继启动了"编群战术空间"(Swarm Tactic Space)、"可飞行电路板"等研究计划。由美国 Proxy 公司研制的"天空力量"系统也已开始演示验证，该系统可实现 12 架无人机的自主协作飞行，执行协同搜索和模拟攻击任务。在美军相关概念和计划的推动下，国际学术界开始对无人机协同的理论与技术进行广泛的探索研究，其中最核心的是无人机协同的自主决策控制技术。

多无人机协同作战的效能体现了现代系统论中的"群体涌现性"原理。系统论的创始人贝塔朗菲强调："系统的整体大于部分之和"，即部分构成紧密联系的整体后，就能够产生新的属性、特征和更加强大的功能，在系统论中称为"涌现性"。无人机的协同作战系统，正是依据这一理论，通过集群协同的运用，发挥整体的"涌现性"作战效能。只要有足够有效的协同控制策略，通过无人机之间的相互配合和协作，多架无人机组成的编队就能充分利用综合资源优势，发挥出大于多架无人机各自为战的作战效能，大大提高"无人机群组"完成复杂任务的能力和效率，特别是可以完成单机无法完成的艰巨任务。

美国作为当前世界无人机技术的领跑者，在其多个版本的无人机发展路线图中，都强调了无人机的协同运用问题,把"群组协同"列为无人机技术的中长期发展目标。而且在其具有战略意义的"空海一体战"理论中,已经研究了使用无人机协同搜索、打击地面高价值目标的构想。从大的协同模式上来说,无人机的协同问题可以分为无人机与无人机的协同和无人机与有人机的协同。

10.1.2 无人机与无人机协同的主要模式

随着无人机自主化水平的不断提高,可以将多架无人机组成任务编组,通过相互间的协调和配合,共同完成较为复杂的任务。根据任务特点,可以将这种无人机与无人机之间的协同分为协同侦察搜索、协同目标跟踪、协同空中拦截、协同对地攻击等模式。

1. 多无人机协同侦察搜索

多无人机协同侦察是由多架无人机组成任务编组,每架无人机各自配置 ESM、SAR、光电/红外等不同的传感器,分别对于不同类型的目标进行探测,形成整个战场区域内的整合态势信息,为整个任务的执行提供广域、实时的侦察情报保障,如图 10-1 所示,利用多无人机协同侦察可有效提高侦察监视的效率和质量。

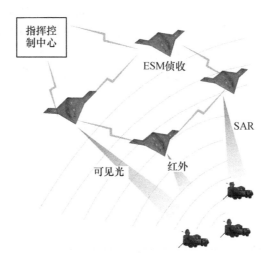

图 10-1 多无人机协同侦察示意图

2. 多无人机协同目标跟踪

图 10-2 为双无人机协同跟踪地面目标的示意图。其中,一架无人机对目标信息进行探测,并将自身的状态信息和目标信息通过通信链路传递给另一架无人机。如果在跟踪过程中某一架无人机丢失目标,那么另一架无人机可以保证继续执行跟踪任务,并修正丢失目标无人机的跟踪方向,继续进行双机的协同跟踪,确保跟踪任务的顺利完成。另外,采用双机协同跟踪定位技术,可以提高防区外远程跟踪定位的精度。

3. 多无人机协同对地攻击

图 10-3 为多无人机协同对地攻击示意图,由多架无人机编队对任务区域中的目标进行协同打击。编队内无人机可以携带不同的侦察设备,以提高目标侦察搜索的效率和准确性。匹配目标信息之后,进行编队内的协同目标分配,根据目标特性和各编队成员的状态将目标分配给不同的无人机,由相应的无人机对其实施攻击。

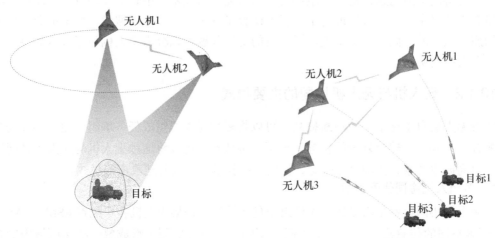

图 10-2　多无人机协同跟踪示意图　　　图 10-3　多无人机协同对地攻击示意图

4. 多无人机协同空中拦截

在无人机技术高度发达之后，利用多架无人机协同空中拦截无人机，也是一种可能且有效的无人机运用模式。如图10-4所示，由携带不同侦察探测载荷和武器载荷的多架无人机组成任务编组。少数大型无人机携带探测作用距离远的侦察探测载荷，在编队后方对目标进行远程探测。担任攻击拦截任务的无人机携带空空导弹隐蔽接敌，提高了打击目标的成功率。

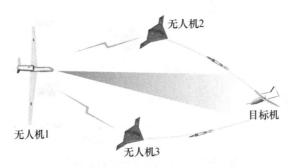

图 10-4　多无人机协同空中拦截示意图

10.1.3　无人机与有人机协同的主要模式

未来作战是体系化的一体作战，无人机需要与其他作战平台共同完成任务，无人机与有人机编队协同作战将成为一种全新的作战模式。在这种模式下，无人机直接接受有人机的指挥控制，实施联合目标确定、快速打击和动态评估等一体化作战。无人机与有人机的协同作战模式主要有三种:协同态势感知、协同制空作战和跨平台制导。

1. 协同态势感知

以有人机指挥无人机，共同组成任务编组，有人机与无人机之间可以相互共享数据，不仅可以提高指挥的灵活性，还能更好地引导无人机在任务区域内执行任务，也可有效对无源辐射或有源辐射目标实施协同定位，增强有人机和无人机协同任务编组的态势感知能力，如图10-5所示。

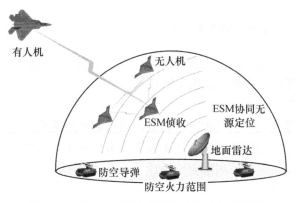

图 10-5　有人机和无人机协同态势感知示意图

2. 协同制空作战

在复杂对抗环境下,利用多架无人机与有人机协同制空作战,有助于提高对空中优势目标的打击能力。如图 10-6 所示,由有人机指挥多架无人作战飞机编队执行制空作战任务。无人机首先保持雷达静默,高速隐蔽接敌到其武器作用距离范围时,有人机开启雷达对目标进行探测,将目标信息通过数据链网络实时传输给无人机,并启动无人机发射武器,实施对空中目标的打击。

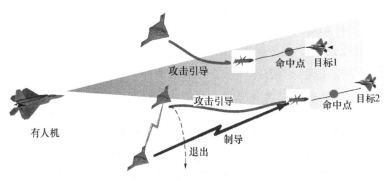

图 10-6　协同制空作战示意图

3. 跨平台制导

所谓跨平台制导,是指有人机对无人机发射的制导武器提供制导信息。如图 10-7 所示,无人作战飞机与有人作战飞机共同编队,有人作战飞机可以将无人作战飞机作为武器扩展舱,在对方的威胁范围外控制己方无人机的武器发射,并对发射后的导弹进行制导,准确打击目标。这种协同方式既可以扩大本机的作战半径,又可以有效保护己方有人作战飞机的安全。

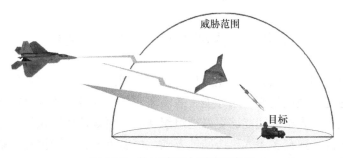

图 10-7　协同跨平台制导示意图

10.1.4 无人机协同作战的关键技术

无人机协同作战需要先进的无人机自主化技术的支撑，主要包括协同控制、协同态势感知、协同目标分配、智能决策等方面的关键技术。

1. 协同控制技术

各无人机在执行任务过程中承担不同职责，通过相互间的数据和信息的实时交互，实现实时任务协同。在整个协同任务过程中，无人机要根据实时接收的指控信息和探测信息进行决策和控制，以确保成员间的协调配合。设计简单有效的无人机实时协同控制系统，是完成各种协同作战任务的关键。

2. 协同态势感知技术

协同态势感知是指无人机编队成员利用各自携带的传感器获取信息，并对这些信息在统一的框架下进行综合，分析整理对我方的威胁和有益信息，评估态势可能发展的方向，形成对战场态势的综合研判和表达。无人机编队的决策中心根据对综合态势的分析和理解完成决策和生成指令，控制无人机完成相应的行为。传统的态势感知方法有基于性能、主观以及问卷或询问的方法。在实时作战环境下，基于性能的方法缺乏敏感性，主观法缺乏精确性，问卷法难以适应复杂的态势变化。一种新的方法是直接基于态势感知评估的询问式方法，通过比较询问结果与随机冻结的仿真态势，使态势感知的评估更趋客观。对于复杂动态环境，该方法具有较高的准确性和实时性，比较适合于多无人机实时的协同态势评估。

3. 协同目标分配技术

协同目标分配是指在统一考虑各种任务约束的条件下，按照一致的分配原则，对编队中无人机成员分配任务目标、确定任务构型、发布任务要求等。无人机协同目标分配是一种复杂的组合优化问题，主要有三类求解思路：一是基于穷举思想的方法；二是启发式搜索方法，如模拟退火、禁忌搜索、遗传算法等，通过在搜索过程中加入一些启发因子，引导搜索向期望的方向进行；三是智能计算方法，如 Hopfield 神经网络、满意决策理论、蚁群算法、拍卖理论、市场调配理论、合同网算法等，这些算法计算量较小，适合于实时地协同目标分配问题。

4. 智能决策技术

在协同作战过程中，需要无人机的指挥员能够根据战场态势的实时变化及时、准确地制定和调整编队成员的任务方案。但面对战场环境的瞬息万变，海量信息的瞬时涌入，指挥员在心理和生理上都很难胜任这样繁重的感知、判断和决策工作，为此，需要有先进的智能决策技术辅助指挥员进行实时的战术决策。

10.2 无人机协同控制体系架构

对于多无人机协同系统来说，单无人机自身任务模式的改变，并不能有效发挥其在协同中的优势，只有通过合理的控制体系才能有效实现对复杂任务的协同执行和处理。协同控制体系设计的目的是使无人机之间能够更好地组织互联，更好地协同执行任务，使无人机编队的整体效能达到最大。根据多无人机协同的方式，可以有三种协同控制体系架构，即集中式体系结构、分布式体系结构和分层式体系结构。

10.2.1 集中式体系结构

集中式体系结构需要设置一个控制中心,该中心掌握全局态势信息及各无人机的任务状态信息,负责运行全局的规划算法和分配算法,完成任务分解与指令生成,向成员无人机发布命令,组织编队成员协调配合的完成任务,如图10-8所示。主控中心掌握全部环境信息及各无人机信息,运用规划算法和优化算法,主控单元对任务进行分解和分配,向各受控无人机发布命令,并组织多个受控无人机共同完成任务。集中式的体系结构具有全局协调性好、实现直观的优点,但适应性和容错性较差。

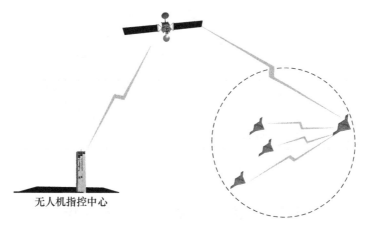

图 10-8 集中式体系结构示意图

10.2.2 分布式体系结构

相对于集中式体系结构来说,分布式体系结构具有较好的可扩展性、灵活性、容错性和适应性。分布式结构中没有主控中心,各成员无人机之间的地位平等,且具有一定的智能性和自主能力,能够相互进行信息交流,自主完成任务决策。图10-9说明了这种体系结构的组织方式。

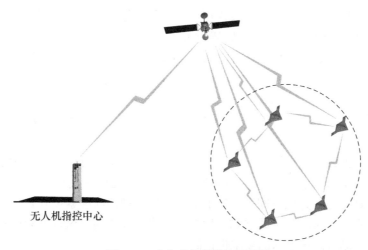

图 10-9 分布式体系结构示意图

10.2.3 分层式体系结构

通过综合上述两种结构的优势和特点,可以构建一种分层式结构,如图 10-10 所示。该体系结构的特点是无人机编队成员在接受集中式管理的同时,成员之间能够相互进行信息交流,各无人机也具有一定的自主能力,能够自主完成有限的任务决策。

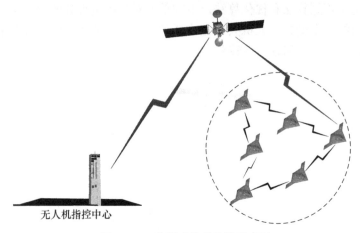

图 10-10 分层式体系结构示意图

10.3 多无人机的协同搜索原理

搜索是现代军事行动和民事救援中一项最为重要的任务。在落海人员营救、广域野外救援等民事救援活动中,如果不能在最短时间内发现落难人员,就难以实施有效的营救。而在时敏目标打击、重点区域巡查中,如果不能准确快速地找到目标,也就无法有效完成任务。本节简要介绍多无人机协同搜索的基本问题和技术原理,并通过仿真说明无人机协同搜索的过程和特点。

10.3.1 协同搜索的问题描述

无人机搜索问题是指无人机为了发现所要寻找的目标而考察目标所在区域的过程。在此过程中无人机通过自身携带的机载传感器对搜索任务区域进行探测,并利用探测结果进行在线自主决策,生成安全的飞行航路。然而无人机在搜索过程中除了受自身平台的限制外,还受到很多不确定因素,包括未知环境、目标以及突发障碍等的限制,使无人机搜索问题变得尤为复杂。在面对复杂搜索任务时,单无人机搜索存在很多缺陷:一是搜索效率较低,二是搜索行动的鲁棒性较差,三是任务抗毁性较差。采用多无人机协同搜索可以有效避免这些问题。

多无人机协同搜索有两种模式,一种是固定编队与航线的模式,即 2 架以上的无人机组成固定形式的编队,以固定的航线实施侦察搜索任务,这种模式是单机搜索模式的简单扩展,对于提高搜索任务的完成时间有一定的贡献。另一种协同搜索模式是自由飞行的搜索模式,即各无人机不固定航线和编队结构,以自由方式进行协同。这种搜索模式优势明显,但对无人机的协同控制与决策技术的要求也很高。

以多无人机协同区域搜索为例,多无人机协同搜索问题就是在单无人机搜索基础上,采用多无人机协同方式在特定的任务区域内同时对地面目标进行搜索。在搜索过程中，无人机之间可以相互通信，每架无人机需要利用自身获取的信息以及通过网络通信得到的其他无人机的信息，进行分布式在线决策，同时考虑多无人机之间的碰撞要求，为每架无人机生成一条安全、可行的飞行航路。具体定义为：在任务区域内存在 N_T 个潜在目标和 N_M 个已知威胁源，目标可能静止，也可能运动，运动规律未知。使用 N_V 架无人机在该区域内进行自主协同搜索，在保证无人机安全的前提下，利用机载传感器搜索潜在目标，无人机之间、无人机与地面指控中枢之间有一定的信息交互能力，要求无人机在规定的时间内以最小的代价发现尽可能多的目标。

10.3.2 协同搜索的实现原理

无人机的协同搜索过程，是一个无人机不断根据环境、目标和自身信息进行自主决策的过程。在每个时刻，无人机获取当前环境和目标信息，结合搜索无人机的状态，根据一定的最优搜索策略进行自主决策，实时建立无人机的搜索飞行指令，控制无人机按照期望的搜索策略飞行。在此过程中无人机不断地观测并获取新的信息，调整搜索行为，重复以上观测、判断、决策和执行的过程，就形成了无人机的协同搜索过程。按照无人机协同搜索的信息处理过程，可以建立无人机协同搜索的控制结构，如图 10-11 所示。协同搜索控制包括四个步骤：一是建立信息描述，通过观测和信息处理，建立对搜索问题的整体信息描述，并实时更新；二是预测可能行为，无人机根据实时的任务态势自主预测未来 T 时刻的可能飞行路径以及在每一条路径上的代价函数；三是搜索行为决策，在 T 时刻内所有可能飞行路径中，解算使搜索效能达到最大的解，并通过优化计算确定出无人机的搜索行为；四是执行搜索决策，根据最优决策在线生成无人机的航迹，控制无人机按照期望的搜索策略飞行，实现整体的协同最优搜索。

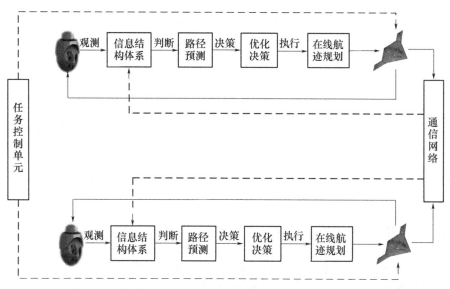

图 10-11 多无人机协同搜索控制体系结构

实现上述协同搜索过程的关键是协同的搜索决策算法。目前，关于协同搜索问题的学术研究已有很多，提出了多种有效的协同搜索决策算法。本节以一种算法为例，简要说明协同搜索决策的算法原理。通常，可将搜索区域划分为若干个大小相同的搜索栅格，假设一架无人机的任务载荷每次可以遍历一个栅格，即无人机一次访问一个栅格。在每次访问时，无人机要根据探测到的目标信息、环境信息，以及自身和其他协同无人机的状态信息，建立对搜索任务的整体信息描述。这种描述可以是一个目标存在概率，也可以是一种综合的信息结构体，如有的学者将目标存在概率、环境不确定度和目标单元的信息素作为对搜索任务的信息描述。根据这些信息，需要建立对协同搜索问题的性能指标，可以包括环境搜索代价、目标发现代价和协同代价等因素，建立搜索性能指标如式(10.1)。

$$J(X(k),U(k)) = \lambda_1 J_e + \lambda_2 J_t + \lambda_3 J_c \tag{10.1}$$

式中，$X(k)$是协同搜索系统的状态变量；$U(k)$是期望得到关于无人机搜索行为的决策序列；J_e是环境搜索代价，用于描述无人机在搜索过程中如何尽快降低环境的不确定程度；J_t是目标发现代价，用于描述无人机从当前位置飞到目标位置过程中，通过机载传感器发现目标的可能性；J_c是协同代价，在协同搜索过程中，协同优化的目的就是要避免无人机对某个栅格单元进行过度的重复探测，保证多无人机协同搜索的效率；$\lambda_1, \lambda_2, \lambda_3$对应为各项分指标的权重系数。

无人机协同搜索的目的就是希望在有限的时间内使整体的搜索效能达到最大。为此，可以在上述建模工作的基础上，将无人机的协同搜索决策问题看作为一个如式(10.2)描述的一个最优决策问题，

$$U_i^*(k) = \arg\max_{U_i(k)} J_i(X_i(k), X_{-i}(k), U_i(k), U_{-i}(k))$$

s.t.

$$\begin{cases} x_i(k+q) = f_i(x_i(k+q-1|k), u_i(k+q-1|k)) \\ x_i(k|k) = x_i(k) \\ x_i(k+q|k) \in \Xi \quad i=1,2,\cdots,N_v \\ u_i(k+q|k) \in \Theta \\ x_i(k+N|k) \in \Xi_{if} \\ G(X_i(k), X_{-i}(k), U_i(k), U_{-i}(k)) \leqslant 0 \end{cases} \tag{10.2}$$

其中，$x_v^i(k+1) = f_i(x_v^i(k), u_v^i(k))$是第$v_i$架无人机的状态方程，$\Xi$和$\Theta$分别表示无人机的可行状态集和容许输入集，$\Xi_{if}$表示无人机$v_i$的状态约束集，$G(X(k),U(k)) \leqslant 0$代表无人机搜索问题中的各类约束条件。每个决策周期内，通过求解上式描述的最优决策问题，即可获得下一时刻无人机的搜索行为序列$u_v^i(k)$。

10.3.3 多无人机协同搜索仿真

基于上述搜索原理，本节通过计算机仿真说明自由飞行模式的多无人机协同搜索的特点和效果。仿真场景设计为，在20km×20km的任务区域内存在10个未知静态目标，安排4架无人机进行协同搜索，如图10-12所示。无人机的初始位置分别设定为(4,1)、(8,1)、(12,1)、(16,1)，10个未知目标随机分布在搜索区域内，机载探测传感器的参数为探测概率$p_D = 0.8$，描述传感器正确探测到单元网格中存在目标的可能性；虚警概率$p_F = 0.2$，描述传感器出现错误

探测的可能性;目标存在阈值设为 $\theta_p = 0.98$。仿真实验从两个方面说明多无人机协同搜索的特点。一是通过仿真过程中4架无人机的飞行航路图,反映无人机对目标单元的访问情况和4架无人机的协同飞行特点;二是通过对几种协同搜索方法的比较,概要了解协同搜索技术的效能。

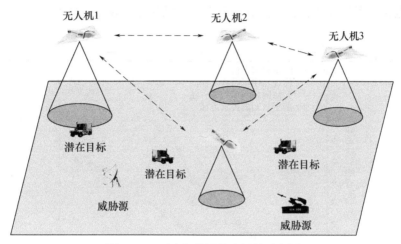

图 10-12 无人机协同搜索场景示意图

首先,按照上一节阐述的搜索原理进行计算机仿真,图10-13反映了在不同仿真时长时4架无人机对任务区域的访问及其飞行航迹情况,包括仿真20步时的情况和仿真80步时的情况。从仿真结果可以看出,4架无人机能够通过协同配合,很好地完成对侦察任务区域的遍历访问和覆盖。而且,随着无人机群对任务区域的逐渐了解,各架无人机会不断朝着目标存在概率高的区域访问,从而大大提高了整体的搜索效率。另外,在整个搜索过程中,有效防止了各个无人机之间发生碰撞的可能。

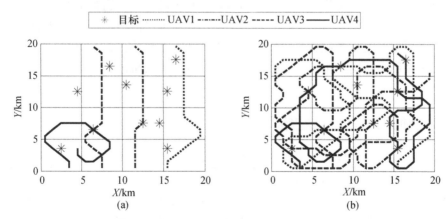

图 10-13 4架无人机对任务区域的访问及飞行航迹图

(a) 仿真20步时的状态;(b) 仿真80步时的状态。

多无人机协同搜索的模式与搜索效能是密切相关的,所以关于多无人机协同搜索的决策控制方法一直是学术界研究的热点。为了说明不同方法对于搜索效能的影响,针对上述仿真场景，分别采用传统的几字型搜索方法、随机搜索方法、基于认知的协同搜索方法以及无协同机制的搜索方法对任务区域进行目标搜索，比较各个方法在每个仿真时刻的平均搜索目标数，结果如图10-14所示。从图中可以看出，在搜索开始的一段时间内，四种方法的平均搜索目标数基本相差不大，但随着搜索进程的展开，基于认知的协同搜索方法的发现目标数开始出现较快的增长。这一仿真结果说明了密切的"协同配合机制"对于提高协同搜索效能是非常重要的，也说明了协同能够有效提高多无人机完成任务的效能。

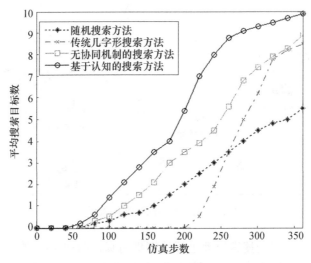

图 10-14　不同方法的平均搜索目标数比较图

10.4　双无人机的协同跟踪原理

目标跟踪是无人机应用的一个重要方面。对于无人机的察打一体任务来说，发现运动目标后，准确捕获和跟踪、定位目标是实现后续精确打击的基础。通常情况下，对目标的跟踪是由单架无人机完成的。但对于一些特殊情况，单架无人机的跟踪定位精度较低，为此，一种新的思路是采用多架无人机进行协同目标跟踪，通过多机协作提高跟踪的精确度。实现多机协同跟踪的关键是协同的跟踪控制技术。本节对两架无人机的协同跟踪问题及实现原理进行简要介绍。

10.4.1　协同跟踪的问题描述

协同目标跟踪的一个优势是可以提高目标跟踪与定位的精度。在单架无人机远程跟踪目标时，由于传感器本身特性的局限和观测角度的限制，会产生较大的跟踪定位误差，甚至有可能遗漏或者丢失目标，如图10-15左图所示。一种解决方案是使用2～3架无人机实施协同跟踪，方式是使这2～3架无人机以一定的角度和距离同时对指定的运动目标进行跟踪和定位。通常，在防区外远距离跟踪状态下，单无人机的机载传感器能够将目标位置确定在一个椭圆内，在协同跟踪状态下，使2～3架无人机围绕以目标为圆心的圆周运动，且各机之间保持固定的夹角。这样，每架无人机形成的跟踪椭圆就会以相同的中心相交，取其交集，就会获得更高的跟踪定位精度，如图10-15右图所示。

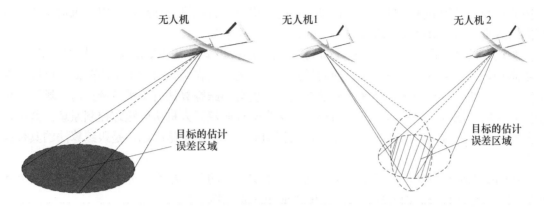

图 10-15 单机跟踪与协同跟踪的示意图

协同跟踪问题的核心是控制无人机严格以目标为圆心、保持确定的角度进行圆周形式的跟踪运动，从而确保各无人机所得的跟踪信息具有相同的中心，进而，可以通过融合这些无人机的跟踪信息以获得更准确的跟踪和定位精确，为目标的定位和打击提供适宜的信息。无人机协同跟踪控制的目的就是生成对无人机个体的制导指令，控制无人机保持一定的夹角并围绕目标作圆周运动。

10.4.2 协同跟踪的控制原理

为说明简单起见，本小节以双机协同跟踪为例，简要说明协同跟踪控制的基本原理。据文献研究表明，两架无人机保持90°夹角、围绕以目标为圆心的圆周进行跟踪运动，即可获得对目标的高精度的测向和测距。所以，双机协同跟踪的控制目的就是根据任务要求、环境态势、目标信息以及其他无人机的信息生成本机的制导指令，确保双机能够保持90°的夹角并围绕目标作期望形式的圆周运动。

双无人机的协同跟踪控制可分为两个回路，如图10-16所示。外回路是根据任务要求、态势信息等，由任务管理系统生成协同跟踪策略。协同跟踪控制的内回路是无人机本地的指令决策与控制回路，根据目标信息、外回路给出的协同跟踪策略等产生无人机的制导指令和载

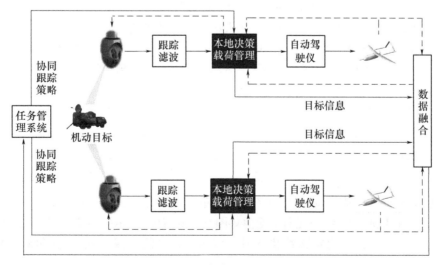

图 10-16 双无人机协同跟踪的控制原理

荷控制指令，以控制无人机在确保自身安全的前提下对目标进行跟踪，并将本机信息和探测信息通过机间通信链路反馈给其他无人机和任务管理系统。

实现双机协同跟踪控制的关键是协同跟踪控制算法，该算法主要解决如何根据任务指令、环境态势、目标信息等产生无人机的制导指令，使无人机在确保自身安全的前提下能准确快速地按照预期的目标圆飞行并保持要求的夹角。现有的跟踪算法有李雅普诺夫向量场法、模型预测控制方法等。下面以一种RPG控制方法为例说明双无人机协同跟踪控制原理。其中，任务管理系统生成协同跟踪策略，无人机根据RPG控制策略实施跟踪，是跟踪算法的具体执行者。

RPG跟踪控制方法的作用是为无人机生成跟踪飞行的制导指令，分为横侧向制导指令和纵向制导指令两部分。RPG控制方法给出的横侧向制导规律为：

$$\phi_c = \phi = \arctan\left(\frac{V\dot{\psi}}{g}\right) \\ = \arctan\left[\left(\frac{2V_r^3}{Lg(V-T\cdot\cos(\psi-\psi_t))}\sin\eta\right) + \left(\frac{T\dot{V}\sin(\psi-\psi_t)}{g(V-T\cdot\cos(\psi-\psi_t))}\right)\right] \quad (10.3)$$

式中，T 为目标速度，L 为无人机与参考点之间的连线矢量，V 为无人机的速度，η 为无人机与目标的相对速度矢量 V_r 与 L 的夹角，ψ 为 V 的方向，ψ_t 为 T 的方向，g 为重力加速度。纵向制导律的实质是通过改变无人机飞行速度的大小来改变其转弯角速率，从而完成无人机的相位角控制。此时无人机之间的几何关系如图 10-17 所示。

RPG 控制方法给出的相位角控制规律为：

$$V_{c,i} = \sqrt{V_{r,i}^2 + T^2 - 2V_{r,i}T\sin(\theta_i - \psi_t)}, \quad i = 1, 2 \quad (10.4)$$

10.4.3 双机协同跟踪仿真运用

本小节以实际的无人机为对象，对双机协同跟踪问题进行仿真运用研究，想定两架无人机以 standoff 方式对目标进行协同跟踪。两架无人机的基本参数如表 10-1 所示，设无人机的制导周期为 1s，制导指令限制条件为：$-20° \leqslant \phi_c \leqslant 20°$，$20\text{m/s} \leqslant V_c \leqslant 30\text{m/s}$。规定无人机的巡航速度 $V_0 = 25\text{m/s}$，跟踪盘旋半径为 500m，两架无人机的夹角保持 $\Delta\theta_d = 90°$。仿真中无人机的模型采用非线性六自由度方程进行描述。

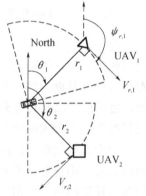

图 10-17 双机协同跟踪状态下的机间几何关系

表 10-1 仿真无人机的主要参数

质量	翼展	平均弦长	机翼面积	巡航速度	配平迎角
17kg	3.2m	0.423m	1.3536m²	25m/s	2.35°

两架无人机和目标的运动轨迹如图10-18(左图)所示，从图中可以看出，两架无人机能保证在以目标为圆心的航迹飞行，而且，图10-18(右图)显示了两架无人机之间的夹角，可以看出，当无人机达到稳定跟踪状态时，两架无人机能够保持90°的夹角对目标进行跟踪。

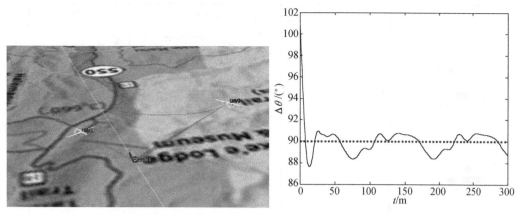

图 10-18　两架无人机协同跟踪的飞行航迹和跟踪夹角

10.5　有人机与无人机协同的指挥控制方式

未来高烈度的战场环境使得单独使用有人机或无人机执行任务都会存在极大的局限，而使用有人机/无人机协同作战则能通过优势互补极大地提高作战效能。因此，关于有人机与无人机协同作战的研究得到了以美军为代表的军事强国的重点关注。2012 年，美国海军将直升机海上攻击第 35 中队改编为有人机和无人机组成的混合飞行中队。本章第一节已经介绍了有人机与无人机的主要协同模式，本节以有人机与无人机协同搜索打击为例，说明有人机与无人机协同的指挥控制方式。

10.5.1　有人机与无人机协同任务想定

对于有人机/无人机协同系统，执行不同任务的使用流程有一定的相似性。为此，本节以有人机/无人机协同执行目标搜索与打击任务为背景，说明有人机与无人机协同的方式与特点。设想甲方任务编队对乙方某区域进行目标搜索与打击，该地区有一定的防空火力，对打击力量构成一定的威胁。为此，甲方派出有人作战飞机和察打一体无人机构成协同任务编队，对该地区目标实施侦察搜索，并视情清除其防空火力。计划派遣 1 架有人作战飞机指挥 2 架察打一体无人机完成此任务。

有人机负责指挥，2 架无人机携带 EO 和精确制导导弹实施对地打击。在有人机指挥下，无人机编队飞向指定任务空域，有人机以安全距离跟随飞行。无人机进入任务区域后，将侦察情报实时反馈给有人机进行评估，有人机决定是否实施打击任务。整个任务完成后，有人机发出指令控制无人机返航。

10.5.2　有人机与无人机协同的任务流程

根据有人机与无人机协同过程的特点，将其协同任务过程分为起始飞行、集结组网、执行任务、返回降落四个阶段。有人机始终处于信息模式，向无人机传递战场态势信息供无人机自主决策，或者直接向无人机给出指令。当任务超出无人机的能力时，有人机会进入作战模式，直接加入任务。协同任务过程的各个阶段如图 10-19 所示。

(1) 起始飞行段。有人机和无人机根据指挥中心的指令，从各自机场起飞，向集结空域飞行。无人机在起飞前将装订地面任务/路径预规划数据。任务规划系统根据预先情报、任务计

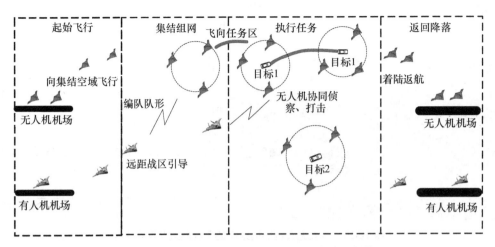

图 10-19 有人机与无人机协同的任务阶段示意图

划,由任务规划人员根据初始任务和威胁数据库,对有人机与多架无人机进行任务路径的预规划,向其装订预编程的路径信息、目标信息和初始的目标瞄准信息等。

(2) 机群集结组网段。无人机根据任务规划和有人机的指挥完成组网集结。无人机调整巡航速度和飞行方向,形成巡航构型,并通过自身通信载荷和卫星通信数据链路组成局部的控制与感知信息共享移动网络,进行无人机机群组网。待组网完成后,机群以编队巡航速度向目标区域靠近。在该阶段有人机需要对无人机进行远距引导,引导必须综合考虑各种因素,包括联合编队的基本战术要求,同时也应考虑地面威胁场的布置、燃油最省及时间最短等因素。

(3) 执行任务段。无人机在任务区遂行侦察搜索、目标跟踪与识别、攻击等任务。同时,无人机将侦察信息传送给有人作战飞机,由飞行员进行评估决策,无人机根据飞行员的指令实施攻击。在此过程中,无人机需具备针对具体任务的自主协同导航能力,这是无人机的协同飞行决策问题。

(4) 返回降落段。无人机完成任务之后,进行返航和着陆。

在以上四个阶段中,机群与指挥控制中心、机群内部需要具备一定的通信能力,以进行信息交互。飞控系统必须能够保证无人机有效执行机动指令。有人机全程都需要进行战场信息综合处理,对所接收的无人机及指挥信息系统传送的大量实时战场信息进行综合处理,形成对战场态势的实时、综合的评估,为对无人机群的战术决策提供依据。

10.5.3 有人机与无人机协同的指挥控制架构

根据有人机与无人机协同任务控制的要求和交互过程的特点,采用语音控制是目前实现人—机协同指挥的重要手段。采用基于自然语言方式的人—机交互接口,可以确保有人机和无人机之间有效的通信,减少人—机交互过程中人的负担。据此,设计有人机与无人机协同指挥控制结构如图 10-20 所示。有人机与无人机协同指挥控制的基本信息流程应是:有人机飞行员通过语音发出对无人机的控制指令,在自然语言理解指令集的基础上,控制指令通过人机交互界面完成从自然语言到机器语言的转化,无人机通过通信链路接收到通过编码和转换的指令后,进行航迹规划,并控制载荷的使用,同时回传应答信息。

人—机交互接口模块包括四个主要部分,即人—机交互界面、语音识别模块、文本命令理解模块以及任务指令编码模块。人—机交互界面为有人机飞行员提供有效的语音命令、文本命令输入和无人机响应信息，以及状态信息的图形化输出显示；语音识别模块将语音命令识别为文本命令；文本命令理解模块对文本命令进行分析和理解，提取该命令的关键任务数据；任务指令编码模块将任务数据转换为无人机可执行的特定任务指令。实现图 10-20 所示的协同指挥控制架构需要三个条件：

(1) 人—机交互接口采用自然语言交互方式。通过有效的人—机交互界面、语音识别和文本命令理解模块，接收、理解和识别有人机飞行员的语音命令，提取关键任务参数，将其转化为无人机能够识别的任务指令，反之亦然。自然语言交互可降低飞行员的工作负担，提高协同的任务效能。

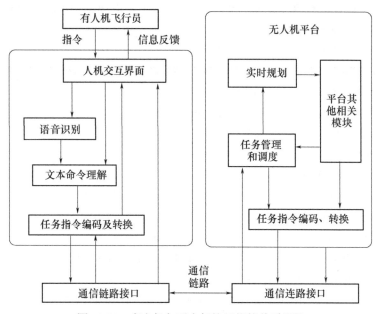

图 10-20　有人机与无人机协同指控体系设计

(2) 通信链路必须保证指挥信息流畅。链路通信接口实现任务指令、平台状态等信息的数据链格式转换，使所有信息按照数据链报文格式传输。任务管理和调度模块解析任务指令，形成无人机能够执行的任务模式集合，并根据自身情况和任务要求对任务模式进行管理和调度。

(3) 无人机需要具备实时任务规划与决策能力。无人机平台的实时路径决策和航路规划模块能够根据当前待执行的任务模式、战场态势和感知信息，引导无人机从一个任务位置运动到另一个任务位置。

参 考 文 献

[1] 张宗麟. 惯性导航与组合导航[M]. 北京：航空工业出版社, 2000.

[2] 陈贵春. 军用无人机[M]. 北京：解放军出版社, 2007.

[3] 杨晶梅. 军用无人机揭秘[M]. 北京：国防大学出版社, 2004.

[4] P. G. Fahlstrom, T. J. Gleason [著]. 无人机系统导论[M]. 武汉平, 等[译]. 北京：电子工业出版社, 2003.

[5] 魏瑞轩, 李学仁. 无人机系统及作战使用[M]. 北京：国防工业出版社, 2009.

[6] 朱宝鎏. 无人飞机空气动力学[M]. 北京：航空工业出版社, 2006.

[7] 季晓光, 李屹东. 美国高空长航时无人机——RQ-4"全球鹰"[M]. 北京：航空工业出版社, 2011.

[8] 申安玉. 自动飞行控制系统[M]. 北京：国防工业出版社, 2003.

[9] 肖顺达. 飞行自动控制系统[M]. 北京：国防工业出版社, 1980.

[10] 吴森堂. 飞行控制系统[M]. 北京：北京航空航天大学出版社, 2005.

[11] 韩崇昭, 等. 多源信息融合[M]. 北京：清华大学出版社, 2006.

[12] 雷虎民. 导弹制导与控制原理[M]. 北京：国防工业出版社, 2006.

[13] 张珏. 无人航空器系统路线图——美军2030年前[R]. 北京:空军装备部综合计划部, 2007.

[14] 尖兵之翼——2006中国无人机大会论文集(上、下册)[C]. 北京:中国航空学会, 2006.

[15] 尖兵之翼——2008中国无人机大会论文集(上、下册)[C]. 北京:中国航空学会, 2008.

[16] 方振平, 陈万春, 张曙光. 航空飞行器飞行动力学[M]. 北京:北京航空航天大学出版社, 2005.

[17] 崔尔杰. 近空间飞行器研究发展现状及关键技术问题[J]. 力学进展, 2009, (11).

[18] Damien Galzi, Yuri Shtesse.UAV Formations Control Using High Order Sliding Modes[A]. AIAA Guidance, Navigation, and Control Conference and Exhibit[C].San Francisco: 2005.29-39.

[19] D.Galzi, Y.Shtesse.UAV Formations Control Using High Order Sliding Modes[A]. Preceedings of 2006 American Control Conference[C].Minneapolis:2006.4249-4254.

[20] Francesco Borrelli, Tamas Keviczky, GaryJ.Balas.Collision-free UAV Formation Flight Using Decentralized Optimization and Invariant Sets[A].43rd IEEE Conference on Decision and Control[C]. Atlantis, Paradise Island:2004.1099-1104.

[21] Ryan K.Osteroos, BS.Full Capability Formation Flight Control[D].Captain:Air Force Insti- tute of Technology Air University, 2005.

[22] Vincent P.Reyna, B.S.Automation of formation flight control[D].Captain:Air Force Insti- tute of Technology Air University, 1994.

[23] Omid Shakernia.Vision-based Control and Coordination of Unmanned Vehicles[D]. California: University of California, Berkely, 2003.

[24] 唐强, 朱志强, 王建元. 国外无人机自主飞行控制研究[J]. 系统工程与电子技术, 2004(3).

[25] 周锐, 李惠峰, 陈宗基. 无人战术飞行器的自主控制[J]. 控制与决策, 2001(3).

[26] 朱战霞, 袁建平. 无人机编队飞行问题初探[J]. 飞行力学, 2003(2).

[27] 胡云安, 左斌. 无人机近距离编队飞行模型建立及控制器设计[J]. 飞行力学, 2005(2).

[28] 陈尔奎, 喻俊志, 王硕, 等. 多仿生机器鱼群体及单体控制结构研究[J]. 中国科学院研究生院学报, 2003(2).

[29] 谭民, 范永, 徐国华. 机器人群体协作与控制的研究[J]. 机器人, 2001(2).

[30] Ellington CP. The aerodynamics of hovering insect flight: The quasi-steady analysis[J]. Philos Trans R Soc London SerB, 1984.

[31] Weis-Fogh T. Quick estimates of flight fitness in hovering animals, including novel mechanisms for lift production[J]. J Exp Biol, 1973.

[32] Lighthill MJ. Mathematical biofluiddynamics[J]. CBMS-NSF regional conference series in applied mathematics, Philadelphia, PA:SIMA;1975.

[33] Sahjendra N.Singh, Phil Chandler.Nonlinear Adaptive Close Formation Control of Unmanned Aerial Vehicles[J].Dynamics and Control, 2000, 10:179-194.

[34] Sahjendra N.Singh, Meir Pachter, Phil Chandler.Input-output invertibility and sliding mode control for close formation flying of multiple UAVs[J].Int.J.Robust Nonlinear Control, 2000, 10:779-797.

[35] Vincent Crum, David Homan, Raymond Bortner.Certification Challenges for Autonomous Flight Control Systems[R].AIAA 2004-5257.Providence, Rhode Island:AIAA Guidance, Navigation, and Control Conference and Exhibit, 2004.

[36] Lorenzo Pollini, Mario Innocenti, Roberto Mati.Vision Algorithms for Formation Flight and Aerial Refueling with Optimal Marker Labeling[R].AIAA 2005-6010.San Francisco:AIAA Modeling and Simulation Technologies Conference and Exhibit, 2005.

[37] Sriram Venkataramanan, Atilla Dogan.A Multi-UAV Simulation for Formation Reconfigurati- on[R].AIAA2004-4800.Providence, Rhode Island:AIAA Modeling and Simulation Techno- logies Conference and Exhibit, 2004.

[38] Marcello R.Napolitano.Development of Formation Flight Control Algorithms Using 3 YF-22 Flying Models[R].F49620-01-1-0373, Morgantown:West Virginia University, 2005.

[39] 崔晓峰.仿鸟扑翼飞行器控制率设计及半物理仿真研究[D]. 工学硕士学位论文.空军工程大学, 2008.

[40] 王晋云.无人机编队飞行仿真系统设计研究.工学硕士学位论文[D]. 空军工程大学, 2008.

[41] 董志新.无人机编队飞行建模与控制策略研究.工学硕士学位论文[D]. 空军工程大学, 2007.

[42] 胡明朗.微型仿昆扑翼飞行器控制方法研究.工学硕士学位论文[D]. 空军工程大学, 2006.

[43] 蒋绍先.粒子群优化算法研究及其在航迹规划中的应用[D]. 工学硕士学位论文.空军工程大学, 2006.

[44] 史中正.无人机飞行控制软件设计与实现研究[D]. 工学硕士学位论文.空军工程大学, 2007.

[45] 李霞.数字地图技术用于无人机航迹规划研究[D]. 工学硕士学位论文.空军工程大学, 2007.

[46] 史中正, 魏瑞轩, 等.无人机智能 PID 姿态保持控制器设计[A]. 第一届中国导航、制导与控制学术会议论文集[C]. 北京, 2007.

[47] 史中正, 魏瑞轩. 基于 LPC2138 的空中机器人飞行控制系统设计与实现[J]. 弹箭与制导学报.

[48] 孔韬. 小型无人机电视导引及跟踪系统仿真分析[A].第一届中国导航、制导与控制学术会议论文集[C].北京, 2007.

[49] 王晋云, 魏瑞轩. 基于 ActiveX 控件的地面站指控软件的开发[A].第一届中国导航、制导与控制学术会议论文集[C]. 北京, 2007.

[50] 王晋云, 魏瑞轩. 无人机紧密编队队形构成控制[J].飞行力学.西安, 2008, 第 6 期.

[51] 董志兴, 周炜, 魏瑞轩. 基于多种空间插值方法融合的地形生成技术研究[J].电光与控制. 2007(5).

[52] 胡明朗, 魏瑞轩. 微型扑翼飞行器建模仿真[J]. 系统仿真学报, 2007(13).

[53] 曹秀云. 国外加紧研究临近空间无人机[J]. 国防/外军瞭望, 2007(5).

[54] 佟丹. 美国空军关注临近空间作战[J]. 国际航空杂志, 2006.

[55] 马援. 蓬勃发展的全球无人机市场 [J]. 无人机, 2007(2).

[56] 丁力军. 也谈无人机的特点和发展趋势[J]. 无人机, 2003(5).

[57] 汪东林. 美国无人战斗机的技术发展[J]. 无人机, 2003(1).

[58] 吴立新, 刘平生, 卢健. 关于无人机的分类研究[J]. 无人机, 2005(1).

[59] 四明. 形形色色的无人机任务载荷[J]. 无人机, 2005(3).

[60] 高劲松, 朱荣刚, 陈哨东. 无人机实战应用研究[J]. 无人机, 2005(4).

[61] 丁力军, 焦淑瑜, 薛剑飞. 无人机飞行训练模拟仿真系统[J]. 无人机, 2004(5).

[62] 盛怀洁. 无人机发射回收方式面面观[J]. 无人机，2004(3).

[63] 李炳荣，曲长文，平殿发. 无人机在战争中的应用及发展趋势[J]. 无人机，2006(4).

[64] 沈延航. 未来战争中攻击型无人机多机协同作战模式研究[J]. 无人机，2006(4).

[65] 刘英丽. 未来战争模式与无人机的发展战略[J]. 无人机，2004(6).

[66] 薛艳峰. 固定翼无人机发射方式探讨[J]. 无人机，2005(5).

[67] 彭小龙，华锋. 世界各国争造"暗箭"[J]. 无人机，2007(2).

[68] 四明. 谈无人机的发射与回收[J]. 无人机，2007(5).

[69] 许红，英侯丹，陈杰，等. 美空军发射 X-37B 飞行器简析[J]. 中国航天，2010(6).

[70] 石纯民. X-37B: 美军绝密空天飞机[J]. 中国国防报，2009.

[71] 陈兢，辜璐. 不一样的新兵，美国研制临近空间飞行器[J]. 兵器知识，2005(6).

[72] 李曙光. 国外高超声速飞行器现状及有关工艺技术研究[J]. 航天制造技术，2007(6).

[73] 黄伟，罗世彬，王振国. 临近空间高超声速飞行器关键技术及展望[J]. 宇航学报，2010(5).

[74] 王亚飞，安永旺，杨继何. 临近空间飞行器的现状及发展趋势[J]. 国防技术基础，2010(1).

[75] 郭劲. 临近空间飞行器军事应用价值分析[J]. 光机电信息，2010(8).

[76] 张进. 无人机载光电/红外载荷的现状和发展[J]. 飞航导弹，2008(4).

[77] 杜木. 战术无人侦察机的几款任务载荷[J]. 现代兵器，2006(2).

[78] 孙华波，晏磊，勾志阳. 无人机偏振遥感载荷系统的设计与实现[J]. 计算机工程，2009(20).

[79] 高广林，李占科，宋笔锋，等. 太阳能无人机关键技术分析[J]. 飞行力学，2010(1).

[80] 白延隆，白云. 超燃冲压喷气发动机飞行器 X-51A 的巧妙设计[J]. 飞航导弹，2010(12).

[81] 黄伟，王振国，罗世彬，等. 高超声速乘波体飞行器机身/发动机一体化关键技术研究[J]. 固体火箭技术，2009(3).

[82] 王振国，梁剑寒，丁猛，等. 高超声速飞行器动力系统研究进展[J]. 2009(6).

[83] 陈大光. 高超声速飞行与 TBCC 方案简介[J]. 航空发动机，2006(3).

[84] 战培国，赵昕. 美国高超声速巡航飞行器研发进展[J]. 航空科学技术，2010(1).

[85] 赵海洋，沈雪，石吴集. 美国高超声速飞行器技术进展分析与启示[J]. 飞航导弹，2012(4).

[86] 孙寒冰，曲长文. 舰载无人机合成孔径雷达[J]. 中国雷达，2009(1).